economists4future

LARS HOCHMANN (HG.)

VERANTWORTUNG ÜBERNEHMEN FÜR EINE BESSERE WELT

MURMANN

#reflexivität

#transparenz

#diversität

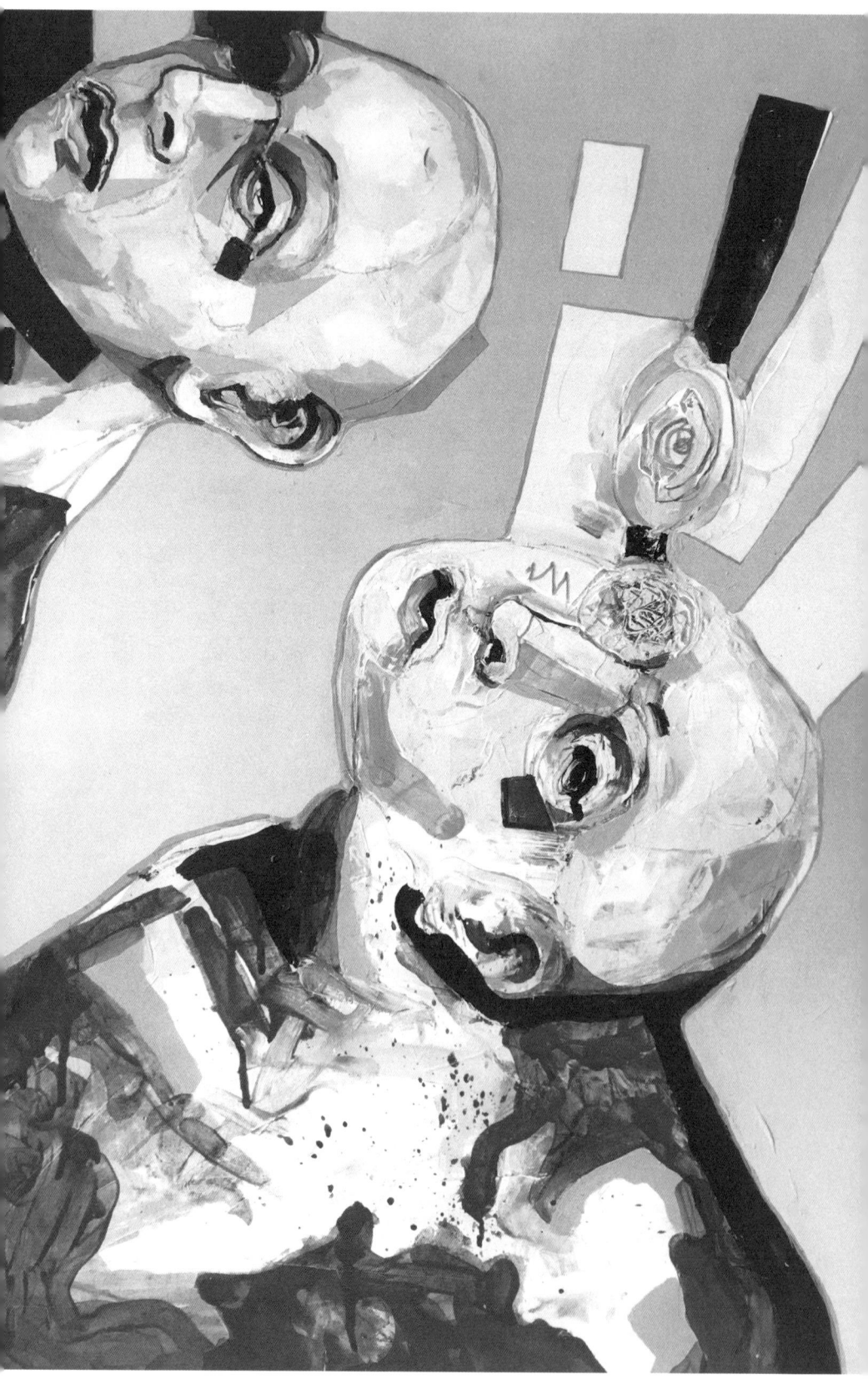

»In demokratischen Gesellschaften hat Wissenschaft nicht die Aufgabe vorzuschreiben, in welcher Welt wir zukünftig auf welche Weise zu leben haben. Wissenschaft kann aber Möglichkeiten aufzeigen, begründen und rechtfertigen. Und sie kann die Bedingungen benennen und verbessern helfen, unter denen diese möglichen anderen Zukünfte zu verwirklichen sind.«

Lars Hochmann

WIE WIR WIRTSCHAFTEN, SO LEBEN WIR AUCH

Über die Notwendigkeit von economists4future

Wir leben in unruhigen Zeiten, am Horizont kündigen sich Umbrüche an. Der hartnäckige Widerspruch Hunderttausender junger Menschen hat ein historisches Fenster aufgestoßen. Weltweit werden Klimaproteste, -streiks und -demonstrationen organisiert, die mehrere Millionen Menschen mobilisieren. Beharrlich fordern sie zu tiefgreifenden Veränderungen in der lokalen wie globalen Klimapolitik auf. Hier steht etwas auf dem Spiel – das scheint einer steigenden Zahl von Menschen zu dämmern. Diese Rückeroberung des politischen Raums »*from below*« belebt nicht nur unsere Demokratien. Der damit verbundene Aufruf – »*unite behind the science*«, wie Greta Thunberg es formuliert – macht diese Zeit auch bedeutsam für viele Wissenschaften, die sich mit zukunftsfähigem Leben und Zusammenleben auf diesem Planeten befassen. Im Frühjahr 2019 haben innerhalb weniger Wochen allein im deutschsprachigen Raum über 26 000 Wissenschaftler*innen verschiedener Fächer diesen klimapolitischen Willen öffentlich als Scientists for Future gerechtfertigt. Und sie haben ihn mit Bergen von Forschungsergebnissen begründet. Wissenschaft, so scheint es, hat – allen postfaktischen Unkenrufen zum Trotz – wieder eine gesellschaftlich relevante Stimme.

   Das gilt nicht nur für die klimatologisch orientierten Natur- und Ingenieurswissenschaften. Auch die Wirtschaftswissenschaften, die

Gesellschaftswissenschaften allgemein, sind ermuntert, sich den offenkundigen und immer drängenderen Fragen unserer Zeit zu stellen. Zeitgleich zum Entstehen dieser Zeilen mischt sich der ungeladene Gast namens »Corona« ein und fügt diesem Buch eine weitere Relevanzdimension hinzu. Die Corona-Pandemie demonstriert, wie fragil unser gesellschaftliches Zusammenleben organisiert ist und macht uns bewusst, dass dieses System verschiedentlicher Justierungen bedarf. Wir alle gemeinsam sind Zeitzeug*innen tiefgreifender Veränderungen, die viele verstummen lassen, manche gar sprachlos machen. Alte Lösungsmuster versagen, sicher Geglaubtes wird strittig, Normalität und Chaos verschmelzen, Aussagen werden zu Fragen. Was passiert? Und wie weiter? Mehr denn je brauchen wir in diesen unsicheren Zeiten Orientierung, um andere und uns selbst als Akteur*innen statt Reakteur*innen zurück ins Spiel zu bringen. Es geht um eine Aufklärung, die nicht Aufklärung bleibt, sondern in tatsächliches Tun eingelassene Hoffnung ist und die zu realen Veränderungen drängt.

Politische Forderungen, wie etwa das 1,5-Grad-Celsius-Ziel oder ein CO_2-Deckel, geben in diesem Zusammenhang Halt. Sie sagen jedoch wenig über die Gesellschaften selbst und ihre Wirtschaftsformen aus, die mit solchen Zielen vereinbar sind. Wie wollen und können wir uns unter solchen Bedingungen in Zukunft mit welcher Nahrung, Energie oder Kleidung versorgen? Wie mobil sein? Wie wohnen? Es steht wohl außer Frage, dass eine »Netto-Null-Wirtschaft« – die also nur diejenige Menge an Treibhausgasen ausstößt, die sie auch wieder binden kann – nicht einfach der Status quo, nur mit weniger CO_2-Äquivalenten, ist. Zukunftsbilder beinhalten neben der Kultivierung neuer Vorstellungen immer auch das Weglassen und Überwinden althergebrachter Gewohnheiten. An dieser Stelle und gerade in unsicheren Zeiten sind die Wirtschaftswissenschaftler*innen aufgefordert, ihre Expertise über die reale Vielfalt möglicher Alternativen öffentlich einzubringen.

DIE KLIMAKRISE IST EINE GESELLSCHAFTSKRISE

Es ist ein beträchtliches Verdienst insbesondere der Naturwissenschaften, auf die Unverfügbarkeit, die Begrenztheit und auch die in Teilen unwiderrufliche Zerstörung von dem hingewiesen zu haben, was wir – allen Steuerungsfantasien zum Trotz – heute noch »Natur« nennen können und wollen. Doch all ihre Befunde sind bloß Indikatoren, stehen also nicht für sich selbst, sondern deuten auf etwas hin. Und das, was sie anzeigen, ist bei genauerer Betrachtung keine Krise des Klimas. In einer Krise befinden sich nämlich nicht die klimatischen Begebenheiten, sondern die zu kalter Technik erstarrten Naturverhältnisse von immer mehr Menschen: Vermüllung und Übernutzung im einen, Überformung und Beherrschung im anderen Moment – und mittendrin die Zurichtung jener Natur, die wir Menschen selbst sind. Nein, es handelt sich nicht um eine Klima-, sondern um eine Gesellschaftskrise. Und die hat verheerende Folgen für das Klima und die Natur – für die gesamte Welt, wie wir sie heute kennen. Das Aussterben und Abtöten von Tierarten sowie Pflanzensorten, der Anstieg der weltweiten Durchschnittstemperatur sowie all die Neben- und Folgesfolgen, die damit einhergehen, sind nicht einfach auf einen schicksalhaften Lauf der Dinge zurückzuführen. Sie haben Ursachen, bisweilen Gründe, selten Rechtfertigungen. Und die offenbaren sich darin, wie die Gesellschaften des globalen Nordens wirtschaften.

Es liegt demzufolge nahe, die Wirtschaftswissenschaften um eine kompetente Einschätzung der Sachlage sowie mögliche Auswege zu bitten. Doch fallen die anerkannten Wissenschaften des Wirtschaftens derzeit eher durch Schweigen oder Ratlosigkeit auf. Das ist kein Zufall, eben weil die klimatologischen Befunde jene Wirtschaftsformen für gescheitert erklären, die auf Naturbeherrschung angewiesen sind, die Wirtschaftswissenschaften aber auf breiter Front für sie Partei ergreifen. Doch die Klimakrise, die eine Gesellschaftskrise ist, führt glasklar vor Augen: Es irrt, wer glaubt, die beste aller Welten käme »naturwüchsig« zustande durch Gewinnstreben, unablässige Privatisierung und das lehrbuchhafte Schaffen von Märkten, durch Effizienz, Wachstum und neue (smarte, grüne etc.) Technologien der Naturbeherrschung.

Es ist historisch ausführlich belegt, dass die Wirtschaftswissenschaften an der hier verhandelten Krise bis in die Gegenwart hinein, absichtsvoll oder aus Gedankenlosigkeit, tatkräftig beteiligt waren, nachzulesen etwa bei Ivan Boldyrev und Ekaterina Svetlova. Allerdings und unbezweifelbar hat ihre auf Effizienz, Opportunismus und Nutzenkalkülen beruhende Vernunft in den vergangenen fast 300 Jahren auch materiellen Wohlstand und Wohlbefinden für zumindest einen Teil der Menschen hervorgebracht. Wir leben in Zeiten, die an Gütern und Dienstleistungen voller kaum sein könnten. Dieser Denkstil jedoch, der die Welt zum »business case« erklärt, hat en passant viel Tatendrang und Ideenreichtum in Bezug auf andere Zukünfte trockengelegt, die ein gelingendes, ein besseres Leben ermöglichen könnten. Und er kapert und durchsetzt beständig neue Bereiche des gesellschaftlichen Zusammenlebens: Wenn Bildung, Gesundheit oder Mietraum zum »Risikokapital« werden, Kunst als Ware einen Zweck bekommt, der auf dem »Kunstmarkt« gehandelt wird, wenn Professuren für »Feministische Theorie« als »Diversitymanagement« nachbesetzt werden oder ehemals »Politische Ökologie« nun als »Nachhaltigkeitsmanagement« verhandelt wird, dann ist das weder eine Spezialisierung »auf Höhe der Zeit« noch eine rein sprachliche Profilbildung, die wir feiern sollten. Es ist ein Denkmuster, das sich nur noch im Rahmen von Wirtschaftlichkeitsverhältnissen bewegt, die selbst nicht als strittig betrachtet werden (können). In der praktischen Folge wird mitunter ein CO_2-Preis festgesetzt und nur noch über die Höhe dieses Preises gestritten, nicht aber über das Mittel der Bepreisung, das als alleinseligmachend immer schon vorausgesetzt wird. Wir müssen diesen Denkstil vermutlich nicht verteufeln oder fallenlassen, wohl aber lernen, ihn in die Schranken zu weisen, wie ich schon in *Vom Nutzen und Nachteil der Ökonomik für das Leben* deutlich ausgeführt habe. **Economists4future reflektieren daher ihre praktische Wirkungsmacht: #reflexivität.** Sie binden diese zurück und ziehen theoretische Konsequenzen aus ihr. Ihr Denken wirkt weder manipulativ noch gleichgültig oder übergriffig, sondern bricht sich Bahn als Demut, die mit Hoffnung, Verantwortung und Trotz in eins fällt.

WIRTSCHAFT IST KEINE TATSACHE

Im alltäglichen wie im akademischen Wortgebrauch ist es normal geworden, von »Wirtschaft« zu reden, als gäbe es nur eine vernünftige – und daneben zahllose unvernünftige Varianten. Diese Setzung erklärt sich über die Annahme, dass einzelwirtschaftliche Optimierung als Gewinnstreben auch gesellschaftlich das größte Glück bringt. Dieser Glaube, dass Eigennutz zum Gemeinnutz würde, ist längst als Irrtum aufgeklärt. Sein praktisches Scheitern zeigt sich nicht zuletzt an der Klimakrise, die, wie gesagt, eine Gesellschaftskrise ist, und an all den anderen Verfehlungen, Verwerfungen sowie Zerstörungen, die unsere Zeit prägen und die zunehmend unsere demokratischen Institutionen zu unterwandern drohen. Auch gesellschafts- und demokratietheoretisch schlittert diese Annahme auf glattem Eis. Denn plurale, offene und freiheitliche Gesellschaften können nicht »richtig« in einem zeitlosen, eindeutigen Sinne sein. Es gibt keine »allgemein optimale« Ernährung, Mobilität, Kommunikation und so weiter. Im Gegenteil: Das Leben selbst ist ein ausgiebiger Akt der Verschwendung. Weil kulturelle Gepflogenheiten sich nicht rational auflösen lassen, muss jeder Versuch, welcher Zukunft mathematisch aus der Vergangenheit modellieren will, früher oder später übergriffig, am Ende gewaltvoll und gar totalitär werden. Diese Gewalt richtet sich gegen die Welt, und alles in ihr. Mit den Worten Michael Hampes:

> »Ein Naturalismus, der die Suche nach dem guten Leben aufgibt, weil er die vermeintlich abtrennbaren normativen Untersuchungen fallengelassen hat, der das Leben nur noch erklären und technisch beherrschen will, statt über es zu debattieren, muss deshalb, kurz gesagt, zur Gewalt tendieren.«

Economists4future können also nicht einfach in gewohnter Manier statistische Trends aus der Vergangenheit auf die Zukunft anwenden, sondern müssen sich selbst aktiver als bislang inmitten gesellschaftlicher Debatten als Zukunftskünstler*innen begreifen. Sie forschen und lehren nicht nur quasiaußerirdisch über gesellschaftliche Produktionsverhältnisse, sondern sind Teil davon, befinden sich *inmitten* der Verhältnisse. **Economists4future beziehen daher Betroffene ein:** **#partizipation**. Sie integrieren und verständigen unterschiedliche praktische Parteilichkeiten und ermöglichen auf diesem Wege eine reflektierte, selbstbestimmte Praxis. Statt etwa die industrielle Fremdversorgung mit monokulturellem Ackerbau aus Effizienz- und Intensitätsgründen als unumgänglich zu betrachten und die daraus abgeleitete Ernährungskultur den Menschen regelrecht überzustülpen, wäre es demokratischer und freiheitlicher, eine Analyse der praktischen Vielfalt ernährungs-kultureller Orientierungen vorzunehmen und ausgehend davon nach Möglichkeiten der ernährungswirtschaftlichen Versorgung zu fragen.

In diesem Sinne kommen *economists4future* zwangsläufig zu unter-schiedlichen Ergebnissen, denn »Zukunft« ist keine feststehende, sondern eine prinzipiell offene Angelegenheit. Nur weil sich nicht eindeutig und abschließend bestimmen lässt, wie Gesellschaften sich »richtig« mit Gütern und Dienstleistungen versorgen, bedeutet das jedoch nicht, dass Wissenschaft zum belanglosen Meinungsaustausch verkommt. Weder das Artensterben noch das Vorkommen anders wirtschaftender Initiativen – beispielsweise im Feld der Solidarischen Landwirtschaft oder des stiftungsbasierten Kreditwesens – sind Meinungsfragen. Diese Offenheit ist keine Beliebigkeit, sondern zeugt von belastbaren, begründeten und gerechtfertigten Entwicklungsmög-lichkeiten. **Economists4future legen daher ihre Annahmen offen: #transparenz.** Sie sind bestrebt, nachvollziehbar zu machen, warum sie zu welchem Schluss gekommen sind und wie. Dabei hilft es nicht, einen Kampf der Großbegriffe zu inszenieren, der in der Regel nur dazu führt, dass sich überhaupt nichts ändert: »Kapitalismus versus Sozialismus« oder »Marktwirtschaft versus Planwirtschaft« – Schwarz-Weiß-Malerei dieser Art lähmt das Denken. Statt entlang der (historischen) Tatsachen zu argumentieren und in der Sache zu streiten, führt sie dazu, dass wolkige Chiffren im luftleeren Raum gegeneinander ausgespielt werden. Das mag als Spektakel taugen, aber nicht als Vehikel zu realer Ver-änderung.

Wo immer Möglichkeiten vernichtet oder verstellt sind, weil ein Sachzwang oder ein Großbegriff konstruiert und in den Vordergrund geschoben wird – in wessen Namen auch immer! –, vertrocknen Demokratien. Denn demokratische Gesellschaften blühen nur durch eine Vielzahl an Möglichkeiten und durch das Ringen, der Debatten darum. **Economists4future verständigen daher unterschiedliche Perspektiven: #diversität.** Sie verständigen verschiedene Zugänge, Ansätze und Gegenstände, um ein möglichst nuanciertes Spektrum an Möglichkeiten aufzutun, weil sie wissen, dass alles Denken an Stand-punkte gebunden ist, von denen aus gedacht wird. Aus der theoretischen wie praktischen Sackgasse der Sachzwänge heraus führen die Fragen nach dem »Wofür?« und dem »Worauf hin?«, kurz: die Frage nach dem Sinn. Denn wer von »Nutzen« spricht, darf über den Nutzen des Nutzens nicht schweigen. Andernfalls, darauf hat Hannah Arendt wiederholt hingewiesen, entsteht Sinnlosigkeit. Die Rhetorik von ökonomischen Gesetzen und Sachzwängen ist daher der Steigbügelhalter jener Entsinnlichung, die Wirtschaft wie Wirtschaftswissenschaften heute fest im Griff hält.

Doch Wirtschaft ist kein abgetrenntes Reich der Soziophysik, in dem nur zählt, was zählbar ist, und das isoliert vom restlichen gesellschaftlichen Zusammenleben stattfindet. Wirtschaft ist, wie Reinhard Pfriem ausführt, immer schon ein Zusammenspiel kultureller Praktiken gewesen, das sich prinzipiell nicht vom Zähneputzen, Lesen oder Pizzabacken unterscheidet. Wirtschaft ist zugleich Produkt wie Produktion von Gesellschaft und kein Ding-an-sich, das immer schon so (und nicht anders) da war und immer so (und nicht anders) da sein wird. Wer über eine gewisse Kulturtechnik als »Wirtschaft« spricht, sagt nichts über das tiefere Wesen dieser Praktik aus, sondern nur darüber, so Cornelius Castoriadis, wie sie gegenwärtig gesellschaftlich reflektiert und behandelt wird. Es handelt sich um eine Frage der gesellschaftlichen Selbstthematisierung. Mit anderen Worten: Es gibt zahllose weitere Kulturtechniken der Produktion, Herstellung, Versorgung oder Beratung, die nur gegenwärtig nicht als das in den Blick geraten, was wir Wirtschaft nennen, es aber zukünftig vielleicht könnten oder sollten, etwa solidarisches Wirtschaften oder Gemeinsinnorientierung. Die Frage, welche Wirtschaftsformen sich inwiefern und wo durchsetzen, ist offen. Die Antwort hängt davon ab, welche gesellschaftlichen Kräfte sich verbünden, um einen gemeinsamen Entwurf einer anderen Wirtschaft auf den Weg zu bringen.

Die theoretische wie praktische Herausforderung für das 21. Jahrhundert liegt darin, zu einer Vorstellung von Wirtschaft zu gelangen, die sich nicht länger in der unbestimmten Produktion von Gütern und Dienstleistungen erschöpft, die im Zweifel dem alten nur neuen Schrott hinzufügt. Stattdessen geht es darum, individuelle wie kollektive Verwirklichungschancen und Möglichkeiten einer besseren Gesellschaft zu schaffen. Es geht um die Öffnung statt Schließung von Räumen für

Entfaltung, Leben und Lebendiges. In demokratischen Gesellschaften ist solche Wirtschaft – und auch das Denken über sie – in sich plural verfasst und beginnt mit der Einsicht, dass die Natur nicht nur ein zweckmäßiges Dasein für die Menschen fristet, sondern auch für sich selbst existiert.

EINE ANDERE GESELLSCHAFT IST MÖGLICH

Es ist also kein Zufall, dass die etablierten Wirtschaftswissenschaften in Bezug auf die Forderungen von Fridays for Future schweigen oder gar mit Spott reagieren. Doch das muss nicht so bleiben. Denn das Gegenteil trifft zu: Mehr denn je sind nun die Wirtschaftswissenschaften aufgefordert, sich selbst neu zu erfinden. Weil sie es sind, die die Vorstellungskraft befeuern können, welche anderen Zukünfte gesellschaftlicher (Re-)Produktion unter welchen Bedingungen möglich sind. Das Augenmerk bleibt auf der »Suche«: Zukunft bleibt stets »im Kommen« und »4future« zu sein sagt noch nicht aus, um welche konkrete Zukunft es sich für wen handelt. Fragen von Zukunftsgestaltung münden – bei aller Eindeutigkeit, in der naturwissenschaftliche Feststellungen medial vorgetragen werden – eben nicht in Tatsachen. Befunde wie das Artensterben sind reale Bedingungen, die es anzuerkennen gilt. Aber von dort aus kann es so oder anders weitergehen. Denn infrage steht nicht allein eine sichere Versorgung mit Mobilität, Nahrung, Wohnraum, Energie und so weiter. Es geht jeweils auch um einen *souveränen* Umgang damit. Sicherheit *und* Souveränität als Zusammenspiel zeigen an, dass nicht allein das Überleben, sondern mit ihm auch das bessere Leben zur Diskussion steht. Ein Ergebnis lässt sich weder abstrakt und allgemein fassen noch formal bestimmen. Es ist so vielfältig und widersprüchlich wie die Menschen, die darüber debattieren.

In diesem Zuge kommt demokratische Politik ins Spiel, die eine Verständigung dieser Vielfalt der Verschiedenen organisieren muss. Doch darf sie dort nicht stehenbleiben. Sie muss einen »realen Einfluß auf die Wünsche und Phantasien der Menschen« nehmen, wie Chantal Mouffe es fasst. Das ist fast zynisch, weil die Krisen der Gegenwart, die ganze Existenzen bedrohen, somit zu Weckrufen und Veranlassungen werden für eine neue, im deutlichen Sinne des Wortes demokratischere

Gesellschaft. Dennoch: Auf dem Weg dorthin sollten neue Denkformen auf dem Gebiet der Wirtschaftswissenschaften in diese demokratische Gestaltung eingebracht werden. *Economists4future* **ermöglichen daher eine bessere Gesellschaft: #befähigung.** Sie reflektieren offen die normativen Dimensionen kultureller Orientierungen, indem sie diese Wünsche und Fantasien auf ihre Bedingungen, Barrieren und Möglichkeiten hin kritisch analysieren, die Konsequenzen in den Blick nehmen und eine Öffentlichkeit für sie schaffen. Sie begreifen Zukunft als einen gestaltbaren Raum. Das ist die Chance und zugleich die Aufgabe dieser Zeit, in der wir leben. Ob die Lösungswege zum Ziel führen, bleibt ungewiss. Gewiss hingegen ist, dass das Aussitzen gesellschaftlicher Schieflagen, wie sie durch die Klimakrise oder die Corona-Pandemie ausgelöst werden, nur dazu führt, dass jene, die gesellschaftspolitisch ohnehin bereits am längeren Hebel sitzen, weiterhin die Gestaltung der Gesellschaft übernehmen. Denn trotz aller Unverfügbarkeit und Undurchdringbarkeit von Natur wird Geschichte letztlich nicht von Sachzwängen oder abstrakten Prinzipien aus Religion, Philosophie oder Ökonomie-Lehrbüchern geschrieben, sondern von Menschen und ihrem praktischen Tun. Weil Gesellschaften sich permanent selbst gestalten, also an ihrer Gestalt arbeiten, bedarf es der Mündigkeit, sich dem auch offen zu stellen. Das gilt auch und erst recht für Wissenschaftler*innen.

Wenn ein demokratisches »*4future*« also einen deutlichen Sinn aufweisen soll, dann kann das im Grunde nur bedeuten, die akademische Überheblichkeit abzulegen, die darin besteht fremdes Leben zu verurteilen, bloß weil es aus einer bestimmten Blickrichtung einem willkürlich gesetzten Ideal, wie Effizienz, Gewinnstreben oder technischer Beherrschbarkeit, nicht entspricht. Statt solches Zusammenleben im Namen wissenschaftlicher Autorität zu bevormunden, wäre es würdevoller und auch demokratischer, sich der Welt mit einem Möglichkeitssinn zuzuwenden und einen Raum zu öffnen: Die Bildungs- und Einbildungskraft befeuern, wie wir als Gesellschaften unser Zusammenleben organisieren wollen und können, Möglichkeiten abklopfen, Sprachfähigkeit herstellen, zur Gestaltung befähigen – all das könnte es heißen, *economists4future* zu sein.

EINLEITUNG

DIESES BUCH IST (K)EIN ECONOMISTS4FUTURE-BUCH

In demokratischen Gesellschaften hat Wissenschaft nicht die Aufgabe vorzuschreiben, in welcher Welt wir zukünftig auf welche Weise zu leben haben. Wissenschaft kann aber Möglichkeiten aufzeigen, begründen und rechtfertigen. Und sie kann die Bedingungen benennen und verbessern helfen, unter denen diese möglichen anderen Zukünfte zu verwirklichen sind. Das ist nun alles leichter gesagt als getan. Denn nicht nur Wirtschaft, auch Wirtschaftswissenschaften sind ein Zusammenspiel von Kulturtechniken. Und die herrschenden Wirtschaftswissenschaften sind selbst Ergebnis jenes historischen Prozesses, der die problematischen Praktiken des Wirtschaftens hervorgebracht hat, die einstweilen vom Inhalt auf die Struktur unseres Denkens gewandert sind. Insofern ist das Etablieren von *economists4future* keine Aufgabe für ein verlängertes Wochenende: Es braucht neben neuen Studiengängen mit neuen Curricula auch Menschen, die diese studieren wollen, sowie Menschen, die diese Curricula bespielen können. Es braucht dafür eine neue Vielfalt an akademischen Laufbahnen, die mit lebenswerten biografischen Perspektiven verbunden sein müssen, eine neue Nachwuchsförderung, die neben der Forschung auch auf die zweite und dritte Mission der Hochschulen vorbereitet – und diese auch anerkennt. Es braucht eine neue Publikationspraxis, die Vielfalt im Denken ermöglicht. Es braucht neue Kooperationen, Netzwerke und Förderprogramme –und letztlich auch eine neue Berufungspraxis, die mehr kann, als Summen zu bilden. Und damit ist über die inhaltliche Dimension noch nicht viel gesagt.

Die gute Nachricht ist: *Economists4future* gibt es schon lange. Und auch wenn sie ein Nischendasein fristen oder in andere Disziplinen gedrängt wurden, gibt es viele von ihnen – zu viele, als dass sie hier sämtlich zu Wort kommen oder ihnen sämtlich das Wort geredet werden könnte. Dieses Buch ist daher im deutlichen Wortsinn eine notwendige Anmaßung: Es will die Not noch wenden und maßt sich deshalb an, ein *economists4future*-Buch zu sein und zugleich kein *economists4future*-Buch zu sein, weil es lediglich einen kleinen Einblick geben kann. Es ist eine Einladung zum offenen, aber veränderungsmutigen Streiten und Debattieren über eine Wissenschaft, die wie vermutlich keine andere aufgefordert ist, inhaltliche und institutionelle Konsequenzen zu ziehen aus der klimapolitischen Gemengelage der Gegenwart.

Das ist ein gesellschaftlicher Auftrag, der nicht als Auftragsforschung missverstanden werden soll. *Economists4future* im Sinne dieses Buches geht es nicht darum, die Wissenschaftsfreiheit der Wirtschaftswissenschaften zu beschneiden. Es geht auch nicht darum, zu sagen, was nun wie, von wem, warum und wo getan werden muss. Es geht nicht darum, festzuschreiben, was *economists4future* zu sein, wie sie sich zu einzelnen Phänomenen zu stellen haben und welche Phänomene das im Einzelnen sind. Es geht um die Kultivierung von Verhältnissen, in denen Wissenschaftsfreiheit überhaupt erst wieder in einem seriösen Sinne möglich wird. Denn wer sich heute in den etablierten Wirtschaftswissenschaften querstellt, sich nicht in den natur- und gesellschaftsvergessenen Kanon fügt, wird oftmals kleingehalten oder gar ausgeschlossen. Freiheit in der Forschung, in der Lehre und im gesellschaftlichen Dialog bedeutet jedoch, dass das auch anders möglich sein muss. Statt um Verzwecklichung von Wissenschaft geht es hier also um ihre Versinnlichung. Die Beitragenden dieses Buches wollen niemandem etwas aufdrängen. Sie möchten stattdessen jene, die Teil der Lösung statt des Problems sein wollen, inspirieren, ermuntern und befähigen, Umstände zu schaffen, in denen mögliche andere Zukünfte von Wirtschaft und Gesellschaft auf ihre Bedingungen hin analysiert werden können.

Das Buch handelt von dieser Neuerfindung der Wirtschaftswissenschaften. Es informiert über die neuen Selbstverständlichkeiten an Hochschulen, die neuen Gewohnheiten im Denken und Handeln sowie jene akademischen Gepflogenheiten, die zu fördern sind, damit *economists4future* mehr als bislang Fuß fassen und sich dementsprechend zu Wort melden können. Die hier versammelten Autorinnen und Autoren möchten aus unterschiedlichen Blickrichtungen zur Sprache bringen, dass *economists4future* zwar weder vom Himmel fallen noch an Bäumen wachsen werden, sie aber auch kein Ding der Unmöglichkeit sind. Sie machen Mut. Sie zeigen, welche institutionellen Umgebungen wichtig werden, damit sich Wirtschaftswissenschaftler*innen in der nötigen Tiefe und Sorgfalt mit Fragen zukunftsfähiger Wirtschaft befassen können. Natürlich sind solche Maßstäbe selbst kontingent und

EINLEITUNG

verlangen nach Rechtfertigung. Dieses Buch will das leisten. Es entfaltet, ergänzt und substantiiert die von Uwe Schneidewind, Reinhard Pfriem und Kolleg*innen markierten fünf Dimensionen transformativer Wirtschaftswissenschaften:

1. *Economists4future* reflektieren ihre praktische Wirkungsmacht.
   #reflexivität
2. *Economists4future* legen ihre Annahmen offen.
   #transparenz
3. *Economists4future* verständigen unterschiedliche Perspektiven.
   #diversität
4. *Economists4future* beziehen Betroffene ein.
   #partizipation
5. *Economists4future* ermöglichen eine bessere Gesellschaft.
   #befähigung

Sollte es zutreffen, dass *economists4future* vom Anliegen getrieben sind, sich den realen Bedingungen und Möglichkeiten gesellschaftlicher Selbstgestaltung zuzuwenden, dann dürfen diese Dimensionen nicht zum Zweck oder gar Sinn von Wissenschaft erklärt werden. Sich auf Werte zu beziehen, nur um sich auf Werte bezogen zu haben, ist ähnlich unbefriedigend wie eine Vielfalt an Theorien zu postulieren, die am Ende Toleranz mit Unmündigkeit verwechselt. Aus dieser Blickrichtung erfordern die angeführten fünf Dimensionen eine inhaltliche Bestimmung, worum es konkret geht, kurz: *welche* Reflexivität, *welche* Transparenz, *welche* Diversität, *welche* Partizipation und *welche* Befähigung nun in Anschlag gebracht werden sollen. Das Buch leuchtet die Dimensionen daher in kritischer Absicht jeweils dreifach aus, nämlich im Hinblick auf die *drei zentralen Handlungsfelder* von Hochschulen:

 Lehre

 Forschung

 Dialog

Mit diesem Vorgehen verbunden ist der Wunsch, an der Demokratisierung von Wissen(schaft) zu arbeiten. Hochschulen werden aus dieser Perspektive als gesellschaftliche Gebilde begriffen. Sie schweben nicht über den Verhältnissen, sondern sind selbst Teil und Triebkraft demokratischer Gesellschaften. Hochschulen tragen dazu bei, dass Gesellschaften sich selbstkritisch statt unreflektiert gestalten. Im Fluchtpunkt des Buches steht die Erwartung, möglichst facettenreich darüber zu informieren, was es bedeuten kann, Wirtschaftswissenschaften als *economists-4future* zu betreiben.

Das Buch richtet sich an Studierende, Forschende, Lehrende an Schulen wie Hochschulen, an Bildungspolitiker*innen sowie an alle anderen Menschen, die sich offen halten für Möglichkeiten des Verstehens und Staunens. Es will dafür werben, im Studium, in der Forschung und im Alltag zwischen »Wissen« und »Gewissheit« zu unterscheiden. Denn nach wie vor sind viele Zukünfte gesellschaftlicher Selbstgestaltung möglich. Der individuelle wie kollektive Souverän entscheidet, was wie wann wo gemacht wird. Doch was warum und inwiefern unter welchen Bedingungen sinnvoll sein könnte, das beantwortet nur eine Wissenschaft, die ihre Mündigkeit nicht gegen Gleichmut getauscht hat.

Prof. Dr. Lars Hochmann ist Wirtschaftswissenschaftler und arbeitet zu sozialökologischem Unternehmer*innentum sowie ökonomischen Natur- und Weltverhältnissen an der Cusanus Hochschule für Gesellschaftsgestaltung.

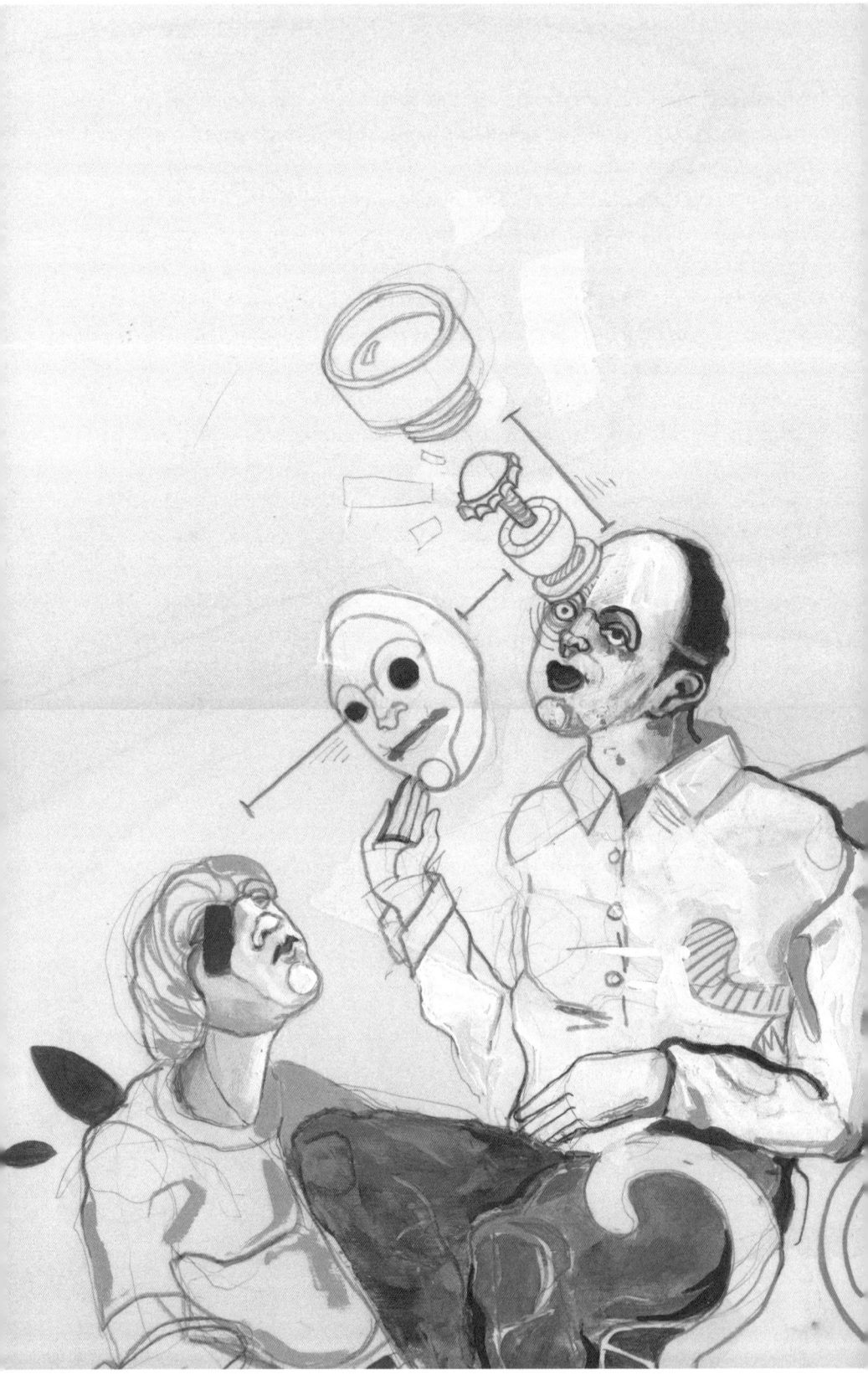

»Junge Menschen müssen lernen dürfen, welche alternativen Prozesse des Erkennens ihnen offenstehen, wie sie sich für sie entscheiden und wie sie sie aktiv gestalten können. Sie sollten das Erkennen selbst erkennen und gestalten können.«

Silja Graupe

BIODIVERSITÄT DES ERKENNENS

Visionäre Zukunftsgestaltung braucht reflexive Freiheit

Weltweit gehen junge Menschen auf die Straße. Angesichts von Klimakrise, Ungerechtigkeit und Zerstörung der ökologischen Grundlagen allen Lebens fordern sie die Gestaltung einer neuen, einer anderen und hoffentlich auch besseren Zukunft. Wie aber können sie in der Gegenwart ein Verständnis des Vergangenen und des Gegenwärtigen mit einer Imagination des zukünftig Möglichen vereinen? Wie können Menschen allgemein realistisch und utopisch zugleich agieren? *Economists4future* nehmen die Herausforderung an, sich diesen Fragen im Bereich des Ökonomischen zu stellen – offen und ohne den Zwang einzig richtiger oder feststehender Antworten. Auch ich möchte in diesem Beitrag keine Antworten vorgeben, sondern in grundsätzlicher Absicht zuallererst neue, nämlich imaginative Spielräume des Möglichen eröffnen.

DIE AUFGABEN EINER NEUEN REFLEXIVEN BILDUNG

Diese Herausforderung ist keine des abstrakten Elfenbeinturms theoretischer Forschung. Sie ist eine der Bildung. Wie lassen sich Wege finden, um Zukunft gemeinsam mit jungen Menschen gestalten zu lernen? Ich bin, ebenso wie etwa das Netzwerk Plurale Ökonomik, der Überzeugung, dass es hierfür einer neuen Methoden- und Theorievielfalt bedarf. Mehr noch:

Modelle und Theorien beruhen immer schon auf bestimmten Vorstellungen darüber, wie Menschen im Allgemeinen und speziell Wissenschaftler*innen die Welt sowie die eigene Stellung, die sie in ihr einnehmen, erkennen können. Elinor Ostrom spricht diesbezüglich von der fundamentalen Ebene der *Frameworks*, auf der Prozesse des Erkennens hochgradig spezifisch, zumeist aber unbewusst dirigiert werden.

Genau auf dieser Ebene bin ich der Auffassung, dass wir gerade in der Ökonomie dringend eine diversere Erkenntnisvielfalt brauchen. Es bedarf neuer Formen des »Erkennens des Erkennens« – und dies nicht nur in einem passiven Singular, sondern im aktiven Plural. Denn wir leben in hochgradig komplexen Zeiten, in vielfältigsten Lebensräumen. Um diese zu gestalten, brauchen wir mehrere Weisen des Erkennens gleichzeitig und zudem die Fähigkeit, uns ebenso frei wie situationsadäquat zwischen ihnen entscheiden zu können. Es bedarf einer bewusst gestaltbaren Biodiversität des Erkennens, statt eines einzigen Erkenntnisparadigmas, das per definitionem stets stillschweigend vorausgesetzt ist. Diese aber wird es ohne gesteigerte Fähigkeiten zur (Selbst-)Reflexion nicht geben können: Junge Menschen müssen lernen dürfen, welche alternativen Prozesse des Erkennens ihnen offenstehen, wie sie sich für sie entscheiden und wie sie sie aktiv gestalten können. Sie sollten das Erkennen selbst erkennen und gestalten können.

DER ZUSTAND EINER TROSTLOSEN ÖKONOMISCHEN BILDUNG

In der weltweiten ökonomischen Standardlehre ist es um eine solche Diversität denkbar schlecht bestellt. Denn hier herrscht – weitgehend unbemerkt – ein Erkenntnisparadigma vor, das sich von der Metapher des Eisbergs – zu sehen in der Abbildung gegenüber – leiten lässt: Wie sich bei einem Eisberg, der auf dem Meer schwimmt, mehr als 80 Prozent seiner Masse unterhalb der Wasseroberfläche befindet, so soll der Verhaltensökonomik nach der allergrößte Teil menschlichen Erkennens unterhalb der Wahrnehmungsschwelle liegen – und damit der Reflexion entzogen bleiben. Statt einer bewussten und aktiv gestaltenden Diversität des Erkennens soll es jenseits rationalen Denkens nur eine erstarrte und in der Dunkelheit des Unbewussten verharrende Ansammlung unzugänglicher kognitiver Strukturen geben.

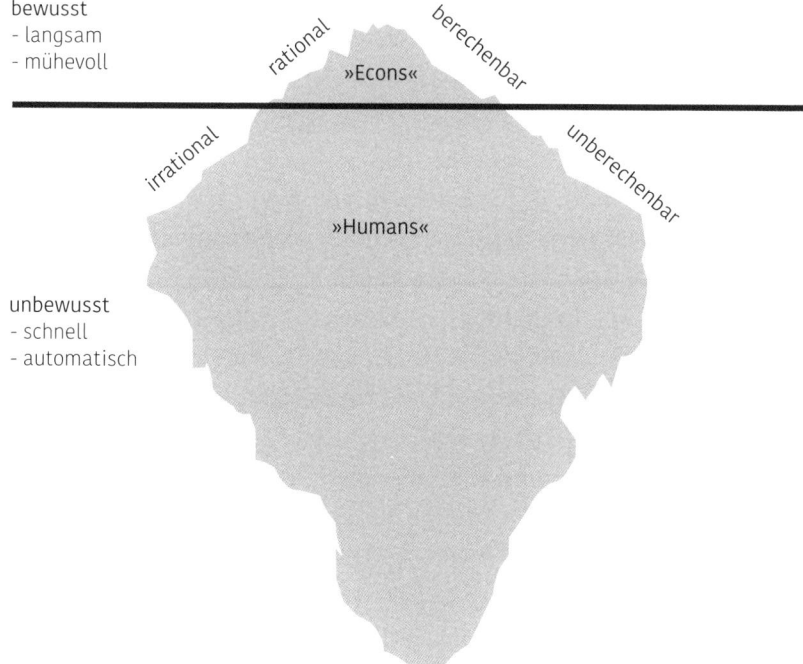

1 Eisbergmetapher / Verhaltensökonomik

Was damit gemeint ist, beschreibt etwa der Psychologe und Verhaltensökonom Daniel Kahneman im Bestseller *Schnelles Denken, langsames Denken*: Bewusst soll nur das rationale Erkennen ablaufen, wie es der Homo oeconomicus symbolisiert. Gemeint ist damit ein kühl berechnendes Zweck-Mittel-Denken. Dessen Funktionsweise lässt sich am ehesten mit der eines Computers vergleichen, dessen Regeln nach der Logik der Mathematik, genauer gesagt nach den Gesetzmäßigkeiten des Optimierungskalküls programmiert sind. Eine (Selbst-)Reflexion dieses Programms kann es nicht geben; die rational Erkennenden haben schlicht nicht die Wahl, wenn es darum geht auszuleuchten, nach welchen Regeln sie ihre Entscheidungen treffen.

Kahneman geht wie andere Verhaltensökonom*innen davon aus, dass sich das rationale Erkennen nur mühevoll und langsam vollziehen kann. Zum Lohn wird es dafür vom strahlenden Licht der abstrakten Vernunft beschienen. Kein Wunder also, dass die weltweit herrschende

#REFLEXIVITÄT

ökonomische Standardlehre gerade diesen Bereich des Erkennens fokussiert. Ganz gleich, was Studierende zu berechnen haben, es gilt in jedem Falle, dass sie rechnen müssen: Als Erkenntnissubjekte haben sie sich auf frappierende Weise ihrem Erkenntnisobjekt – dem Homo oeconomicus – anzugleichen.

Unterhalb der Schwelle bewusst kalkulierender Wahrnehmung liegt der Eisbergmetapher zufolge ausschließlich das dunkle Reich der Irrationalität. Hier, so Kahneman, treffen Menschen ihre Entscheidungen zwar blitzschnell und mühelos, zugleich aber nicht zu ihrem Besten – zumindest sofern kalkulatorische Maßstäbe angelegt werden. George Akerlof und Robert Shiller, ebenfalls Verhaltensökonomen, sprechen gar von »Affen auf den Schultern«, die den Menschen einflüstern, was sie zu tun hätten – stets ohne bemerkt zu werden und zumeist gegen deren wohl kalkulierte Interessen. Diese im Dunkeln liegende Masse unbewusster Weisen des Erkennens soll vornehmlich aus stillschweigend verinnerlichten Gewohnheiten bestehen, gespeist etwa durch das nahezu reflexhafte Verarbeiten von Sprache, das seinerseits quasiautomatisch durch ebenfalls unbewusste Vorlieben, Emotionen und weltanschauliche Überzeugungen getriggert sein soll.

ELITENGESTEUERT STATT BILDUNGSFÄHIG

Da das Unbewusste als prinzipiell der Reflexion unzugänglich gilt, scheint in seinem Bereich keinerlei aufklärerische Bildung möglich. Ein neues Verständnis sprachlich gefasster Konzepte ebenso wie Reaktionen darauf können etwa, so formulieren es Gregory Mankiw und Mark Taylor als Autoren eines der wichtigsten ökonomischen Standardlehrbücher weltweit, lediglich in einer Art »epistemischem Hürdenlauf« antrainiert werden, der von Studierenden freilich unbewusst zu absolvieren ist. Auch etwa das *Change Management* spricht davon, Denk- und Verhaltensänderungen bei anderen Menschen dadurch zu bewirken, dass der vermeintliche Eisberg des Unbewussten durch unterschwellige Methoden gelenkt und dadurch aufgetaut, verflüssigt und dann bewegt wird, bevor er in den neuen – gewünschten – Strukturen und Mustern wieder eingefroren wird. Wie dies in der ökonomischen Standardlehre funktioniert, habe ich an anderer Stelle gezeigt.

Abseits solcher Bemühungen erscheint gerade der Verhaltensökonomik eine Bildung der allermeisten Menschen schlicht als sinnloses Unterfangen – nicht nur zu langwierig und zu aufwendig, sondern aufgrund der vermeintlichen Herrschaft des Unbewussten auch systematisch unmöglich. Vielmehr imaginiert sie eine Elite, welche die »Affen auf den Schultern« anderer Menschen in Form von Reiz-Reaktionen (die Verhaltensökonomik spricht von »nudges«) unbemerkt in die »richtige« Richtung dressiert – wobei über die »Richtigkeit« auch nur sie selbst entscheiden können soll. Cass Sunstein und Richard Thaler sprechen offen von einem »libertären Paternalismus«, in dem sogenannte »Entscheidungsarchitekt*innen« den Rahmen für das Verhalten der Masse setzen sollen. Woher die Kreativität und die Moral jener Elite kommen sollen, um all die »Affen auf den Schultern« zu dressieren, bleibt dabei geheimnisvoll. In den Standardlehrbüchern jedenfalls findet sich dazu nichts.

EIN GRUNDLEGENDER METAPHERNWECHSEL

Meines Erachtens ist die Standardökonomik hier in eine Sackgasse geraten. Denn ihre erkenntnisleitende Metapher des Eisbergs ist schlicht irreführend. Stattdessen schlage ich vor, menschliches Erkennen und Entscheiden nicht mehr wie einen massiven, erstarrten Block zu beschreiben, der sich kategorisch nur in einen sichtbaren, bewussten und einen unsichtbaren, unbewussten Teil zweiteilen lässt. Menschliche Erkenntnis mag tatsächlich manchmal starr sein, aber ihre grundsätzliche Natur ist dies nicht: Wir Menschen sind dazu in der Lage, unser Erkennen von innen heraus und damit freiwillig immer wieder zu verflüssigen, um es in steten Wechselbeziehungen zu unseren Erfahrungen des konkreten Lebens und seinen Anforderungen aktiv umzugestalten. Richtig ist, dass es uns zumeist vorkommt, als vollzögen sich solche dynamischen und kreativen Prozesse wie unterhalb des rationalen Erkennens. Doch sie sind deswegen nicht unbewusst und damit gänzlich unzugänglich, sondern lediglich anders-bewusst: Sie kennzeichnen vollständig neue Habitate eines vielfältigen Erkenntnisbiotops. Diese Habitate gemeinsam mit jungen Menschen zu erkunden und zu kultivieren, sehe ich als zentrale Aufgabe einer neuen reflexiven ökonomischen »Bildung for Future«.

EINE NEUE GEOLOGIE
DES ERKENNENS

Um dieser Aufgabe gerecht zu werden, schlage ich vor, die verschiedenen Schichten des Erkennens nicht mehr in Ähnlichkeit zu einem Eisberg, sondern zum geologischen Aufbau der Erde zu imaginieren, und so eine *Geologie des Erkennens* zu entwerfen. Die Abbildung unten zeigt, wie dies erlaubt, sich das Erkennen in seiner Tiefe als fundamental dynamisches Geschehen vorzustellen, das immer flüssiger wird: Ganz oben befindet sich eine äußerst dünne, wie vollkommen versteinerte und erstarrte Erkenntniskruste. Diese sieht sich von einem etwas dickeren, aber ebenfalls noch sehr schmalen, äußerst zähflüssigen oberen Erkenntnismantel getragen. Unterhalb von diesem nun befindet sich nicht einfach Nichts, sondern die mächtige Schicht eines unteren

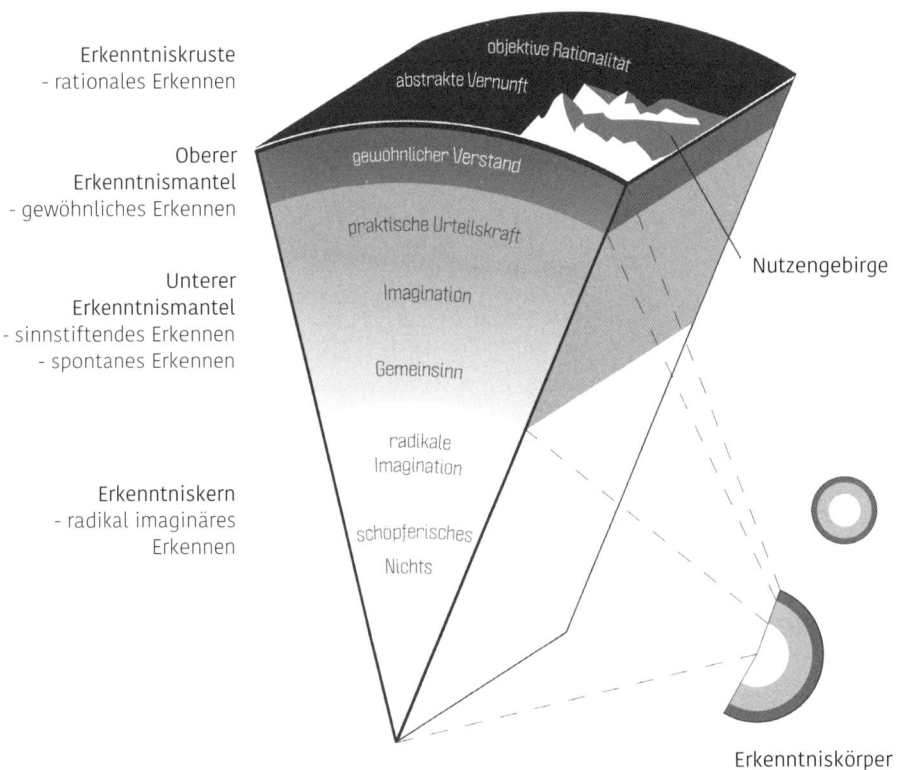

Erkenntniskruste
- rationales Erkennen

Oberer
Erkenntnismantel
- gewöhnliches Erkennen

Unterer
Erkenntnismantel
- sinnstiftendes Erkennen
- spontanes Erkennen

Erkenntniskern
- radikal imaginäres
Erkennen

objektive Rationalität
abstrakte Vernunft

gewöhnlicher Verstand

praktische Urteilskraft

Imagination

Gemeinsinn

radikale
Imagination

schöpferisches
Nichts

Nutzengebirge

Erkenntniskörper

2 Geologie des Erkennens

Erkenntnismantels, der tragfähig und zugleich plastisch gestaltbar ist. Nach unten hin grenzt dieser Mantel an einen flüssigen Kern, der aus einem lebendigen Erfahrungsschatz der gegenwärtigen Welt und ihren Möglichkeiten und damit aus allem noch nicht Erkannten, aber potenziell Erkennbaren besteht. Hier versammeln sich alle Chancen wie Risiken der wirklichen Welt und ihrer Möglichkeiten. Diese sind nur einem radikal-imaginären Erkennen zugänglich, das sich seinerseits aus einem inneren Kern reiner Kreativität speist. Dieser Kern lässt sich in keiner Weise vergegenständlichen und kann deswegen nur widersprüchlich als eine »Bestimmtes ohne Bestimmendes« oder als ein »schöpferisches Nichts« charakterisiert werden. Er ist reich an Potenzial, aber leer an bereits Erkanntem und Begriffenem. Cornelius Castoriadis etwa bezeichnet ihn als »Magma« und verweist auf dessen gesellschaftlich-geschichtliche Dynamik als »unerschöpfliche Quelle von Neuem in der Geschichte und nie erlahmende Triebkraft der Selbstveränderung der Gesellschaft«.

DER PREKÄRE STATUS
DER STANDARDÖKONOMIE

Überträgt man das Zwei-Schichten-Paradigma der Eisbergmetapher auf jene der Vier-Schichten-Imagination der Geologie des Erkennens, so wird deutlich, dass ersteres nur auf die äußersten und dünnsten Schichten menschlichen Erkennens abstellt. Darunter hingegen befindet sich Terra incognita: ebenso unerforschte wie unentwickelte, weil verschüttete Habitate des Erkennens. Zugleich wird der grundsätzlich prekäre Status dieser beiden Schichten deutlich: Solange sie wie versteinerte und verkruste Strukturen den gesamten Erkenntniskörper umschließen, kann sich die Dynamik des Magmas in dessen Tiefe nur in Form fundamentaler Erschütterungen oder explosionsartiger Ausbrüche ihren Weg an die Oberfläche bahnen. Denn weder können diese Schichten dem inwendigen Druck standhalten, noch sich durch plastische Verformung anpassen. Die Folge ist ein periodisches plötzliches Zerreißen, bei dem zumindest Teile der Außenschicht mit großer Heftigkeit weggesprengt werden. Dies ist für mich das Sinnbild einer krisengeschüttelten Ökonomie, die über keinerlei seismografisches Instrumentarium zum Umgang mit gesellschaftlichen und ökologischen Dynamiken verfügt, obwohl diese sich direkt unter ihren Füßen abspielen. Eine reflexive ökonomische Bildung anhand der Imagination der Geologie des Erkennens sollte helfen, diesen Zustand abzustellen.

DIE REFLEXION DES RATIONALEN ERKENNENS

Zunächst kann dazu nachvollzogen werden, wie die berechnende Vernunft die oberste Erkenntniskruste als versteinert ausbildet. Deren Starrheit rührt daher, dass die moderne abstrakte Vernunft in keinerlei Beziehung zum konkreten Alltagsleben steht und auch nicht stehen soll. Sie hat stattdessen gänzlich erfahrungsunabhängig zu sein und hierfür rein gedanklichen, im Wesentlichen mathematischen Prozeduren zu folgen. Gefordert ist nicht weniger als die totale Unabhängigkeit von allen sinnlichen Wahrnehmungen, wie sie in der Erfahrungswelt gebildet werden. Damit erweist sich das rationale Erkennen auch als unveränderlich gegenüber jeglicher konkret gelebten Zeit. Selbst so alltägliche Fähigkeiten, wie das Bedauern vergangener Handlungen oder ein Lernen aus Erfahrungen, sind ausgeschlossen – einschließlich jeder zukunftsrelevanten Irrtumsfähigkeit menschlicher Vorstellungen.

Kein Wunder also, dass viele Studierende der Wirtschaftswissenschaften eine extreme Kluft empfinden zwischen der zu lernenden Theorie und der Welt, in der sie leben. Eine neue ökonomische Bildung sollte ihnen zunächst helfen zu verstehen, dass dies beileibe keinen Betriebsunfall, sondern eine systembedingte Erfordernis darstellt. Noch wichtiger ist aber, in einer solchen Analyse und Kritik nicht zu verharren, sondern Studierende zu wirklichen Ortswechseln des Erkennens zu befähigen.

DIE REFLEXION DES GEWÖHNLICHEN ERKENNENS

Ein erster solcher Ortswechsel vollzieht sich zunächst hin zum oberen Erkenntnismantel, der einem äußerst zähflüssigen, nahezu erkalteten Lavastrom gleicht. Hier ist das Erkennen zwar nicht mehr vollständig erfahrungsunabhängig, wohl aber unabhängig von allen konkret gegenwärtigen Erfahrungen, denn hier regieren primär mentale Gewohnheiten das Denken, Handeln und die Weltsicht. Entscheidend ist für sie nicht, was in der Gegenwart tatsächlich passiert, sondern wie es durch die

Brille vorgefertigter Stereotypen wahrgenommen wird. Jede wirklich kreative Gestaltung gegenwärtiger Verhältnisse bleibt deshalb unmöglich. Kahneman etwa spricht hier treffend von einer »Tyrannei des erinnernden Selbst«. Leitend dabei ist vor allem der Umgang mit Sprache: Der begriffliche Verstand knüpft auf Basis von je schon Gelerntem ein Netz aus Wörtern und Bedeutungen, in das jedes aktuell gesprochene Wort wie in ein Raster fällt und dadurch eine vorhersehbare Bedeutung erlangt, die wiederum ein vorhersehbares Verhalten auslöst. Diese Raster entsprechen, kurz gesagt, den »Entscheidungsarchitekturen« der Verhaltensökonomik. Die Kognitionswissenschaften sprechen auch von »*Frames*«, zu Deutsch »kognitiven Deutungsrahmen«.

DIE WIEDERBELEBUNG SPONTANEN ERKENNENS

Die Geologie des Erkennens verneint ein solches, rein gewöhnliches Erkennen nicht. Sie bleibt aber nun – im Gegensatz zur Standardökonomie – dort nicht stehen und öffnet auf diese Weise neue Spielräume für die ökonomische Bildung. Die grundlegende Differenz zur Standardökonomik und ihres impliziten Erkenntnisparadigmas besteht darin, Formen des Erkennens, die relational zu gegenwärtigen Erfahrungen sind, nicht mehr länger zu ignorieren und ins vollständig Dunkle des vermeintlich nicht *Erkennbaren* zu versenken. Zunächst macht sie dafür eine Form des Erkennens stark, wie sie insbesondere in akuten Notfällen – so etwa der gegenwärtigen Covid-19-Pandemie – immer wieder augenfällig wird, gleichwohl aber gerade von Ökonom*innen entweder vollständig übergangen oder aber argwöhnisch beäugt wird: das spontane Erkennen, das Menschen in unmittelbaren Erfahrungsbezügen nicht nur reagieren, sondern tatsächlich agieren lässt.

Charakteristisch für das spontane Erkennen sind die Aktivitäten des Gemeinsinns. Dieser meint die Fähigkeit, alte Urteile und Vorurteile vollumfänglich fallenzulassen und so deren handlungslenkende Wirkungen auszusetzen. Stattdessen werden angesichts konkreter Erfordernisse der Gegenwart neue Imaginationen generiert. Der Gemeinsinn erlaubt, die Lebenswelt wahrzunehmen, *bevor* mentale Stereotypen oder berechnende Kalküle sie im Licht bloß vergangener Erinnerungen bewerten. Dafür fügt er konkrete Sinneswahrnehmungen zu reflektierten Einheiten

zusammen und arbeitet an der tiefsten Stelle des unteren Erkenntnismantels. Dort löst er alte Gewohnheiten des Erkennens auf und lässt
sie ins Magma des Erkenntniskerns einsinken. Zugleich spürt der
Gemeinsinn – jenseits der Wirkmächtigkeit des begrifflichen Verstands –
neue potenziell sinnhafte Strukturen auf und stabilisiert sie anfänglich
in improvisierendem Handeln. Dabei ist er nicht nur ein genuin kreativer,
sondern auch ein moralischer Sinn, da er Bedürfnissen situationsadäquat und selbstlos begegnen kann.

Wichtig ist an dieser Stelle, dass das spontane Erkennen sich jeder
operationalisierenden Form der Bildung entzieht. Es agiert gewissermaßen *ex negativo*, es gleicht der Negation aller Bildungsprozesse, die im
Bereich des begrifflichen Verstandes bloß Stereotype oder im Bereich
der abstrakten Vernunft allein Kalküle antrainieren. Stattdessen fordert
der Gemeinsinn Freiräume in konkreten Erfahrungssituationen, sodass
sich das Handeln angesichts von unmittelbaren Notwendigkeiten selbst
professionalisieren darf. Gerade das Feld der Sorgearbeit scheint hier
außerordentlich wichtig zu sein, damit Gestaltungsarbeit im Bereich
der unmittelbaren wechselseitigen Abhängigkeiten von Menschen als
Bedingung ihrer Existenz direkt erfahrbar und gestaltbar wird.

Während der gegenwärtigen Covid-19-Pandemie hoffen viele
Menschen, dass aus spontanem Gemeinsinn dauerhaft neue Gewohnheiten des Denkens und Handelns erwachsen mögen. Doch ist dies
illusorisch, da der Gemeinsinn für sich genommen stets nur in unmittelbaren Handlungs- und Erfahrungsvollzügen wirksam ist. Eine »Corona-
Dämmerung des Neoliberalismus«, wie die *taz* sie etwa beschwört,
wird er deswegen nicht heraufziehen lassen können. Vielmehr droht
ein Rückfall in alte Gewohnheiten, sobald die drängendsten Notlagen
vorüber sind.

DIE NEUENTDECKUNG
SINNSTIFTENDEN ERKENNENS

Soll das erfahrungsrelationale Erkennen tatsächlich bis an den Rand
des gewöhnlichen Verstandes wirksam werden und seine Strukturen
umgestalten können, bedarf es hierfür eines weiteren Habitats menschlichen Erkennens, das nun gleichsam den gesamten unteren Erkenntnismantel auszuprägen imstande ist. Es handelt sich um das sinnstiftende

Erkennen, das bislang den vollständig blinden Fleck der ökonomischen Standardlehre bildet.

Diese Form des Erkennens ist – ebenso wie das spontane Erkennen – erfahrungsrelational. Es setzt ebenfalls ganz nah am Magma des dynamischen Erkenntniskerns an, indem es den Gemeinsinn umfasst. Doch verharrt das sinnstiftende Erkennen nicht einfach auf der Ebene dieses Sinns, sondern aktiviert zudem die Imagination ebenso wie die praktische Urteilskraft. Die Imagination meint dabei die Fähigkeit, kreative Vorstellungen des Gegenwärtigen und darüber hinaus auch des zukünftig Möglichen zu schaffen. Auch ist sie fähig, neue Bilder des Vergangenen zu schaffen und so Geschichtliches neu zu bewerten. Mit ihr avancieren Menschen von bloß vorstellungsgeprägten, reagierenden Wesen hin zu bildschöpfenden Wesen, die ihre eigenen Anschauungen frei gestalten können.

Während die Imagination im nochmals tieferliegenden Gemeinsinn wurzelt, speist sie ihrerseits die praktische Urteilskraft, die auch als Lebensklugheit (*phronesis* im Altgriechischen) bezeichnet wird. Diese ist diejenige Fähigkeit des Erkennens, die sich an konkreten Situationen orientiert und in ihnen angemessen operiert. Dabei sieht sie sich keineswegs auf bloße Erinnerungen und Instinkte reduziert, sondern beinhaltet auch das kognitive und das kreative Vermögen, sich im Konkreten und damit im Erfahrungsbedingten Urteile zu bilden, Fruchtbares und Schädliches zu unterscheiden sowie Dingen und Prozessen existenzielle und praktische Werte und Bedeutungen zuzuschreiben. Sie ist auch für die Bildung von Intentionen zuständig, die nicht einfach der Sinneswahrnehmung entspringen. Sie ist eine Form der Lebensklugheit, mit der Menschen sich darüber klar werden können, was sie wirklich wollen und sollen. Sie vermag alte Denk- und Handlungsgewohnheiten zu überwinden und ebenso neue zu schaffen, um in der Gegenwart über die Wirksamkeit der Vergangenheit zu entscheiden und sie auf eine neue Zukunft hin aktiv zu verändern.

Das sinnstiftende Erkennen bildet neue kreative Normalitäten. Um es seinerseits zu kultivieren, braucht es Freiräume für ein reflektiertes Tun in der Gegenwart, gepaart mit einem breiten Wissen um das gesellschaftlich-geschichtlich Gewordene. Dies alles in Forschung und Lehre zu vermitteln, ist nur mit handlungsorientierten und erfahrungsbasierten didaktischen Ansätzen möglich, die ein reflexives Tun mit Einblicken in die Kultur- und Ideengeschichte und imaginativen Übungen, gerade auch philosophisch-ästhetischer Art, verbinden.

FÜR EINE REFLEXIVE BIODIVERSITÄT DES ERKENNENS: DAS *BASHO-FRAMEWORK*

Natürlich geht es mir nicht darum, das rationale und das gewöhnliche Erkennen einfach auf den Scheiterhaufen der Geschichte zu befördern. Vielmehr entwerfe ich eine neue Vision reflexiver Biodiversität des Erkennens, die verschiedene Habitate umfasst und die sich an das *basho-Framework* anlehnt, welches auf der Abbildung unten gezeigt wird. *Basho* ist ein japanischer Begriff, der so viel wie »konkrete Aufenthaltsorte« oder »Wirkungsstätten« meint und in der japanischen Philosophie gerade auch die Vorstellung von Habitaten des Erkennens beinhaltet. Das *basho-Framework* kennt – genau wie die von mir vorgeschlagene Imagination der Geologie des Erkennens – nun nicht mehr bloß zwei, sondern fünf solcher Habitate: Rechts befindet sich das rationale

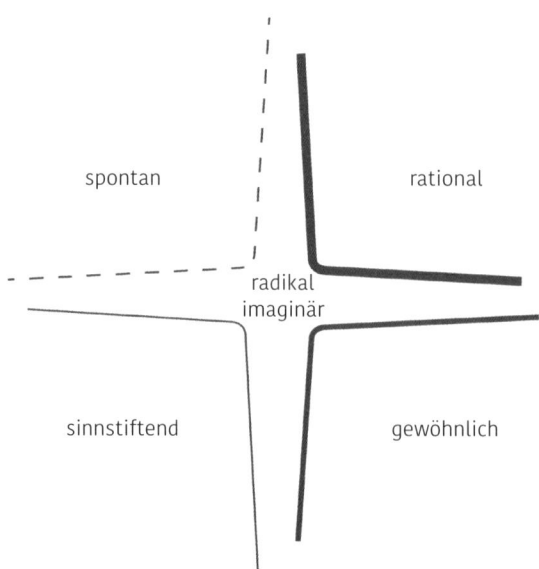

3 basho-Framework

Erkennen, das die neoklassische Theorie und die Theorie rationaler Erwartungen zur Monokultur erhoben hat. Auf der gleichen Seite liegt auch das gewöhnliche (oftmals unbewusste) Erkennen, das die Verhaltensökonomik gemeinsam mit dem rationalen Erkennen zur alleinherrschenden Duokultur stilisiert hat. Ergänzt (aber nicht ersetzt!) finden sich diese beiden nun durch das sinnstiftende, das spontane sowie das – mittig abgebildet – radikal-imaginäre Erkennen.

Die Geologie des Erkennens, wie in der Abbildung auf Seite 30 gezeigt, schafft eine neue Vorstellung dafür, wie das spontane und das sinnstiftende Erkennen sowohl das gewöhnliche als auch das rationale Erkennen mitformen, zugleich aber von ihnen fest umschlossen und eingeschnürt werden: Spontanes und sinnstiftendes Erkennen können sich ihren Weg an die Oberfläche gesellschaftlicher Wahrnehmung und Gestaltung im Normalfalle nicht bahnen, sondern werden, obwohl sie im wahrsten Wortsinn fundamental sind, durch Formen epistemischer Gewalt verschwiegen, ignoriert und unterdrückt.

Mithilfe des *basho-Frameworks* möchte ich demgegenüber eine neue Oberfläche des Erkennens visualisieren, die nun nicht mehr allein vom rationalen, sondern von allen fünf Formen des Erkennens besiedelt und damit von mehreren Habitaten des Erkennens geprägt ist. Starke tektonische Kräfte in den Tiefen erfahrungsrelationalen Erkennens machen dies möglich: Sie können neue kreative Normalitäten ausbilden, sodass der begriffliche Verstand in neue Entscheidungsarchitekturen eingelassen wird und sein vormals starres Gerüst Bruchstellen erleidet. In der Folge weist auch das rationale Erkennen kein bruchloses Fundament mehr auf, sondern vermag ebenfalls aufzubrechen. Doch statt sich nur in Gestalt katastrophaler Eruptionen oder verheerender Erdbeben wandeln zu können, wird es von tektonischen Kräfte, die aus Dynamiken der tieferen Erkenntnisschichten herrühren, wie eine Kontinentalplatte in einen strikt begrenzten Teil der Erkenntnisoberfläche verschoben. In den so freigewordenen Bereichen können nun das gewöhnliche, das sinnstiftende und das spontane Erkennen ihrerseits an die Oberfläche treten und so eigene Habitate ausbilden. Die Dynamik, die der Gesamtoberfläche ihre Gestalt neu verleiht, ergibt sich aus dem Wirken des Gemeinsinns am Rande hin zur radikalen Imagination. Denn genau durch ihn beginnen sich die Tragfähigkeit als auch die Flexibilität der Erkenntnisschichten zuallererst auszubilden. Das *basho-Framework* ist für mich deswegen auch Sinnbild einer neuen Gemeinsinn-Ökonomie. Dabei stellt es ausdrücklich kein neues, erfahrungsunabhängiges Modell der Ökonomie dar, sondern eine sinnstiftende Imagination. Als solche soll es Menschen nicht erneut in ihrer Kreativität des Erkennens einschränken, sondern neue Spielräume schaffen, um dieser visuell und sprachlich Ausdruck zu verleihen.

In diesem Raum tritt nun auch das radikal Imaginäre offen zutage: Von den jeweils inneren Verwerfungslinien aller Erkenntnisweisen vermag der Blick frei und unverstellt in dessen dynamische Tiefe zu gleiten. Dies meint, dass jede Erkenntnisweise – statt sich zur Monokultur aufzuweiten – ausdrücklich vermittelt, dass sie selbst nur ein spezifisch Gewordenes darstellt, bereits mehr oder weniger gegenüber den stets dynamischen Erfahrungen der Gegenwart verhärtet. Wie in geologischen Aufschlüssen lässt sich dabei an den Bruchlinien jeder Erkenntnisform erforschen, wie die je spezifischen Verhärtungen einst in vergangenen dynamischen Tätigkeiten ihren Ursprung nahmen.

Zugleich lässt sich durch Bewegungen zwischen den einzelnen Bereichen des Erkennens antizipieren, wie sich diese Verhärtungen in Gegenwart und Zukunft auch wieder auflösen und umgestalten können. Gewiss fällt der Übergang des radikal Imaginären hin zum spontanen Erkennen dabei am flachsten aus – im *basho-Framework* verdeutlicht durch die durchlässige Linie –, vermag der Gemeinsinn doch hier jeden Tag aufs Neue nah an den Erfordernissen der dynamischen Wirklichkeit zu wirken. Zugleich braucht es die Einsicht, dass sich dessen Fläche stets nur als flexibel, ja geradezu labil erweist und deswegen keine dauerhaften Veränderungen von Denk- und Handlungsgewohnheiten begründen kann. Demgegenüber erweist sich das Habitat des sinnstiftenden Erkennens bereits als deutlich stabiler, da es Gewohnheiten zu verfestigen ebenso wie zu verflüssigen versteht und so strukturellen Wandel dessen, was Normalität genannt wird, im Strom der Zeit ermöglicht. Die Bereiche des unbewussten und vor allem des rationalen Erkennens dagegen fallen wie von hohen und steilen, felsenartigen Klippen jäh zum radikal Imaginären hinab. Hier bietet sich kein seichter Übergang, denn die postulierte Unabhängigkeit des Erkennens von gegenwärtiger beziehungsweise überhaupt aller Erfahrung erlaubt diesen Übergang nur im Sinne eines Absturzes.

DIE BILDUNG ZU
REFLEXIVER FREIHEIT

Und dennoch: Das *basho-Framework* hilft, das rationale und das gewöhnliche Erkennen als auf einem ausgebildeten unteren Erkenntnismantel ruhend zu verstehen, der insbesondere durch das sinnstiftende Erkennen eine mächtige Tragfähigkeit ausbilden kann. Zugleich vermag dieser Mantel aufgrund der Aktivitäten des Gemeinsinns nun wie auf dem radikal Imaginären frei zu gleiten. Dieses Imaginäre symbolisiert dabei seinerseits zunächst die erlernbare Freiheit, an keinerlei bestimmte Form des Erkennens gebunden zu sein. Zugleich verweist es auf die immer wieder neu zu kultivierende Fähigkeit, sich für alle anderen Weisen des Erkennens frei entscheiden zu können.

Lässt sich die Welt nur berechnen und durch Kalküle und Modelle steuern? Können wir uns auf die quasiautomatischen Reaktionen eines festgefügten begrifflichen Verstandes verlassen? Braucht es den tiefgehenden strukturellen Wandel hin zu einer neuen kreativen Normalität? Braucht es die Fähigkeit, die Not der Mitmenschen in spontan empathischer Fürsorge zu lindern? Indem – vor allem junge – Menschen lernen dürfen, solche Entscheidungen zu treffen, kann das Erkennen für sie zu einer grundsätzlich offenen, selbst-reflexiven Tätigkeit werden.

Economists4future haben verstanden: Alles gesellschaftlich Gewordene, die Dynamik der Gegenwart und die Möglichkeiten der Zukunft sind ein reicher Schatz und eine schwere Bürde zugleich. Nur indem sie sich offen begegnen, können sie in einer »kreativen Gegenwart« gemeinsam gestaltet werden. Dies halte ich für den eigentlichen Kern einer radikal neuen ökonomischen Bildung, die eine tatsächliche, reflexive Biodiversität des Erkennens zur Grundlage haben sollte, in der sich ökonomische Theorie und Praxis wechselseitig bedingen und befruchten.

Prof. Dr. Silja Graupe ist Ökonomin wie Philosophin und Gründungsmitglied der die Wirtschaftswissenschaften vom Kopf auf die Füße stellenden Cusanus Hochschule für Gesellschaftsgestaltung.

BIODIVERSITÄT DES ERKENNENS

#REFLEXIVITÄT

»Weit wesentlicher für die Zukunft aber wird sein, diese ›reine Lehre‹ endlich umzustellen auf eine realistische Ökonomik, in der die ökonomischen Entwicklungen und deren Folgen und die eigene Gestaltungskraft reflektiert werden. Hierin stehen Ökonom*innen in der Verantwortung, der sie sich nicht entziehen können.«

Katrin Hirte

 # DAS DOPPELTE REFLEXIONSPROBLEM

Wie die Ökonomik ihren Gegenstand verfehlt und sich ihrer Wirkung auf ihn entzieht

In diesem Beitrag wird die These vertreten, dass in den Wirtschaftswissenschaften ein grundsätzliches und zugleich doppeltes Reflexionsproblem besteht. Es ist mitverantwortlich für die mittlerweile desaströsen Folgen des Wirtschaftens – fatal für den Großteil der Menschen auf der Erde und katastrophal für den Zustand des Planeten.

Dieses Reflexionsproblem besteht zuerst in einer unreflektierten Gleichsetzung: Die Bewirtschaftung der Erde als Sphäre des Ressourcenumgangs wird mit der Sphäre der Ökonomie als Organisations- und Regulationsstruktur dieses Umgangs gleichgesetzt. Dies ermöglicht es, ökonomische Verhältnisse als quasinatürliche zu vermitteln. Nichts signalisiert dieses Problem so deutlich wie der beliebte Begriff »Marktwirtschaft«: »Wirtschaft« steht für die Sphäre des Bewirtschaftens und »Markt« für die Sphäre der ökonomischen Regelung dieses Wirtschaftens – wobei »Markt« im heutigen Ökonomieverständnis sogar synonym für eine angebliche Selbstregelung dieser Sphäre steht. Aber Bewirtschaftung gleicht eben nicht automatisch einer Marktökonomie, genau wie Produktionsmittel nicht automatisch Kapital sein müssen und Arbeit nicht Lohnarbeit sein muss. Vielmehr wurde die Bewirtschaftung der

Ressourcen der Erde durch die Menschen in eine Marktökonomie umgewandelt. Die Regelungen dazu haben hauptsächlich Ökonom*innen geschaffen.

Hierin besteht das zweite Reflexionsproblem der Ökonomik: Sie blendet ihre eigene aktiv mitgestaltende Rolle in diesem Prozess aus – sei es hinsichtlich der Bestimmung dessen, was ein Bruttosozialprodukt ist, der Festlegung, welche Regeln für Unternehmen gelten, oder der Entwicklung von Berechnungsformeln für Finanzmarktprodukte. Durch all diese Bestimmungen werden sowohl die Bewirtschaftungssphäre als auch die ökonomische Sphäre mitgestaltet, denn Wissen webt sich beständig in das Geschehen der Gesellschaft ein. Dass darin eine gestaltende Kraft liegt, nimmt die Ökonomik nicht zur Kenntnis.

Die Vorstellungen zur Organisations- und Regulationsstruktur des Wirtschaftens gehören zu einer zweiten Reflexionsebene, die in der Soziologie als »Konzepte zweiter Ordnung« bezeichnet werden. Solche Konzepte werden seitens der Wissenschaften entwickelt, werden aber zu »Konzepten erster Ordnung«, wenn sie, so Anthony Giddens, »innerhalb des gesellschaftlichen Lebens angeeignet werden«. Dann bilden diese Konzepte erster Ordnung die Sphäre der Ökonomie als den Bereich, der über die Art und Weise der Bewirtschaftungsvorgänge entscheidet. Sie entscheiden somit über den Umgang mit Ressourcen, über Verteilung, über Verantwortlichkeiten und ähnliches mehr und tun dies mittels eigener dafür geschaffener Institutionen – ob Organisationen, Ämter oder Gesetze.

Bei dieser Differenzierung geht es weder um Spitzfindigkeiten bei der Wortwahl noch um eine Suggestion, dass es einfache Antworten auf die drängenden Probleme gäbe, die aus den Folgen einer derzeit fast ungezügelten Ökonomisierung auf der Erde entstanden sind – und aktuell durch die Corona-Pandemie noch verschärft werden. Sondern es geht darum, den Unterschied zu verdeutlichen: Bewirtschaftungssphäre und ökonomische Sphäre sind nicht deckungsgleich. Und gerade die Auswirkungen der Pandemie machen überdeutlich, dass zwischen diesen Bereichen unterschieden werden muss. Denn ausgerechnet in dieser Krisensituation wird das praktiziert, was in »Normalsituationen« undenkbar erscheint: Per politischem Beschluss werden geltende ökonomische Regularien, die bislang als keinesfalls veränderbar galten – einfach geändert. Gleichzeitig tritt dadurch zutage, wie stark diejenigen Bewirtschaftungsbereiche, die der direkten Versorgung des Menschen dienen, bereits in die ökonomische Sphäre involviert worden sind – mit negativen Folgen, wie aktuell angezeigt am Bereich Gesundheit und Pflege.

Diese missliche Gemengelage hat mit der nicht vollzogenen Grundunterscheidung zwischen Bewirtschaften und Ökonomie zu tun. Denn mit der stillschweigenden Identifikation von Bewirtschaftungs- und ökonomischer Sphäre änderte sich auch die Zielsetzung in jener erstgenannten Sphäre. Dies ist schon an der Wortherkunft erkennbar: Be-wirt-schaften bezeichnet den Vorgang, bei dem Menschen mit dem haushalten, was sie in die »Bewirtung« ihrer selbst und ihrer Umwelt einbeziehen. Schon die griechische Auffassung von *Oikonomia* umfasst das Behüten beziehungsweise Regeln (*nemein*) des Haushaltes (*Oikos*). Die *Chrematistik*, also der Gelderwerb, wurde davon unterschieden. Heute umfasst Ökonomie hingegen alles, was Menschen institutionalisiert haben, um dieses Wirtschaften regelgeleitet und mit dem Ziel des Gelderwerbes umzusetzen. Es basiert auf Kapital, dem Privateigentum an allen Ressourcen, mit dem es gelingt, aus dem Bestehenden ein Mehr zu schaffen. Daher ist die heute so gerne herangezogene »Marktwirtschaft« nichts anderes als eine Kapitalwirtschaft beziehungsweise – in klassischer Ausdrucksweise – ein Kapitalismus. Bereiche der sozialen Versorgung, wie Gesundheit, Energie, Verkehr und dergleichen, sind in dieser Ökonomie nur dann interessant, wenn sie auch ökonomisch interessant sind, also wenn sie in das Regelwerk des Kapitalismus einverleibt werden, was gerade in den letzten Jahrzehnten gelang.

Eine Abkehr von dieser Herangehensweise bedeutet daher eine Abkehr von dem grundsätzlichen Denken, das mit der heutigen Ökonomik transportiert wird und bei dem die Vermischung von Bewirtschaften und Ökonomie eine zentrale Rolle spielt. Erschwert wird eine Lossagung von dieser Vermengung durch eine apodiktische und noch dazu unhaltbare Wissenschaftsauffassung in der Ökonomik: In der Einbildung, dass in den Sozialwissenschaften ebenso wie in den Naturwissenschaften unumstößliche Gesetze gelten würden, wird einem Phantom nachgejagt. Dabei ist man gerade in den Naturwissenschaften bereit, zuvor angenommene Auffassungen mit wachsenden Einsichten aufzugeben – ob es um einen geobasierten Bezug in der Astronomie geht oder einen feststehenden Raum-Zeit-Bezug in der Physik. Mit diesem Vorgehen werden in den Naturwissenschaften sukzessive neue Zusammenhänge entdeckt. In den Sozialwissenschaften besteht die Herausforderung darin, dass sich geltende Auffassungen mit dem gesellschaftlichen Fortkommen mitentwickeln müssen. Beiden Arbeitsweisen verweigert sich die Ökonomik seit Jahrzehnten. Wie dies erfolgt und welche verheerenden Auswirkungen daraus resultieren, wird nachstehend zu drei Schwerpunkten verdeutlicht: Zuerst wird die Grundauffassung der Ökonomie beleuchtet, dann die Position der Wirtschaftsakteure problematisiert und schließlich die Rolle des Staates befragt.

ZUR GRUNDAUFFASSUNG DER ÖKONOMIE

Die Vermischung von Bewirtschaften und Ökonomie beginnt schon auf der grundsätzlichen Ebene. Ökonomie wird in den gängigen Lehrbüchern definiert als »Wissenschaft vom Einsatz knapper Ressourcen zur Produktion wertvoller Wirtschaftsgüter«, nachzulesen etwa bei Paul Samuelson und William Nordhaus und zurückzuverfolgen sogar bis in die 1930er-Jahre, als Lionel Robbins diese Definition aufgestellt hat. Die Entscheidung darüber, welche Güter wertvoll sind und wie der Einsatz von Ressourcen organisiert ist, treffen nach dieser Diktion »Wirtschaftsakteure«.

Bei dieser Grundannahme – Ökonomie als Wissenschaft von Entscheidungen zwischen Zwecken und knappen Mitteln seitens der Wirtschaftsakteure – werden die Folgen solchen Entscheidens von Anfang an aus der Ökonomie ausgeklammert. Sie werden als »externe Effekte« – als unkompensierte Auswirkungen dieser ökonomischen Entscheidungen – behandelt. Für sie zahlt niemand oder leistet einen Ausgleich, obwohl die Entscheider*innen doch gleichzeitig die Verursacher*innen sind. In den meisten Fällen, in denen die Auswirkungen nicht ausgeblendet werden, werden sie einzig wieder zu Verwertungszwecken in die Ökonomie integriert, nachzuvollziehen etwa an den Emissionsmärkten. Diese, schon im wörtlichen Sinne verantwortungslose, Grunddefinition der Ökonomie ist mit den immer bedrohlicheren Umweltschäden nicht mehr durchhaltbar. Wer darauf hinweist, oder gar die Forderung nach der Begrenzung von Wirtschaftswachstum erhebt, erlebt geradezu erpresserische Abwiegelungen, die nur möglich sind, weil zwischen Bewirtschaftung und Ökonomie nicht unterschieden wird: Es werden Drohszenarien zu deflationären Entwicklungen entworfen, Krisen und Arbeitslosigkeit prognostiziert, Kollapsdystopien ausgemalt und *too-big-to-fail*-Ansprüche gestellt. Aber Wirtschaftswachstum ist nicht gleichzusetzen mit ökonomischem Wachstum. Auch dies wird an der Corona-Pandemie wie durch ein Brennglas deutlich, wenn auf einmal in Erwägung gezogen wird, dass es Wirtschaftsbereiche geben kann, welche der Konkurrenzökonomie entzogen werden. Dies zeigt: Ob und welche wirtschaftlichen und hier insbesondere physischen Ressourcen der derzeit praktizierten ökonomischen Verwertungspraxis unterliegen, ist letztlich eine Frage politischer Entscheidungen und keine unausweichliche Gegebenheit ökonomischer Zwangsgesetze.

ZUM PROBLEM DER WIRTSCHAFTSAKTEURE

Auch die verzwickte Situation der Wirtschaftsakteure wird als eine quasinatürliche behauptet. Die Kernargumentation ist hier doppelt gelagert: Erstens wird unterstellt, dass eine Begrenzung von Bedürfnissen »natürliche« Ursachen hätte. Und zweitens seien Wirtschaftsakteure auch in ihrer Verwendung ihrer Mittel eingeschränkt, da die Ressourcen des Planeten nun einmal endlich seien. Hier werden die persönliche und die gesellschaftliche Ebene ganz gezielt vermischt und darüber hinaus mit physischen Vorgängen kombiniert: Bei der ersten Argumentationslinie – dass eine Begrenzung der Bedürfnisse eine »natürliche« Ursache hätte – wird auf ernährungsphysiologische Vorgänge insistiert, welche für alle Lebewesen gelten, und daraus ein »Gesetz« postuliert. Dieses »Sättigungsgesetz« wird den Studierenden mit dem Verspeisen von Schwarzwälder Kirschtorte oder dem Trinken von Bier eingetrichtert – ein Magen lasse nun einmal nur eine begrenzte Bedürfnisbefriedigung zu. Und für das zweite Argument – eine quasinatürliche Begrenzung der Mittel – werden die Student*innen sprichwörtlich in die Wüste geschickt, damit sie am sogenannten »Wasser-Diamant-Paradox« einsehen, dass Knappheit situativ als »natürliche« und gleichzeitig »persönliche« hinzunehmen sei – Diamanten seien nun mal selten, und je nach persönlicher Situation könne es auch Wasser sein. Beide

Vermengungen – gepaart mit fragwürdiger Personifizierung – sollen gleichzeitig erforderliche Grenzziehungen begründen. Sowohl die Minimum-Grenze (»Sättigung«) wie die Maximum-Grenze (»begrenzte Mittel«) sind Voraussetzung für die mathematische Umsetzung dieses Konzepts – als Grenzwertberechnung.

Wählt man jedoch Wasser statt Bier als Beispiel in der Sättigungsfrage, würde die Frage sofort in die einer notwendigen Versorgung in der Zeit umschlagen. Es würde auf einen der Bereiche rekurriert werden, die man vor ihrer Einverleibung in die Verwertungsökonomie noch als »Versorgungswirtschaften« behandelte. Diese wurden in der Corona-Pandemie zwangsläufig wieder neu »entdeckt«, womit wiederum das gleichmachende Reflexionsproblem angedeutet wird, dem die Wirtschaftsakteure unterliegen: Ob Pflegekraft, Chirurg*in, Diamantschleifer*in oder Börsenmakler*in – es findet keine Differenzierung statt. Es wird weder zwischen Versorgungswirtschaft und übriger Realwirtschaft unterschieden noch zwischen Realökonomie und Finanzökonomie. Diese Gleichstellung unterschiedlicher Bereiche geschieht durch die Konstruktion einer raum- und zeitlosen Allokationstheorie. Die Pandemie verdeutlichte diese Fiktion einmal mehr, weil sie offenbar macht, dass zwischen der Versorgungsökonomie, der darauf aufbauenden Realwirtschaftsökonomie und der Finanzökonomie ein hierarchisches Verhältnis besteht.

Doch selbst jetzt, während wir die Auswirkungen von Corona zu fassen versuchen, wird dies nach wie vor nicht problematisiert und die damit einhergehenden Verwerfungen kaum thematisiert: Neben dem Gesundheitssystem, das Teil der Versorgungsökonomie ist und dem wegen existenziell sichtbarer Mängel nachdrücklich Besserung versprochen wurde, geriet auch die Landwirtschaft in die Schlagzeilen. Die sichtbar gewordenen Missstände und Schräglagen wurden dabei aber kaum infrage gestellt. Der Laie erfuhr im März 2020, dass es für die Ernte in Deutschland genauso viele Arbeitsmigrant*innen braucht, wie es überhaupt Landwirt*innen mit über zehn Hektar Fläche in Deutschland gibt – circa 200 000. Statt Fragen dazu aufzuwerfen, galt es stur, die »deutsche Ernte« zu retten, wozu Mitte März beschlossen wurde, die vom Bundesinnenministerium verhängte Einreisesperre für Arbeitsmigrant*innen wieder aufzuheben – die verhängt worden war, obwohl diese aus Ländern wie Rumänien kamen, die zu diesem Zeitpunkt nur sehr geringe Corona-Fallzahlen aufwiesen. Arbeitsmigrant*innen wurden also in das von der Virus-Pandemie erfasste Deutschland rekrutiert und arbeiteten – in Massenunterkünften oder gar Containern untergebracht – zum üblichen Mindestlohn, nur um den Deutschen den sonntäglichen Spargel zu ernten. Der politische Wille, ökonomische Prozesse zum Wohle der Gesundheit zeitweilig anzuhalten, wurde hier nicht nur nicht an den Tag gelegt, er wurde den osteuropäischen Arbeitsmigrant*innen aktiv verweigert, ihnen wurde sogar das Gegenteil zugemutet: Ökonomische Vernutzung trotz des Wissens um die gesundheitlichen Gefahren.

Kaum jemand stellte zudem die Frage, warum und auf welcher Basis Deutschland viertgrößter (!) Spargelproduzent der Welt ist. Es waren weder Politiker*innen noch Ökonom*innen, sondern zum Beispiel der Pfarrer Peter Kossen, der am 2. März an das hier bestehende System voller politischer, ökonomischer und sozialer Verwerfungen erinnerte, das in der Landwirtschaft nicht nur für Spargel und Erdbeeren gilt, sondern ebenso auch für Schlachthöfe. In *Kirche+Leben* startete er daher den Aufruf:

> *»›Will man einfach zusehen, wie Lücken geschlossen werden und die Ausbeutungsmaschinerie für billiges Fleisch weiterläuft oder ist jetzt nicht der Zeitpunkt, die Räder anzuhalten und den Systemwechsel herbeizuführen?‹, fragt Kossen. Das System einer Wertschöpfung, die weitgehend auf der Ausbeutung von Arbeitsmigranten aufgebaut ist, sei krank und mache krank. ›Die Abkehr von diesem kranken System ist längst überfällig!‹«*

Ebenso wenig wurden und werden die umweltbezogenen Folgeschäden solcher landwirtschaftlicher Praxis thematisiert. Diese waren während der Corona-Pandemie keineswegs verschwunden, nur spielte die Ausnahmesituation im März 2020 der Bundesregierung in die Hände: Zwei Wochen nach Beginn der Pandemie verabschiedete der Deutsche Bundesrat am 27. März die neue Düngeverordnung, wegen der Landwirt*innen noch im Herbst 2019 mit ihren Trecker-Demos für Schlagzeilen gesorgt hatten. Was hat die Bundesregierung – nun ganz ohne Demonstrationswiderstand – da verabschiedet?

In der intensiven Landwirtschaft sind die Landwirt*innen das unterste Glied in der Hierarchie der Konkurrenzökonomie. Für ein

Kilogramm Schweinefleisch bekamen sie 2018 etwa 1,50 Euro. Das entspricht circa drei Euro Gewinn pro Schwein nach Abzug aller Kosten, was zu immer größerer Massenproduktion verleitet, einfach um die geringen Einnahmen durch erhöhte Mengen auszugleichen. Damit steigt auch die Menge der anfallenden Fäkalien, deren Ausbringung zu höheren Nitratbelastungen führen. Zwar hatte die EU Deutschland wiederholt verwarnt, aber die Bundesregierung hat gestellte Fristen immer wieder verstreichen lassen. Also hieß es Ende 2019 seitens der EU: Sollte die Düngeverordnung nicht den Forderungen angepasst werden, drohen Deutschland Strafzahlungen von bis zu 860 000 Euro – pro Tag! Das entspricht über 300 Millionen Euro im Jahr.

Das Ausmaß struktureller Verwerfungen ist hier also noch verheerender als im Spargel-Beispiel: Deutschland ist, nach China und den USA, der drittgrößte (!) Schweinefleischproduzent der Welt und weltweit sogar der größte Schweinefleischexporteur. Mit über 27 Millionen Schweinen fallen so im Jahr – zusammen mit den anderen Tierbeständen – über 200 Millionen Kubikmeter Gülle und Jauche an, die irgendwo hinmüssen. Die landwirtschaftliche Nutzfläche beträgt in Deutschland aber nur 16 Millionen Hektar (in China 520 und in den USA 406 Millionen Hektar).

Von der Politik wird dieser Konkurrenzkrieg und die damit einhergehenden strukturellen Verwerfungen überspielt oder sogar das Gegenteil behauptet. Es ginge, so Agrarministerin Julia Klöckner zur Arbeitsmigrant*innen-Situation in *agrar heute*, um den Erhalt einer »flächendeckenden, multifunktionalen heimischen Landwirtschaft«.

Wie wird diese gigantische Massenproduktion in Deutschland zu Lasten der Umwelt und der Menschen, die in ihr arbeiten, ökonomisch reflektiert? Die zuständigen Agrarökonom*innen reagieren in althergebrachten Mustern der angeblich unausweichlichen Konkurrenz. Zudem herrscht eine bemerkenswerte nationalistische Konnotation, wenn es beispielsweise heißt, in diesem Wettbewerb ginge »die größte Gefahr von den europäischen Wettbewerbern Spanien und Dänemark aus«, wie sich Achim Spiller und Kolleg*innen zu dem Konkurrenzkampf im Bereich Schweinefleisch ausdrücken. Die Parallele zur Situation im Spargelanbau ist auffällig, denn auch hier redete etwa die Bayerische Landanstalt für Landwirtschaft 2016 davon, dass die Anteile des »griechischen, französischen und spanischen Angebots erfolgreich vom Markt verdrängt« wurden.

Selbst in der aktuell andauernden Krise wird dabei auch die Gleichmacherei aller Wirtschaftsakteure, die im ständigen Kampfmodus gezeichnet werden, fortgesetzt – in gewohnter Manier eines Einheitsbreis aller Wirtschaftsakteure in einem Topf, lediglich perspektivisch in »Anbietende« und »Nachfragende« aufgeteilt. Im »Corona-Krieg« forderte zum Beispiel Hans-Werner Sinn in *Project Syndicate* am 16. März in üblichem Denkschema, dass in der jetzigen Situation dringend angebotsfördernde Maßnahmen erfolgen müssten:

> *»Eine heftige Rezession ist nicht mehr zu vermeiden. Manche Ökonomen schlossen daraus, dass man dagegen nun mit nachfragestimulierenden Maßnahmen angehen solle. Diese Position überzeugt nicht wirklich, denn die Weltwirtschaft leidet nicht unter einem Nachfrage-, sondern unter einem Angebotsmangel. [...N]achfragestimulierende Maßnahmen könnten sogar kontraproduktiv sein, denn sie würden dem gesundheitspolitisch Gebotenen entgegenwirken, weil sie die Kontaktaufnahme der Menschen fördern.«*

Kann diese Herangehensweise weiter überzeugen? Wer genau wurde damit adressiert? Deutsche Nachfrager*innen? Europäische? In Italien, wo etwa fünf Millionen Menschen unter der Armutsgrenze leben, hatten jedenfalls am gleichen Tag die ersten »Nachfrager*innen« in Süditalien und Neapel versucht, Lebensmittelmärkte zu plündern, wie *Voce Spettacolo* berichtet – weil sie *hungerten*.

Der unsinnige Streit um das althergebrachte Schema von Angebot und Nachfrage wird so zu Lasten der Betroffenen fortgesetzt. Das ist ebenso eine Folge der nach wie vor üblichen Annahme, dass Zusammenhänge mittels Funktionsgleichungen ermittelt werden können, aber der ewige Streit um die Frage, ob das Angebot vor der Nachfrage oder die Nachfrage vor dem Angebot priorisiert werden soll – aufgrund der mathematisch gegenseitigen Abgängigkeit der beiden Variablen dabei –, letztlich gar nicht beantwortet werden kann. Das verwendete Vokabular verschleiert zudem, um welche Abhängigkeitsverhältnisse es dabei geht. Denn »Anbietende« bieten nicht nur an, sondern müssen andere Waren innerhalb der Konkurrenzökonomie sprichwörtlich um jeden Preis unterbieten, also die eigenen loswerden. Und »Nachfragende« »fragen« nicht nur – egal in welcher Ökonomie –, sondern haben letztlich einen existenziellen Bedarf. Zu diesem grundsätzlichen Bedarf gehörten laut Walter Eucken nach dem Zweiten Weltkrieg Nahrungsmittel, Wohnen, Energie und Verkehr, welche daher subventioniert wurden. Sie waren der »Preis der Marktwirtschaft«, so Irmgard Zündorf. Die Corona-Pandemie zwingt dazu, wenigstens über diese Bereiche neu nachzudenken, während für alle anderen Bereiche gehofft wird, in alter Manier bald wieder »durchstarten« zu können. Ermöglichen soll dies nun der »Staat« mit Milliarden Euro Finanzhilfen, wiewohl gerade eben jener Staat seitens der Ökonom*innen, die diese Hilfen nun fordern, über Jahrzehnte diskreditiert wurde.

ZUR ROLLE
DES STAATES

Von den »führenden Ökonom*innen« wird die Regierung aktuell in der Corona-Krise aufgefordert, »man müsse schnell handeln, um jetzt durch die Bereitstellung von Milliarden-Mitteln [...] Vertrauen zu schaffen«, so etwa Clemens Fuest, Chef des Münchner ifo-Instituts im Interview der Deutschen Welle. In einer Ökonomie, die von vornherein gedacht wird als »*economy in which decisions about production and consumption are made by individual producers and consumers*«, wie Paul Krugman und Robin Wells es formulieren, kommt ein Staat als ökonomischer Akteur gar nicht vor.

In Krisenzeiten allerdings wird wie selbstverständlich nach ihm gerufen. Schon 2009 konstatierte der damalige deutsche Bundesfinanzminister Wolfgang Schäuble, dass »in der Krise eine Renaissance des Staates« als selbstverständlich thematisiert wird, aber Ökonom*innen diesen Staat sonst »weitgehend als Störfaktor in der Wirtschaft« sehen, »den man möglichst weit heraushalten wollte«.

Eine Institution, die von allen Arbeitnehmer*innen sowie allen Unternehmen eines Landes einen beträchtlichen Anteil an Steuern einnimmt – sofern sich diese dem nicht auf illegale Weise entziehen – als ökonomisch irrelevant zu erklären, gehört nicht nur zum fehlenden Reflexionsvermögen der herrschenden Ökonomik, sondern gleicht auch einem antistaatlichen Framing. Das stärkste Argument im politischen

Kampf um die vorherrschende Wirtschaftsordnung gegen eine »Plan-wirtschaft« lieferte Adam Smith schon 1779:

> »Ein Staatsmann, der es versuchen sollte, Privatleuten vorzuschreiben, auf welche Weise sie ihr Kapital investieren sollten, würde sich damit [...] eine Autorität anmaßen, die man nicht einmal einem Staatsrat oder Senat, geschweige denn einer einzelnen Person getrost anvertrauen könnte [...].«

Doch inwieweit gilt diese Warnung vor einer – in den Worten Friedrich von Hayek – »Anmaßung von Wissen« noch, wenn in allen relevanten Wirtschaftsbereichen nur noch eine Handvoll Großkonzerne existieren? Wenn sich in Deutschlands Lebensmitteleinzelhandel Edeka, Rewe, die Schwarz-Gruppe und Aldi 85 Prozent des Absatzmarktes teilen? Beziehungsweise wenn nur ein Unternehmen eine ganze Branche beherrscht, wie Google 90 Prozent des deutschen Suchmaschinenmarktes? Oder wenn es sogar um die weltweite Beherrschung eines Marktes geht – Beispiel Saatgutmarkt, der zu zwei Drittel durch die Chemiekonzerne Bayer-Monsanto, Syngenta und Dupont kontrolliert wird?

Diese Marktbeherrschung wird in der Ökonomik ebenso ungenügend problematisiert, wie die realen Entwicklungen der Wirtschaftsakteure nicht reflektiert werden. Angesichts solcher Konzentrationen wird die in der Ökonomik bis heute bemühte »*invisible hand*« als »*unplanned economy*«, wie es von Paul Krugman und Robin Wells heißt, schlichtweg obsolet. Auch diese Auffassung gehört zum unreflektierten Grundrepertoire der herrschenden Ökonomik. Allzu bekannt ist sie als Rhetorik von der angeblichen Selbstlenkung der »Märkte«, die als sich selbst regulierende »Koordination« angepriesen wird, wie Paul A. Samuelson und William D. Nordhaus dies in ihrem Lehrbuch 2007 tun. Sie sprachen 2016 sogar den »Markt« als handelndes Wesen an und fragten enthusiastisch: »Wer löst die drei Grundfragen wirtschaftlicher Organisation, nämlich was, wie und für wen produziert wird?«

Ja – wer löst diese Grundfragen wirtschaftlicher Organisation? Organisationen sind von Menschen gemachte Institutionen. Kein »Markt« existiert »an sich« oder reguliert sich selbst. Märkte sind organisiert. Sie sind, laut Reinhard Pirker, Regulierungsformen des sozialen Lebens. Daher ist jede Marktökonomie eng mit der Legislative, Exekutive und

Judikative eines Staates verbunden. Ohne diese Verwobenheit wären weder unternehmensfreundliche Gesetzgebungen erklärbar noch umgekehrt politische Entscheidungen gegen Unternehmensinteressen. Auch in diesem Punkt wird die Corona-Pandemie zeigen, inwieweit die Politik sich im Zuge der Krisenbewältigung emanzipieren kann oder – wie in der Finanzkrise ab 2008 – nur von Unternehmensinteressen getrieben agiert und »Staatsschulden« anhäuft, ohne das Reglement wirksam neu zu gestalten. Seitens der aktuell zur Tagespolitik befragten und zitierten »führenden Ökonom*innen« beobachten die Medien derzeit zwar mehrheitlich eine »Abkehr von der reinen Lehre«, wenn das Aufkündigen der »Schwarzen Null« im Bundeshaushalt, massive Staatshilfen sowie sogar Staatsbeteiligungen für Unternehmen gefordert werden. Weit wesentlicher für die Zukunft aber wird sein, diese »reine Lehre« endlich umzustellen auf eine realistische Ökonomik, in der die ökonomischen Entwicklungen *und* deren Folgen *und* die eigene Gestaltungskraft reflektiert werden. Hierin stehen Ökonom*innen in der Verantwortung, der sie sich nicht entziehen können. Wie würden Sozialwissenschaftler*innen reagieren, wenn Politikwissenschaftler*innen ankündigten, politische Entscheidungsprozesse zu analysieren, aber die politischen Folgen als »extern« ausklammert, mit der Begründung, sie seien kein Thema der Politikwissenschaften?

Das Reflexionsdesaster in der Ökonomik ist endlich zu beenden!

Dr. Katrin Hirte ist wissenschaftliche Mitarbeiterin am Institut für die Gesamtanalyse der Wirtschaft (ICAE) der Universität Linz und forscht u. a. zur gesellschaftlichen Wirkung der Wirtschaftswissenschaften.

»Reflexivität verträgt sich in Lehre und Forschung nicht mit geistiger Monokultur, dogmatischer Starre, methodischer Verengung und erkenntnismäßigem Zwang. Reflexivität als Rückbezogenheit auf die Gesellschaft und Nachdenklichkeit im Analysieren, Interpretieren und Bewerten gesellschaftlicher Veränderungsprozesse trifft den Kern der ›Third Mission‹ von Hochschulen.«

Reinhard Loske

HOCHSCHULEN UND DIE »THIRD MISSION«

Reflexivität als Schlüssel zur sozial-ökologischen Transformation der Wirtschaft

Die Behauptung, die Wirtschaftswissenschaften leisteten in ihrem Hauptstrom heute keinen relevanten Beitrag zur angemessenen Bearbeitung globaler Herausforderungen, wie der Klimakrise, der Biodiversitätskrise oder der ungerechten Weltwirtschaftsbeziehungen, ist keine polemische. Im Gegenteil: Gerade, weil die vorherrschende Standardökonomik in ihrem selbstgebauten Käfig aus Marktidealisierung und Staatsskepsis, Gesellschaftsferne und Naturvergessenheit, Wettbewerbsüberhöhung und Kooperationsaversion, Gegenwartszentriertheit und Zukunftsabwertung gefangen bleibt, ist sie nicht in der Lage, das Notwendige jenseits verengter Kosten-Nutzen-Rationalität überhaupt zu denken.

Economists4future wollen die Wirtschaftswissenschaften aus diesem selbstgeschneiderten Korsett befreien. Dabei geht es uns gleichermaßen um die Freilegung der historisch-philosophischen Wurzeln des Nachdenkens über Wirtschaft, die Wiedereinbettung der Ökonomie in Gesellschaft und Natur sowie die Arbeit an sozialökologischen Transformationspfaden sowie lebensweltbezogenen und einladenden Narrativen, kurz: um reflektierte Gesellschaftsgestaltung.

Die Grundeinschätzung von *economists4future* lautet deshalb, dass sich die Ökonomik als Disziplin pluralistischer aufstellen muss. Sie muss Reflexivität zu einem ihrer Markenzeichen machen und sich systematisch als Sozialwissenschaft begreifen. Vor allem muss sie sich in Forschung, Lehre und öffentlicher Einmischung als Kraft verstehen, die zur Gestaltung einer »guten Gesellschaft« beitragen will und sie dafür als Ganzes ins Auge fasst. Manche nennen diese Aufgabe »Third Mission«. Ob das der richtige Begriff ist, soll weiter hinten noch einmal aufgegriffen werden. Betrachten wir zunächst die Reflexivität als inhaltliche Forderung.

RÜCKBEZOGENHEIT UND NACHDENKLICHKEIT

Reflexivität ist eine schillernde Kategorie, für die es keine einheitliche und disziplinenübergreifende Definition gibt. Im engeren Sinne lässt sie sich als Rückbezogenheit auf die Geschehnisse der Welt oder als Nachdenklichkeit beschreiben. Im Unterschied zur Reflexion, die eine Tätigkeit ist, ist Reflexivität eine Eigenschaft, durch die sich Subjekte oder soziale Systeme auszeichnen (können).

Im Unterschied zu anderen Eigenschaften, wie Impulsivität, Naivität und Borniertheit, bedarf die Reflexivität eines distanzierten und multiperspektivischen Betrachtens der Wirklichkeit. Ihr Wesenskern ist die Fähigkeit, von reinen Eigeninteressen abzusehen und die Standortgebundenheit der je eigenen Perspektive zu erkennen, so auch Manfred Moldaschl.

Reflexivität bedeutet aber keineswegs Standpunktlosigkeit oder gar Beliebigkeit, frei nach dem Motto »*anything goes*«. Die Kunst liegt darin, einen eigenen Standpunkt einzunehmen, der auf einer normativen Grundorientierungen fußt, zugleich aber fähig zu sein, multiperspektivisch auf die Welt zu schauen und Toleranz gegenüber den Ansichten und Urteilen Dritter zu üben, was wiederum Grenzen der Toleranz einschließt.

Reflexivität und Pluralität, Nachdenklichkeit und Meinungsvielfalt bedingen einander daher. Es ist offenkundig, dass Reflexivität in totalitären Systemen und Diktaturen keine Entfaltungsmöglichkeiten findet und auf verschiedenerlei Weise sanktioniert wird – bis hin zu Verfolgung und Bestrafung abweichender Meinungen.

Allerdings gibt es auch in freien Gesellschaften Mechanismen, die Reflexivität begrenzen können, etwa indem – verdeckt oder offen –

institutionelle oder ökonomische Macht ausgeübt wird, Diskursräume eingeschränkt oder verschlossen werden und Ressourcen (etwa für Bildung, Forschung oder Berichterstattung) nur in bestimmte Meinungskorridore fließen.

REFLEXIVE MODERNISIERUNG

In den Sozialwissenschaften hat der Grundbegriff der Reflexivität seit den 1980er-Jahren eine beachtliche, wenn auch nicht unumstrittene Karriere gemacht, insbesondere durch die Arbeiten von Ulrich Beck und Anthony Giddens. Ihre Theorie der reflexiven Modernisierung geht von der Annahme aus, dass Staaten und Gesellschaften in der Moderne gezwungen sind, sich immer wieder mit den von ihnen selbst erzeugten Gefährdungen, Risiken und Nebenfolgen auseinanderzusetzen. Sie müssen die Realität deshalb im gesellschaftlichen Diskurs permanent beobachten und bewerten, ihre Grundannahmen überprüfen und bei Bedarf ihre Politiken und Praktiken problemadäquat ändern, insbesondere vor dem Hintergrund der ökologischen Herausforderungen und großer technologischer Veränderungen, wie der Digitalisierung.

Zwar gibt es an der Theorie der reflexiven Modernisierung durchaus grundsätzliche Kritik – von links etwa diejenige, dass der Fokus auf ökologische Risiken die Relevanz von Klassenunterschieden und Machtasymmetrien vernachlässige – aber der aufklärerische Gehalt dieser Theorie ist unzweifelhaft erheblich und für die Bearbeitung der großen gesellschaftlichen Herausforderungen unserer Zeit eine (neben anderen) sinnvolle und nützliche Leitorientierung.

In Bezug auf die Grundlagen der Wissenschaft und ihre Rolle in der Gesellschaft hat Ulrich Beck bereits 1986 in seinem Buch *Risikogesellschaft* eine Empfehlung ausgesprochen, die von zeitloser Aktualität ist:

> »Rationalität und Irrationalität sind nie nur eine Frage der Gegenwart und Vergangenheit, sondern auch der möglichen Zukunft. Wir können aus unseren Fehlern lernen – das heißt auch: eine andere Wissenschaft ist immer möglich. Nicht nur eine andere Theorie, sondern eine andere Erkenntnistheorie, ein anderes Verhältnis von Theorie und Praxis dieses Verhältnisses.«

Diese Aussage bildet die Brücke zum zweiten zentralen Begriff dieses Textes, der »Third Mission«. Als »dritte Mission« der Hochschulen wird neben Forschung und Lehre zunehmend die Beteiligung an der Lösung gesellschaftlicher Herausforderungen und den dazugehörigen öffentlichen Diskursen verstanden. Dies bezieht sich vor allem auf die großen sozialökologischen Herausforderungen, wie die Klimakrise, die Biodiversitätskrise oder die zunehmende soziale Disparität innerhalb der Gesellschaften sowie zwischen der Nord- und Südhemisphäre. Auch Pandemien wie die gegenwärtige gehören in diesen Kontext.

ÖFFNUNG ZUR GESELLSCHAFT

Die Wissenschaft soll also Impulse aus der Gesellschaft aufgreifen, den aktiven Austausch mit ihr suchen, gemeinsame Fragestellungen definieren, neue Formate von Theorie/Praxis-Kooperation erproben, bis hin zur »Citizen Science«, den Bürgerwissenschaften.

Das Akademische mit seiner nachvollziehbaren Eigenlogik, welche weltanschauliche Neutralität, disziplinären Aufbau und Unvoreingenommenheit ebenso einschließt wie Nüchternheit, Distanz und Abstraktion, soll also gewissermaßen aus dem Elfenbeinturm befreit werden. Es soll sich stärker an gesellschaftlichen Problemen und Bedarfen orientieren. Dies wiederum soll durch die besondere Förderung inter- und transdisziplinärer Forschung und Lehre sichergestellt werden.

Im etablierten Wissenschafts- und Hochschulsystem, das heute durch eine starke Priorisierung der Forschung gegenüber der Lehre gekennzeichnet ist, gab es gegen die Idee der »dritten Mission« keine nennenswerten Einwände, solange sich diese auf Technologiezentren, Gründerzentren oder Patentverwertungsagenturen bezog. Die Entwicklung von ökonomischen Verwertungsstrukturen für technisch-wissenschaftliche Innovationen an den Hochschulen wurde von vielen Wissenschafts-, Hochschul- und Wirtschaftsorganisationen gemeinsam vorangetrieben und von der Wissenschaftspolitik und der Industrie stark gefördert. Wenig erstaunlich also, dass in dieser verwertungsorientierten Logik vor allem die Ingenieur- und Naturwissenschaften als Trägerinnen der »dritten Mission« gesehen wurden und werden, die Sozial- und

Geisteswissenschaften maximal als Begleitwissenschaften, etwa für Technikfolgenabschätzung oder zur Begleitung von Ausgründungen.

In dem Maße jedoch, in dem auch soziale Bewegungen, wie die Ökologiebewegung, die Friedensbewegung, die Solidaritätsbewegung oder alternativökonomisch orientierte Gruppen, begannen, Forderungen an das Wissenschafts- und Hochschulsystem zu richten und eigene Vorschläge zu unterbreiten, begann dessen organisierte Gegenwehr. Plötzlich war von der Gefahr die Rede, die Umsetzung von solcherlei Vorschlägen führe zur Ideologisierung, Politisierung und Verzweckung der Wissenschaften, münde in eine Gefährdung der Freiheit von Forschung und Lehre und sei deshalb abzulehnen, wie etwa bei Peter Strohschneider nachzulesen. Vor allem gegenüber dem Gedanken der sozialökologischen Transformation und der Idee, die »dritte Mission« zur »ersten Mission« zu machen und gleichzeitig die Lehre zu stärken und neu auszurichten, wie Uwe Schneidewind vorschlug, hat sich etwa die Deutsche Forschungsgemeinschaft scharf abgegrenzt.

POLITISIERUNG
DER WISSENSCHAFTEN?

Gewarnt wird dabei nicht nur vor einer Politisierung der Wissenschaften, sondern auch vor einer Verwissenschaftlichung der Politik, vor einer Expertokratie. Ein Verständnis, in dem Politik nur noch das umzusetzen habe, was wissenschaftliche Expertise ihr aufträgt, führe letztlich zu einer Entpolitisierung der Politik. Der Akzeptanzverlust gegenüber repräsentativer Politik gehe so Hand in Hand mit wissenschaftlichem Qualitätsverlust.

Das ist starker Tobak. Und die Kritik der Wissenschaftsverbände wäre auch glaubwürdiger, wenn sie sich mit gleicher Vehemenz gegen Verzweckungstendenzen des Forschungssystems durch wirtschaftliche Interessen zur Wehr setzen würde. Davon ist seitens der großen Wissenschaftsorganisationen aber wenig bis nichts zu hören. Dennoch ist es gerade Aufgabe einer reflexiven Wissenschaft, sich mit beiden Argumenten auseinanderzusetzen – dem der Politisierung der Wissenschaften wie auch mit dem der Verwissenschaftlichung der Politik.

Was den Vorwurf betrifft, die sozialökologische Transformationsambition führe zur politischen Indienstnahme der Wissenschaften und gewähre ihrer ideologischen Lenkung schleichend Einzug, so ist dieser mindestens aus zwei Gründen fragwürdig.

Zum einen ist Wissenschaft kein von der Gesellschaft losgelöstes System, es ist vielmehr in sie eingebettet und sollte es auch sein. Es wird von der Gesellschaft mit Ansprüchen konfrontiert, wirkt aber umgekehrt auch auf sie ein. Es ist autonom, aber auch rechenschaftspflichtig. Es ist vernünftigerweise in hohem Maße selbstorganisiert, wird aber auch aus öffentlichen Mitteln finanziert, jedenfalls überwiegend.

Dass nun ausgerechnet die Forderung nach systematischer Berücksichtigung der vielleicht größten Gesellschafts-, ja Menschheitsherausforderung – der Bekämpfung der Klimakrise und des Umschwenkens auf einen Pfad nachhaltiger Entwicklung – die Freiheit der Wissenschaften gefährden und das Wissenschaftssystem Partikularinteressen ausliefern soll, ist einfach nicht realistisch. Es wirkt weit hergeholt und vermittelt unausgesprochen die Botschaft an die Gesellschaft:»Lasst uns in Ruhe unsere Innovationsarbeit tun und haltet uns nicht unnötig von der Forschung ab!« Man kann so eine Haltung natürlich einnehmen, den gesellschaftlichen Herausforderungen zugewandt ist sie nicht.

Zum anderen zielt die Idee der transformativen Wissenschaft ja nicht darauf ab, nun alle Disziplinen dem Regiment der Nachhaltigkeitsausrichtung zu unterwerfen. Gerade im Bereich der Grundlagenforschung oder etwa der Geisteswissenschaften wird kein vernünftiger Mensch auf die Idee kommen, sie permanent mit der Frage zu konfrontieren, welchen Beitrag zur großen Transformation sie denn zu erbringen gedenken. Es gibt keinen vernünftigen Grund, zweckfreie Grundlagenforschung und Transformationsforschung gegeneinander auszuspielen. Oder formulieren wir es pathetisch: Warum sollen sich Weltwissen und Weltgestaltung gegenseitig ausschließen?

Das Argument der Verzweckung, Politisierung und Ideologisierung der Wissenschaften durch den sozialökologischen Transformationsansatz kann also nicht wirklich überzeugen.

EXPERTOKRATIE STATT POLITIK?

Was das umgekehrte Argument betrifft – der Ansatz der transformativen Wissenschaft führe letztlich zur Entpolitisierung der Politik und zu ihrer sukzessiven Ersetzung durch eine Nachhaltigkeitsexpertokratie –

so ist diesem auf den Grund zu gehen, weil es möglicherweise gehaltvoller ist. So wenig es einen generellen Primat der Politik über die Wissenschaft geben kann, so wenig kann es natürlich umgekehrt einen generellen Primat der Wissenschaft über das Politische geben.

Die Slogans der Fridays-for-Future-Bewegung »unite behind the science« oder »follow the science« ist in dieser Hinsicht zumindest erklärungsbedürftig. Es ist nicht so, dass sich aus wissenschaftlichen Erkenntnissen unmittelbar normative und politische Handlungsprinzipien ableiten lassen. Was man hingegen von jedweder Form von Politik erwarten muss, ist, dass sie sich an wissenschaftlichen Fakten zu orientieren hat, ob es um die Klimakrise oder den Biodiversitätsverlust geht, um die gegenwärtige Pandemie oder die (mangelnde) Resilienz von Gesellschaften.

Der politische Prozess kommt in den Debatten um eine sozialökologische Transformation häufig zu kurz. Der »schlechten Wirklichkeit« wird dann ein Ideal oder eine Utopie einer »besseren Welt« gegenübergestellt, während sehr wenig Energie darauf verwendet wird, wirklich begehbare Pfade zu entwickeln, die vom einen in den anderen Zustand führen. Tatsächlich folgen ja das politische und das wissenschaftliche System unterschiedlichen Logiken. Die politische Währung, mit der in Demokratien gezahlt wird, ist die (geliehene und befristete) Macht. Die Währungen der Wissenschaft sind Erkenntnis und Befähigung. Es ist deshalb durchaus sinnvoll, für eine gewisse Distanz der beiden Systeme zueinander zu plädieren.

Das heißt freilich nicht, dass es eine Mauer zwischen Wissenschaft und Politik geben sollte, durch deren Öffnung in die eine Richtung Fragenkataloge an die Wissenschaft gereicht werden und in die andere Richtung Wissenspakete an die Politik. Sollen beide Systeme ihre je eigene Funktionslogik behalten, dann müssen wechselseitige Resonanzbeziehungen gepflegt werden, ohne das je Eigene aufzugeben. Insofern wäre das Argument, eine transformative Wissenschaft führe zu einer Entpolitisierung der Politik und tendenziell zu einer wissenschaftsgestützten Expertokratie, nur dann zutreffend, wenn eine Politik mit mangelhaftem Selbstbewusstsein und schwachem Orientierungssinn auf eine anmaßende Wissenschaft mit Allmachtfantasien träfe, wie ich bereits an anderer Stelle ausgeführt habe.

FORSCHENDES LERNEN, LERNENDES FORSCHEN UND GESELLSCHAFTSGESTALTUNG

Als Zwischenfazit bis hierher soll deshalb festgehalten werden: Reflexivität verträgt sich in Lehre und Forschung nicht mit geistiger Monokultur, dogmatischer Starre, methodischer Verengung und erkenntnismäßigem Zwang. Reflexivität als Rückbezogenheit auf die Gesellschaft und Nachdenklichkeit im Analysieren, Interpretieren und Bewerten gesellschaftlicher Veränderungsprozesse trifft den Kern der »Third Mission« von Hochschulen.

Zu fragen bleibt in diesem Zusammenhang allein, ob die aufsteigende Nummerierung von erstens Forschung, zweitens Lehre und drittens dem Beitrag von Hochschulen zur Lösung gesellschaftlicher Probleme überhaupt die angemessene Ausdrucksform der Herausforderung ist, vor der das »Bildungssystem« der Gesellschaft (von Kindergärten über Schulen und Hochschulen bis zu betrieblicher Bildung, Erwachsenenbildung und gesellschaftlichem Lernen) insgesamt steht. Vielleicht geht es ja gar nicht um etwas »Drittes«, also Zusätzliches, sondern um etwas im umfassenden Sinne Integrales: um lernendes Forschen, forschendes Lernen, reflektierte Gesellschaftsgestaltung.

Reflexivität und die Ambition von Gesellschaftsgestaltung sind denn auch die ärgsten Gegnerinnen des *TINA*-Denkens (»*There is no Alternative*«), das auch heute noch in weiten Teilen der akademischen Welt gepflegt wird. Womit wir auch schon beim Thema des vorliegenden Bandes sind, der Ökonomie beziehungsweise der Ökonomik, der Wissenschaft vom Wirtschaften. Gerade im Hauptstrom dieser Disziplin, der viele der hier versammelten Autor*innen zumindest formal angehören, wird eine Kultur der Pluralität, der Reflexivität und der konstruktiven Gesellschaftsgestaltung nicht gepflegt.

DIE NATURVERGESSENHEIT DER WIRTSCHAFTSWISSENSCHAFTEN

Auf die Herausforderungen der Klima- und der Biodiversitätskrise beispielsweise mit ihrem gewaltigen Risikopotenzial in Gegenwart und Zukunft hält die Wirtschaftswissenschaft in ihrem Hauptstrom kaum Antworten bereit und wenn doch, dann solche, die den Problemen nicht gerecht werden. Obwohl klar ist, dass es um eine große Nachhaltigkeitstransformation von Wirtschaft und Gesellschaft geht, um das Respektieren von Naturgrenzen ebenso wie um globale Gerechtigkeitsfragen, hält sie bei theoretischen Postulaten wie praktischen Empfehlungen eisern am Gewohnten fest.

Beginnen wir mit dem Blick auf die Natur und das Mensch-Natur-Verhältnis. Die Natur ist dem neoklassischen Hauptstrom der Wirtschaftswissenschaften nichts anderes als eine Ressource für den Menschen, die noch einmal hinsichtlich ihrer Funktion aufgespalten wird, nämlich in ihre Quellenfunktion (erneuerbare und nicht-erneuerbare Ressourcenquellen) und ihre Funktion als aufnehmende Senke für Abgase, Abfälle und Abwässer aus Siedlungen, Produktion, Konsumtion und Verkehr.

Die Reflektierten unter den Standard-Ökonom*innen beziehen in diese anthropozentrische und ressourcenzentrierte Sichtweise auf die Natur durchaus auch (monetarisierbare) Ökosystemdienstleistungen ein oder ermitteln per Zahlungsbereitschaftsanalyse die (monetarisierbare) Wertschätzung der Befragten für Naturschutzgebiete. Immer aber bleibt die Natur eine Ressource für den Menschen. Als Pikanterie am Rande: In dieser Logik wird nicht nur die Natur zur Naturressource (für die Menschen), sondern die Menschen selbst zur Humanressource (für andere Menschen). Für Erwägungen zu Eigenrechten des nichtmenschlichen Lebens ist im kategorialen System der neoklassischen Ökonomik aber ebenso wenig Raum wie für die Ideenwelt von Begrenztheit und Endlichkeit.

Dass im Verhältnis von Menschen und (anderen) Tieren in den letzten Jahrhunderten und vor allem seit den 1950er-Jahren vieles eine falsche Richtung genommen hat, ist beispielsweise prinzipiell kein Thema in den Wirtschaftswissenschaften. Dabei korreliert etwa die Ausbreitung von virusbedingten Krankheiten, die uns momentan so sehr beschäftigt, deutlich mit dem immer stärkeren und nutzungsgetriebenen Vordringen in tropische Wildnisgebiete und dem Verzehr von Wildtieren (HIV, Ebola, COVID-19 und ähnliches) sowie mit dem Wachstum der produktivitätsgetriebenen Massenhaltung von Nutztieren (etwa Hühnergrippe, Schweinepest, Maul- und Klauenseuche), was auch Donald Worster konstatiert.

Das kategoriale System der vielgepriesenen Kosten-Nutzen-Analysen, das doch ein Höchstmaß an ökonomischer Rationalität für sich beansprucht, funktioniert hier also überhaupt nicht. Auch andere externe Folgen der Massentierhaltung, wie Nitrat im Grundwasser durch enorme Güllefluten oder das Auftreten von multiresistenten Keimen durch den vermehrten Einsatz von Antibiotika in der Tierhaltung, werden durch das Instrumentarium der neoklassischen Ökonomik systematisch ignoriert oder unterbewertet.

Merke: Wenn das Instrument der Kosten-Nutzen-Analyse Sinn machen soll, was aus einer reflexiv-kritischen Perspektive durchaus kategorial zu bezweifeln ist, dann sind auch die externen Kosten systematisch einzubeziehen. Und da, wo man sie nicht kennt oder näherungsweise abschätzen kann, sollten eigentlich Vorsorge und Umsicht geboten sein.

Das idealisierte Prinzip des Wettbewerbs mit seiner »*No risk, no fun!*«-Ideologie wird da zum Vabanquespiel, wo prinzipiell angenommen wird, dass schon alles gutgehen wird. Einer Externalisierungsökonomie, die Gewinne privatisiert und Kosten auf die Gesellschaft abwälzt, kann das Attribut »effizient« beim besten Willen nicht zugeschrieben werden.

GRENZEN DES WACHSTUMS

Ökologische Grenzen des Wachstums (bezogen auf die Quellen- und die Senkenfunktion) kommen in der Logik der neoklassischen Ökonomik nicht wirklich vor. Da ihre Produktionsfunktionen von einer Substituierbarkeit aller dazu notwendigen Faktoren ausgehen und nicht limitativ sind, kann Natur durch menschgemachtes Kapital ersetzt werden. Wozu noch Bienen, wenn es demnächst effizientere Bestäubungstechnik gibt? Wozu Wildnis, wenn sie sich doch in Erlebnisparks wunderbar simulieren lässt?

Der bedeutendste Grund dafür, dass man in der neoklassischen Ökonomik lieber vom »Wachstum der Grenzen« als von den »Grenzen des Wachstums« spricht, ist aber ein fast besinnungsloser Technikoptimismus. Sicher, wer wollte bezweifeln, dass sich durch technischen Fortschritt nicht auch enorme Umweltentlastungs- und Ressourceneinspareffekte erzielen lassen? Aber die absolute Fixierung auf technischen

Fortschritt lässt das außer Acht, was von wachstumskritischen Ökonom*innen als Rebound-Effekt beschrieben wird: Jeder technische Fortschritt wird in erweiterten Verbrauch umgesetzt. Bislang gilt: Es gibt verbrauchsärmere Autos, aber immer mehr Autos, verbrauchsärmere Elektrogeräte, aber immer mehr elektrische Anwendungen, weniger Heizenergiebedarf pro Quadratmeter Wohnfläche, aber immer mehr Wohnfläche pro Kopf.

Alles auf die Karte des technischen Fortschritts zu setzen, ist deshalb ein Irrweg. Erst in Kombination mit Werten wie Suffizienz (Mäßigung), Subsistenz (Selbermachen), Reparaturkompetenz (Langlebigkeit von Produkten) und Kooperation (gemeinsam machen) kann technischer Fortschritt sein Potenzial entfalten, die Umwelt zu entlasten, und dazu beitragen, dass die Menschheit die planetaren Grenzen einhält.

EIGENNUTZ, ARBEITSTEILUNG, ÖKONOMISIERUNG

Der stets an seinen Vorteil denkende, rational eigennützig handelnde und voll informierte Homo oeconomicus ist ein weiteres Konstrukt aus der Modellwelt der Standardökonomie, das der sozialökologischen Transformation im Wege steht. Zu Kooperation und vorsorgender Risikovermeidung ist er nur bedingt willens und fähig, weil er stets fürchtet, von anderen (»Trittbrettfahrern«) übers Ohr gehauen zu werden. Und generell gilt ihm die Zukunft nicht viel, weil er Gegenwartskonsum vorzieht und lieber im Hier und Jetzt lebt (»Diskontierungsproblem«).

Es gibt intelligente Abhandlungen im Hauptstrom der Wirtschaftswissenschaften, die den Homo oeconomicus zu retten versuchen, indem sie argumentieren, er sei nie als Abbild eines realen Menschen gemeint gewesen, sondern habe lediglich zum besseren Verständnis ökonomischen Verhaltens von Individuen unter gegebenen Bedingungen dienen sollen, so etwa Werner Plumpe. Auch ließen sich sogar altruistische Motive wie Gemeinsinn oder Hilfsbereitschaft in die Figur integrieren, wenn sie denn deren individueller Präferenz entsprächen.

Wer es so sehen will, mag es so sehen. Aber in praxi haben die Idealisierung von Eigennutz als höchster Form von Rationalität, die Kooperationsaversion und der Wettbewerbsprimat sowie die generelle Höherwertigkeit von Gegenwartsbelangen gegenüber Zukunftsinteressen durch den Diskontierungsmechanismus maßgeblich zu einer Ökonomisierung der gesellschaftlichen Realität und der Vernachlässigung von Nachhaltigkeitszielen beigetragen.

Das lässt sich auch leicht an den praktischen Empfehlungen der Standardökonomik erkennen, die der immergleichen Tendenz folgen und von der wirtschaftsnahen Presse fast gebetsmühlenartig übernommen werden: Mehr Wachstumsstimulierung, mehr Wettbewerb, mehr weltwirtschaftliche Arbeitsteilung, mehr Handel, weniger Regulierung, weniger Staat. Nein, gegen Klimaschutz sei man keineswegs, aber er dürfe nicht wettbewerbsverzerrend wirken oder gar in »Alleingängen« umgesetzt werden. Das schade dem »Standort« und sei nicht »effizient«.

Nach langem Zögern haben die meisten Standardökonom*innen nun immerhin die CO_2-Bepreisung für sich entdeckt, möglichst global harmonisiert. Sie wird als Allheilmittel gegen die Klimakrise gepriesen, obwohl sie doch eigentlich nur für ein ebenes Spielfeld sorgen soll. Nur wenn Externalitäten in die Preisbildung einbezogen werden, bestehen für grüne Technologien, Produkte und Dienstleistungen überhaupt faire Wettbewerbsbedingungen, nachzulesen auch bei Ottmar Edenhofer und Christoph Schmidt.

Reflektiert argumentiert: Ja, eine CO_2-Bepreisung sollte in möglichst vielen Ländern möglichst schnell und möglichst sozialverträglich eingeführt werden. Sie ist aber nur eine notwendige, keineswegs hinreichende Bedingung für Klimaschutz. Kulturelle und sozialpsychologische Ursachen der Klimakrise – etwa kompensatorischer Konsum und Statuswettbewerb oder Übermotorisierung, Hypermobilität und werbegetriebene Modezyklen – werden von diesem Instrument ebenso wenig berührt wie Machtungleichgewichte.

DIE WIEDEREINBETTUNG DER ÖKONOMIE IN GESELLSCHAFT UND NATUR

Die Grundfrage bleibt auch in einer Welt mit realistischer CO_2-Bepreisung und ökotechnischem Fortschritt, wie wir es in den reichen Staaten schaffen können, unser heutiges Leben, das zu Lasten zukünftiger Generationen, zu Lasten der Armen und zu Lasten der natürlichen Ökosysteme geführt wird, so umzustellen, dass ein gutes Leben für möglichst alle Menschen innerhalb der planetaren Grenzen möglich ist.

Zur Beantwortung dieser Frage wird, das ist die feste Überzeugung von *economists4future*, die Wirtschaftswissenschaft gebraucht – aber eine andere als die heute vorherrschende. Zuallererst muss die Idee des Gemeinwohls wieder in die Ökonomie integriert werden. Es ist eben nicht so, dass die beste aller Welten von selbst entsteht, wenn jeder nur an den eigenen Vorteil denkt, wenn alle Sphären der Gesellschaft ökonomisiert werden.

Eigeninteresse und Geschäftssinn sind menschliche Realitäten, die es anzuerkennen gilt, aber letztlich ist es der Gemeinsinn, der das Gemeinwesen florieren lässt. *Economists4future* arbeiten an der Wiedereinbettung der Ökonomie in die Gesellschaft und verstehen Unternehmen wie Volkswirtschaften auch und vor allem als soziale Gebilde.

Aber es geht eben nicht mehr nur um die Wiedereinbettung der Ökonomie in die Gesellschaft, sondern auch um die Wiedereinbettung beider in die Natur. Der Wert der Natur ist nicht nur als Ressource, Faktor der Mitproduktivität oder als Ökosystemdienstleistung zu bilanzieren, sondern bildet die Basis unseres Lebens, derer wir verlustig gehen, wenn wir in den Bereichen Landnutzung, Energie, Industrie oder Verkehr weitermachen wir bisher. Eine zeitgemäße Wirtschaftswissenschaft muss diese Werte also realistisch erfassen und handlungsorientierte Sektorstrategien sowie einladende Narrative erarbeiten, die die Rückkehr in den »grünen Bereich« ermöglichen.

Eine zeitgemäße Wirtschaftswissenschaft muss in Kooperation und Dialog mit anderen Disziplinen definieren, was des Staates ist und was der Märkte – und was sich beiden Polen im Interesse des Gemeinwohls und der Gemeinschaftsgüter systematisch entzieht, nachzulesen auch bei Elinor Ostrom. Plurale Ökonomik und das Erlernen und Einüben pluraler Wirtschaftsstile brauchen mehr Raum an unseren Hochschulen. Und diese müssen auch zu Orten der Gemeinsinnbildung und der reflektierten Gesellschaftsgestaltung werden.

Prof. Dr. Reinhard Loske ist interdisziplinär arbeitender Nachhaltigkeitswissenschaftler, Präsident der Cusanus Hochschule für Gesellschaftsgestaltung in Bernkastel-Kues und Senior Associate Fellow der Deutschen Gesellschaft für Auswärtige Politik in Berlin.

HOCHSCHULEN UND DIE »THIRD MISSION«

#REFLEXIVITÄT

»Diese mehrfache Intransparenz ist problematisch für eine Gesellschaft, die aus Krisen lernen und sich selbst anders gestalten will. Insbesondere im Grundlagenstudium verhindert solche Intransparenz den Blick auf die Voraussetzungen des eigenen Denkens und Handelns. Sie verstellt die Sicht auf neue Standpunkte und Perspektiven, die für jene andere, bessere Welt erforderlich sind.«

Johanna Hopp
Stephan Panther
Theresa Steffestun

 WEITBLICK BRAUCHT DURCHBLICK

Über die Notwendigkeit von Transparenz in der ökonomischen Bildung

»*We are unstoppable, another world is possible!*« zeigten in den letzten zwei Jahren Transparente der Fridays-for-Future-Demonstrationen. Dass eine andere Welt nicht nur möglich, sondern auch notwendig ist, zeigt sich mit aller Härte in aktuellen Krisenlagen: die Klimakrise, eine menschenfeindliche Migrationspolitik, wachsende globale Ungleichheiten, mangelhafte öffentliche Daseinsvorsorge, der zunehmende Einfluss rechtspopulistischer Parteien sowie, ganz akut, der Ausbruch der Covid-19-Pandemie.

    Die Wirtschaftswissenschaften können ihre Hände in Bezug auf diese Krisen keineswegs in Unschuld waschen. Die »Klimakrise« ist so wenig eine Krise des Klimas, wie die »Corona-Krise« eine Krise eines Virus ist – beides sind Gesellschaftskrisen. Sie sind das Ergebnis eines marktfundamentalen, globalisierten Kapitalismus sowie der mit ihm einhergehenden Ökonomisierung von zahlreichen Lebensbereichen und öffentlichen Institutionen, nachzulesen etwa auch bei Walter Otto Ötsch. Als Leitwissenschaften einer ökonomisierten Gesellschaft kommt den Wirtschaftswissenschaften daher nicht nur im Verständnis, sondern auch in der Überwindung dieser Krisen eine unbedingte Verantwortung

#TRANSPARENZ

zu. Stellen wir die Frage nach der Möglichkeit einer anderen Gesellschaft, einer anderen Welt, die sich dem guten Leben für alle verschrieben hat, dann müssen wir den Blick auf die Orte richten, an denen dieses »Andere« ermöglicht oder aber eben verunmöglicht wird.

Die ökonomische Bildung an Schulen und Hochschulen spielt eine zentrale Rolle, wenn es darum geht, ob junge Menschen wirklich nicht aufzuhalten, also »unstoppable« bei der Errichtung dieser anderen Welt sind. Gegenwärtig ist diese Bildung zu großen Teilen von Intransparenz geprägt: Intransparenz über das Fundament der Disziplin, Intransparenz über den Standpunkt und das Interesse, von dem aus und mit dem Lehrende denken, forschen, reden, lehren und Lehrbücher verfassen, Intransparenz über die Vielfalt an Wissenschaftsverständnissen, Denktraditionen, Methoden und Theorien. Nimmt man den für Bildungskontexte so zentralen Aspekt der Didaktik hinzu, der sich im Bereich der Ökonomie dem Vorwurf der Manipulation ausgesetzt sieht – wie die Kollegin Silja Graupe in ihrem Beitrag in diesem Band andeutet und bereits 2017 näher beschrieb –, dann zeigt sich die Lehre der Wirtschaftswissenschaften als wahrhaftige Intransparenztreiberin.

Diese mehrfache Intransparenz ist problematisch für eine Gesellschaft, die aus Krisen lernen und sich selbst anders gestalten will. Insbesondere im Grundlagenstudium verhindert solche Intransparenz den Blick auf die Voraussetzungen des eigenen Denkens und Handelns. Sie verstellt die Sicht auf neue Standpunkte und Perspektiven, die für jene andere, bessere Welt erforderlich sind. Wir sind deshalb überzeugt: Es braucht eine andere, bessere ökonomische Bildung, die Selbstreflexion, Urteilsfähigkeit, Vorstellungskraft und verantwortungsbewusste Handlungsfähigkeit zu stärken vermag und sich der Gestaltung einer Wirtschaft verschreibt, die dem guten Leben für alle dient.

Für eine solche Bildung ist Transparenz entscheidend. Denn Transparenz erhellt, klärt auf über eigene und fremde Standpunkte, über die Blickwinkel, aus denen wir die Welt sehen und die unsere Fragen und Handlungen prägen. Sie eröffnet einen Möglichkeitsraum: In einem ersten Schritt schafft sie die Möglichkeit der Emanzipation von scheinbar selbstverständlichen Ansichten und Standpunkten sowie von vorherrschenden Wissensmonopolen. In einem zweiten Schritt ermöglicht sie mit dieser gewonnenen Klarheit eine eigenständige und radikal innovative Gestaltung gesellschaftlicher und wirtschaftlicher Herausforderungen. Bezogen auf Wirtschaftswissenschaften muss diese Transparenz zwei Ebenen erreichen. Transparenz ersten Grades klärt auf über Pluralität und historische Gewordenheit ökonomischen Denkens und stellt Lehrmaterialien über den gesellschaftlichen Kontext dieses Wissens und seiner Verwendung zur Verfügung, reflektiert das Selbstverständnis der Institutionen, in denen dieses Wissen vermittelt wird, sowie den Standpunkt der Lehrperson. Wir nennen das Standpunkttransparenz. Transparenz zweiten Grades macht Gestaltungsmöglichkeiten sichtbar, befähigt zur Selbstaufklärung und zur Wahrnehmung eigenständiger Gestaltungskraft. Wir nennen sie Ermöglichungstransparenz. Beide Formen der Transparenz besitzen in Bildungskontexten eine besondere Relevanz, denn in pädagogischen Situationen zwischen Lernenden und Lehrenden sind Abhängigkeiten und Wissen unterschiedlich verteilt. Transparenz hat in diesem Kontext, mehr als in den übrigen Bereichen des Akademischen, die Funktionen des Schutzes vor Überwältigung und Manipulation. Dass sie neben diesem Schutz auch zu eigenständiger (Selbst-)Aufklärung und Gestaltung befähigt, macht sie zu einem zentralen Baustein einer Bildung, wie *economists4-future* sie fordern. Denn: Eine in diesem Sinne transparente Wissenschaft und Bildung hat, wie Lars Hochmann bereits einführend darlegt, »Möglichkeitssinn«.

ZUM STAND DER TRANSPARENZ IN DER ÖKONOMISCHEN BILDUNG

Was Transparenz in den Blick nimmt

Eine transparente Lehre braucht Standpunkt- und Ermöglichungstransparenz. Diese Formen von Transparenz nehmen dafür – einer Ebenenlogik folgend, die auf den Philosophen und Physiker Hans Reichenbach zurückgeht – den Begründungszusammenhang, den Entstehungszusammenhang und den Verwertungszusammenhang wissenschaftlicher Erkenntnisse in den Blick. Wir ergänzen dieses Konzept um den Bildungszusammenhang:

- Der **Begründungszusammenhang** bezeichnet die Arten und Weisen, die bestimmen, wie eine Erkenntnis innerhalb einer wissenschaftlichen Disziplin oder Denkschule als wissenschaftlich anerkannt wird. Er beschreibt also die »Türsteherpolicy« einer Wissenschaft. Im Feld der Wirtschaftswissenschaften gibt der Begründungszusammenhang etwa Antworten auf die Fragen: Was gilt als ökonomische Fragestellung? Was ist eine ökonomische Methode? Welche Kriterien machen einen guten wissenschaftlichen Beitrag aus?

- Der **Entstehungszusammenhang** umfasst alle Faktoren, welche die Blickrichtungen der Wissenschaftler*innen kennzeichnen, die Kategorien und Begriffe bestimmen, in denen sie denken, sowie die Fragen markieren, die sie als frag*würdig* betrachten. Diese Faktoren können beispielsweise Herkünfte und Biografien, Gender, Weltanschauungen oder wissenschaftliche Traditionen und Institutionen sein.

- Der **Verwertungszusammenhang** im engeren Sinne schließlich bezieht sich auf die geplante oder vorhersehbare Art der Verwendung einer Erkenntnis, also beispielsweise die Nutzung von Forschungsergebnissen in der Rüstungsindustrie, als Entscheidungsgrundlage für striktere Klimaschutzmaßnahmen oder ähnliches. Im weiteren Sinne bezeichnet er die gesellschaftliche Wirkmacht eines wissenschaftlichen Standpunkts.

- Der **Bildungszusammenhang** steht für die Art der Didaktik, also der methodischen Vermittlung von Studieninhalten. Dies umfasst beispielsweise die Aufbereitung und den Einsatz von Lehrmaterialien oder anderen Lehr- und Lernformaten, wie Vorträge, Planspiele oder Lektürekreise. Der Bildungszusammenhang beschreibt aber auch das Gefüge zwischen Lehrenden und Lernenden und fokussiert die Lernziele und persönliche Entwicklung des zweiten.

Zwischen und innerhalb wissenschaftlicher Disziplinen herrschen starke Differenzen darüber, inwiefern diese vier Zusammenhänge relevant und transparent zu machen sind. Wir sind überzeugt, dass ihre Transparenz für eine zukunftsfähige ökonomische Bildung zentral ist. Deswegen widmen wir uns im Folgenden der sogenannten ökonomische Standardlehre und der dahinterstehenden Standardökonomie. Von »Standard« sprechen wir, da zumindest die wirtschaftswissenschaftlichen Bachelorstudiengänge von einem dominanten Mainstream geprägt sind, der sich selbst als dieser »Standard« geriert. Zwar öffnet sich die Forschung dieses Mainstreams neuen Themen und Methoden, bleibt aber gerade in den ökonomischen Grundlagenveranstaltungen einem ausgesprochen reduzierten Kern von Annahmen, Methoden und Schlussfolgerungen verhaftet. Diese zum »Standard« erklärte Essenz erreicht auch Studierende anderer Fächer und prägt deren Bild von Wirtschaft: Wirtschaftswissenschaftliche Einführungsveranstaltungen sind beispielsweise für alle Collegestudierende in den USA unabhängig von ihrer Fachrichtung Pflicht; auch in Deutschland werden sie nicht nur von Ökonomiestudierenden belegt, sondern unter anderem auch von Studierenden der Lehramtsfächer, der Wirtschaftsgeographie, Ingenieurs-, Gesundheits- oder Pflegewissenschaften. Der folgende Lagebericht zum Stand der Transparenz in der ökonomischen Bildung fokussiert daher vornehmlich diese Einführungs- und Grundlagenveranstaltungen, zu denen Lukas Bäuerle bereits 2017 weiterführende Lektüre anbot.

Grenzziehungen im ökonomischen Blickfeld

Bereits im *Begründungszusammenhang* liegen erhebliche Engführungen in der ökonomischen Lehre vor, beziehungsweise finden sich solche in der Wissenschaft, die sich darin darstellt. Kritisieren Studierende ebenso wie Ökonom*innen, die sich jenseits des Mainstreams bewegen, häufig die mathematik-, modell- und statistiklastige Standardlehre, liegt dahinter ein an den Naturwissenschaften ausgerichtetes Wissenschaftsverständnis, das nicht transparent gemacht, sondern als alternativlos gegeben vermittelt wird. Es ist ausschließlich quantitativ orientiert und sieht sich dem Ideal der Objektivität verpflichtet, ohne dies jedoch weiter zu erläutern, zu hinterfragen oder Alternativen aufzuzeigen. Studierende lernen so weder die ganze Vielfalt qualitativer Methoden noch transdisziplinäre Ansätze kennen, in denen Menschen nicht »beforschte Objekte« sind, sondern *mit* ihnen und *an* ihren Problemen orientiert Wissenschaft betrieben wird. Gleichzeitig wird der Gegenstandsbereich der Wirtschaftswissenschaften verengt auf die Fragen nach einer effizienten Bereitstellung von Gütern, stabilem Wirtschaftswachstum oder Profitmaximierung. Hinzu kommt die vielfach getroffene Gleichsetzung ökonomischer Interessen mit Konkurrenz und Habgier sowie die Identifikation von Glück mit der Menge materieller Besitztümer. Diese Festlegungen des Begründungszusammenhangs werden in den zentralen Einführungsvorlesungen und Grundlagenwerken nicht hinterfragt oder als Entscheidung für einen von verschiedenen ökonomischen Ansätzen ausgewiesen. Vielmehr werden die Schlussfolgerungen zu allgemeingültigen Wahrheiten (v)erklärt. Diese Intransparenz birgt die Gefahr, dass Studierende diese nicht reflektierten Rahmenbedingungen wirtschaftswissenschaftlichen Denkens als absolut ansehen und sie unwissentlich reproduzieren. Dies ist ungleich schlimmer, denn die Lehrinhalte erscheinen vielen Studierenden weltfremd, wie Lukas Bäuerle betont:

> *»Das VWL-Studium befähigt nicht zur Reflexion der verwendeten Modelle und Theorien und die Modelle selbst werden als zu abstrakt und formal wahrgenommen, um konkrete wirtschaftliche Lebensgrundlagen einer Gesellschaft zu beschreiben und zu diskutieren.«*

Blindheit hinsichtlich des Begründungszusammenhangs des eigenen Standpunkts produziert also auch eine Blindheit gegenüber der Welt, die zu verstehen und zu gestalten den Studierenden Motivation war, überhaupt Ökonomie zu studieren. Durch diesen Mangel an Aufklärung entsteht bei ihnen der Eindruck: Grundlegende Fragen, wie wir als Gesellschaft heute und in Zukunft zusammenleben möchten, nach einem guten Leben oder nach sozial und ökologisch gerechten Lebensweisen lassen sich gar nicht stellen. Denn innerhalb des vermittelten Standards seien sie unwissenschaftlich, zumindest aber nicht Teil der Wirtschaftswissenschaften. Vielmehr gelte es, so die Standardlehrbücher, »in den sauren Apfel zu beißen« und die unangenehmen »Wahrheiten« der sogenannten »trostlosen Wissenschaft« zu akzeptieren oder gar zum eigenen ökonomischen Vorteil zu nutzen, nachzulesen etwa in *Economics* bei Paul A. Samuelson und William D. Nordhaus. Doch es sind genau diese Fragen, die sich heute im Angesicht vielfältiger Krisenlagen stellen und auf die Ökonom*innen nicht zuletzt den Unterstützern der Fridays for Future Antworten zu geben in der Lage sein müssten.

Der Blick aus dem vermeintlichen Nirgendwo

Der Absolutheitsanspruch, mit dem die Maßstäbe von Wissenschaftlichkeit und des Ökonomischen in der Standardökonomie belegt sind, wird durch die Unklarheit über den *Entstehungszusammenhang* dieser Maßstäbe noch verstärkt. Der spezifische Blick der Denker*innen – oder einer ganzen Denkschule – wird zu einem Blick aus dem unantastbaren »Nirgendwo«. Biografische Herkünfte im umfassenden Sinne, Weltanschauungen und politische Positionierungen werden verschwiegen. Aber woher stammt der Blick der ökonomischen Standardlehre?

Der ökonomische Mainstream, der den Standardlehrbüchern zugrunde liegt, wurde in den Weltmächten der letzten 200 Jahre formuliert: in Großbritannien im 19. Jahrhundert, seit Mitte des 20. Jahrhunderts in den USA. Er beruht auf der Weltanschauung des Liberalismus, zunehmend in neoliberaler Prägung. Zudem sind Wirtschaftsfakultäten eine Männerdomäne – erkennbar zum Beispiel daran, dass nur 19 Prozent der deutschen VWL-Professuren von Frauen besetzt sind, was Emmanuelle Auriol und ihre Kollegen feststellen. Frauen und *People of Colour* sind kaum unter den Preisträger*innen des Wirtschaftsnobelpreises oder unter den Verfasser*innen maßgeblicher Lehrbücher. Der »Ursprungsort« des Blicks in der ökonomischen Standardlehre ist also offensichtlich sehr homogen und bildet demnach nicht die bestehende Diversität an möglichen Perspektiven auf Wirtschaft und Gesellschaft ab. Die Intransparenz über diese Homogenität wirkt besonders gravierend, denn wenn die Fragestellungen des Entstehungszusammenhangs in den grundlegenden Lehrbüchern und Lehrveranstaltungen nahezu keine Erwähnung finden, kann dieser kaum reflektiert, problematisiert, geschweige denn überwunden werden. Einflüsse von wirtschaftlichen Interessen auf Forschungsfragen werden dann nicht thematisiert, auch nicht deren Einfärbung durch Biografien und Interessen der Menschen, die im

Wissenschaftsbetrieb aufgrund ihrer sozialen Herkunft, ihres Geschlechts oder ihrer kulturellen Identität systematisch mehr Einfluss besitzen als andere. Wirtschaftswissenschaftliche Denktraditionen, die diese gesellschaftspolitischen Fragen bewusst integrieren und in unterschiedlichem Ausmaß auch ihre Entstehungs- und Begründungszusammenhänge gegenüber den Studierenden offenlegen, wie etwa marxistische, post-keynesianische, originär-institutionalistische, sozioökonomische oder feministische Ansätze, werden marginalisiert oder schlicht aus dem Fach herausdefiniert. Verschleiert wird die Homogenität der Blickweise in der Standardlehre zudem dadurch, dass sie vollständig geschichtslos erscheint und ihren Inhalten den Status universal gültiger Gesetze verleiht. Ihre eigene Geschichtsschreibung, die sich selbst gerne als »Krönung der wissenschaftlichen Entwicklung« inszeniert, muss vielmehr als Geschichtsklitterung bezeichnet werden. Wissenschaftstheorie, Ideengeschichte oder Wissenssoziologie – also Fächer, die den Studierenden den Horizont von Entstehungszusammenhängen einschließlich der historischen Gewordenheit von Denktraditionen eröffnen – fallen in der ökonomischen Standardlehre zugunsten ökonometrischer und mathematischer Fächer in erschreckendem Maße weg.

Indem also keine Aufklärung über die Entstehung wissenschaftlicher Standpunkte stattfindet, erscheint der präsentierte, homogene Standpunkt als immer schon da gewesen, selbstverständlich in dieser Form existierend und einzig legitimer Blick. Diese Intransparenz über den Entstehungszusammenhang droht dessen Homogenität stillschweigend zu reproduzieren und eine Pluralisierung der ökonomischen Blickweise, die sich auch institutionell in den Personalentscheidungen der Fakultäten wiederspiegelt, zu verhindern. Denn diese Pluralisierung ist an sich schon eine Herausforderung. So wurde beispielsweise bei diesem Band bewusst darauf geachtet, verschiedene Blickwinkel einzubeziehen: Unter den Autor*innen sind immerhin knapp 40 Prozent Frauen – trotzdem kommen alle Autor*innen aus dem Globalen Norden. Für Studierende ist fehlende Pluralisierung besonders problematisch, da ihnen systematisch die Möglichkeit genommen wird, eigene, womöglich vom Standard abweichende Standpunkte zu entwickeln, die jedoch gerade die Wirtschaft(swissenschaft) für die Gestaltung einer zukunftsfähigen Welt dringend benötigt. Das Bildungsverständnis, welches sich dahinter verbirgt, erscheint geradezu grotesk, denn den Studierenden bleiben lediglich zwei Optionen: die von jeglichem Hintergrundwissen abgeschnittene Reproduktion des standardökonomischen Standpunkts oder dessen pauschale Ablehnung.

Ein Blick mit gezielter Wirkung

Der *Verwertungszusammenhang* der ökonomischen Standardlehre verschärft diese Problematik zusätzlich. Zwei der Autoren der maßgebenden ökonomischen Standardlehrbücher formulieren das Ziel einer weitreichenden und tiefgreifenden Wirksamkeit ihrer Werke hinsichtlich der Bildungssubjekte und ihrer Rolle in der Gesellschaft besonders prägnant. Paul A. Samuelson, Autor des sogenannten »Goldstandards« der ökonomischen Standardlehrbücher, schreibt 1990: »Solange ich volkswirtschaftliche Lehrbücher schreiben kann, kümmere ich mich nicht sehr darum, wer die Gesetze eines Landes schreibt oder die Staatsverträge ausarbeitet«. Sein Kollege N. Gregory Mankiw weist darauf hin, dass er die Denk- und Handlungsweise der Studierenden unwiederbringlich in Richtung »Wirtschaftlichkeit« verändern möchte. Samuelson beansprucht gar die Lebensnotwendigkeit dieser Transformation:

> »All your life [...] you will run up against the brutal truths of economics. [...] [W]ithout economics the dice of life are loaded against you.«

Erschwerend zu dieser einseitigen Zielsetzung kommt hinzu, dass die ökonomische Lehre hochgradig standardisiert und weit verbreitet ist: Viele der in den wirtschaftswissenschaftlichen Einführungsveranstaltungen eingesetzten Lehrbücher werden nicht nur weltweit verwendet, sie transportieren auch das gleiche einseitige Bild von Wirtschaft(swissenschaft) – ermöglicht wird das auch durch die hohe Konzentration im Lehrbuchmarkt. Nur einige wenige Lehrbücher werden weltweit als Standardwerke verwendet, wie auch Helge Peukert bemerkt. Für die Autoren ist das lukrativ. Sie erhalten millionenschwere Vorauszahlungen und arbeiten darüber hinaus in politischen Beratungsgremien. Es ist selbstverständlich geworden, dass die Verlage den Lehrenden deren Lehrbuch, einen begleitenden Foliensatz, vorstrukturierte Übungsstunden, Klausuren und Online-Materialen, proaktiv und kostenfrei zur Verfügung stellen. Die globale Homogenität der Wirtschaftswissenschaften ist im deutlichen Sinne des Wortes produziert. Sie droht jegliche Form der Kontroversität und Pluralität zu unterbinden. Da es weder Standpunkt- noch Ermöglichungstransparenz über den Verwertungszusammenhang der Lehrbücher in ihnen selbst gibt, droht auch diese innere Intransparenz zum Standard in der ökonomischen Bildung zu werden. Dass deren derzeitige Verfasstheit Wirkung zeigt, haben Ökonom*innen bereits in mehreren Studien nachgewiesen und als Indoktrination bezeichnet, eine Übersicht bietet etwa Amitai Etzioni. Die Engführungen der Standardlehre sowie die Intransparenz darüber wirken durch die tiefgreifenden Veränderungen in den Werthaltungen, Denk- und Handlungsweisen der Studierenden über den Hörsaal hinaus in die gegenwärtige und zukünftige Gestaltung von Wirtschaft und Gesellschaft hinein.

Einblick ohne Durchblick

Die Produktion dieses Unwissens über die Hintergründe des eigenen wissenschaftlichen Standpunkts erreicht ihre Klimax im *Bildungszusammenhang* der ökonomischen Standardlehre. Innerhalb einer mangelhaften Standpunkttransparenz werden die Studierenden auch der intransparenten Didaktik regelrecht ausgeliefert. Eine zentrale Triebkraft dieser Intransparenz liegt in der Sprache besagter Standardlehrbücher. Zentrale Begriffe wie »die Wirtschaft« oder »der Markt« werden mittels suggestiver Metaphern, unsachgemäßer Personifizierungen und verdeckter Emotionalisierungen eingeführt: »Der Markt« erscheint mal als System, mal als Maschine, mal als Landwirt mit Karotte und Stock. Mal »will« er etwas, mal »handelt« er, dann ist er einfach die »unsichtbare Hand«, wie die Kollegin Katrin Hirte in dem vorliegenden Band bereits kritisiert und auch bei Silja Graupe und Theresa Steffestun nachzulesen ist. Manche Eigenschaften dieser Metaphern werden auf das abstrakte Konzept »des Marktes« übertragen, andere werden dagegen ausgelassen, um eine ganz bestimmte Bedeutung zu induzieren. Diese selektive Ausdeutung führt zu einer ebenso selektiven Wahrnehmung der Wirklichkeit und entsprechend reduzierten Handlungsmöglichkeiten. In ihrer

Wirkung sind diese Darstellungen weitestgehend unbewusst und können tiefsitzende Bilder, Gewohnheiten und Gefühle wecken sowie entsprechende Reaktionen auslösen. Das Vokabular der Lehrbücher hat also direkten, wenngleich impliziten Einfluss auf das Denken und Handeln ihrer Leser*innen. Dies wird jedoch weder transparent gemacht noch reflexiv begleitet. In Kombination mit der Intransparenz über den Entstehungs- und Begründungszusammenhang entsteht der Eindruck, dass den Studierenden hier eine bestimmte Weltsicht geradezu »untergeschoben« wird.

Das Unterrichtsdesign und auch die Leistungsabfragen bergen schließlich die Gefahr, das einseitige Wissen bei den Studierenden zu zementieren. Überwiegend finden sich Studierende der Standardökonomie mit mehreren Hundert Kommiliton*innen in einem Hörsaal wieder, um im Frontalunterricht die ökonomische Lehre regelrecht zu »empfangen«. Möglichkeiten zur Thematisierung zeitgenössischer Ereignisse oder von Alltagserfahrungen der Studierenden werden zumeist mit Verweis auf Zeitknappheit beschränkt oder gar ausgeschlossen. Viele Fragen entstehen zudem aufgrund des vermeintlich gesetzmäßigen Charakters des präsentierten Wissens erst gar nicht. Kritik oder die Diskussion der Entstehungs-, Begründungs- und Verwertungszusammenhänge werden zuweilen auch von den eigenen Kommiliton*innen unterbunden – was nicht prüfungsrelevant ist, braucht auch keine Diskussion. Die Prüfungen bestehen vielfach aus Klausuren mit Multiple-Choice-Abfragen, die allein die Reproduktion und Anwendung der Lehre erfordern. Um diese Prüfungsformen je nach Studienmotivation effizient zu meistern oder schadlos zu überstehen, haben die Studierenden das sogenannte »Bulimie-Lernen« entwickelt: Sie lernen das prüfungsrelevante Wissen meist komprimiert in den Prüfungsphasen zum Ende eines Semesters auswendig, um sich ihm in einer Klausur punktgenau zu entledigen und es anschließend sofort zu vergessen. Das einzige, was in Erinnerung zu bleiben droht, sind dabei die »brutalen Wahrheiten«, anders gesagt, die zentralen Prinzipien der Standardlehre.

Diese Intransparenz im Bildungszusammenhang verschärft die Intransparenz in den anderen drei Zusammenhängen – es sind also neue, transparenzfördernde Didaktiken gefragt.

MIT DURCHBLICK FÜR
WEITBLICK SORGEN

Unser Lagebericht zeigt: Die ökonomische Standardlehre ist in vielfacher Hinsicht intransparent. Und diese Intransparenz ist nicht mehr haltbar. Wie also in der Lehre für den Durchblick sorgen, der Weitblick für eine bessere Welt ermöglicht? Es ist großartig und erschreckend zugleich, dass Ökonomiestudierende selbst einen Großteil dieser notwendigen Aufklärungsarbeit leisten. Denn eine zunehmende Anzahl von ihnen wünscht sich die Befähigung zur kritischen Durchleuchtung und eigenständigen Gestaltung zukunftsfähiger Ökonomien. So leistet beispielsweise das studentisch organisierte *Netzwerk Plurale Ökonomik* wahrhafte Pioniersarbeit, wenn es um die Umsetzung von Standort- und Ermöglichungstransparenz in der ökonomischen Bildung geht. Mit der Internetplattform *Exploring Economics* und durch die Organisation pluraler Ringvorlesungen, von Lesekreisen und Diskussionsrunden bietet es Studierenden die Möglichkeit, sich transparent und selbstorganisiert mit der ganzen Vielfalt wirtschaftswissenschaftlicher Theorien und Lehrmaterialien auseinanderzusetzen.

Hier können (angehende) *economists4future* in ihrer Lehre anknüpfen. Denn die Forderung nach Transparenz lässt sich mit Leben füllen! Die Einführungsveranstaltungen können um Ideengeschichte, Wissenschaftstheorie und Bezüge zu tagesaktuellen Themen erweitert werden. Die herkömmliche Vorlesung kann mit dem interaktiven, studentisch (mit)gestalteten Seminar, der Fallstudienarbeit, den Lehrforschungsprojekten, der Exkursion und dem Lektürekurs ergänzt werden. Der einseitige Blick von Ressourcenknappheit bis zum Marktmodell kann durch andere theoretische Zugänge wie (Post-)Keynesianismus, originäre Institutionenökonomie, ökologische und feministische Ökonomik differenziert und erweitert werden. Klausuren können mit Fragen angereichert werden, in denen Studierende Hintergründe und Bezüge erläutern und sich ein eigenes Urteil bilden müssen, sie könnten durch (dialogische) Essay- und Hausarbeitsformate gar ersetzt werden. Die Entstehungs-, Begründungs- und Verwertungszusammenhänge eines wissenschaftlichen Standpunkts müssen nicht nur transparent sein, sie müssen auch prüfungsrelevant werden. Die neuen Ökonomie-Studiengänge der Cusanus Hochschule für Gesellschaftsgestaltung, der

Universität Duisburg-Essen oder der Universität Siegen zeigen, dass richtungsweisende Anfänge gemacht werden können.

Um diese einzelnen didaktischen und inhaltlichen Maßnahmen der Transparenz langfristig in ökonomischer Bildung zu verankern, ist es nötig, mutigen Schrittes institutionelles Neuland zu betreten. Die strukturell und finanziell hinterlegte Priorität der Forschung vor der Lehre muss dafür genauso fallengelassen werden, wie die althergebrachte Überhöhung der Professuren gegenüber anderen Dozierenden und den Studierenden. Wenn dies geschieht, wird Raum frei für ein neues Selbstverständnis von ökonomischer Bildung. Dann sind Dozierende immer Wissenschaftler*innen und Bildner*innen zugleich und benötigen neben einer wissenschaftlichen auch eine didaktische Ausbildung. Denn Forderungen nach Standpunkt- und Ermöglichungstransparenz können schnell überfordern, wenn sie nicht mit den nötigen institutionell verankerten Qualifizierungsmaßnahmen einhergehen. In dem Rahmen können (angehende) *Wissenschaftsbildner*innen* lernen, dass transparenzstiftende Didaktik den Durchblick verschafft, den es braucht, um problemorientierten Weitblick und Handlungsfähigkeit zu entwickeln – Eigenschaften, die *economists4future* auszeichnen.

Gewiss bedarf Transparenz in diesem Kontext auch einer differenzierten Betrachtung, denn Transparenz ist nicht per se *gut*. Nicht nur auf Lehrende kann sie überfordernd wirken, auch bringt sie Studierende in Zugzwang, sich gegenüber einer Pluralität und Offenheit von Standpunkten und Blickwinkeln zu positionieren; dieser weite Horizont kann überwältigen. Standort- und Ermöglichungstransparenz bedeuten auch für Studierende einen Eingriff in das gewohnte Verständnis von Lehre, Deutungshoheit und Verantwortung. Ökonomische Bildung, die Standpunkttransparenz mit Ermöglichungstransparenz paart, also Wissen um Entscheidungen zwischen Standpunkten mit dem Entwickeln eigener Standpunkte zusammenbringt, bietet hier die nötige Hilfe zur Selbsthilfe. Zuletzt ist Transparenz Mittel, nicht (Selbst-)Zweck, und kann als solches je unterschiedlich eingesetzt werden. Wir befürworten weder Überwachungsfantasien noch »gläserne« Dozent*innen. Transparenz ist auch nie absolut vorhanden oder abhanden. Sie ist immer eine Angelegenheit der Aushandlung in Gesprächen darüber, was mit wem wie geteilt wird.

Erst dadurch bekommt Transparenz ihre befreiende und kommunikative Wirkung mit Aufklärungscharakter.

Wir rufen in diesem Sinne alle (angehenden) *economists4future* auf: Sucht und führt diese Gespräche, reflektiert eigene wie fremde Standpunkte und erneuert sie, wo notwendig. Für *economists4future* ergibt sich diese Not-Wendigkeit aus der Verantwortung für eine Überwindung der gegenwärtigen, existenziellen Krisen. Ihr Beitrag kann die Not wenden, kann der immerwährenden Reproduktion des Dogmas von Ressourcenknappheit, Profitstreben, Marktfundamentalismus und Wachstum sowie der strukturellen Blindheit gegenüber diesem Standpunkt ein Ende bereiten. Jede und jeder kann einen Anfang machen – und sei dieser noch so klein – und mit einer transparenten ökonomischen Bildung fundamental neues, *Not wendendes* ökonomisches Denken und Handeln ermöglichen. Packen wir's an!

Johanna Hopp ist interdisziplinär arbeitende Nachhaltigkeitsgeographin an der Universität Trier und engagiert sich dort sowie an der Cusanus Hochschule für Gesellschaftsgestaltung und der Leuphana Universität Lüneburg für transformative Bildungsformate.

Prof. Dr. Stephan Panther ist sozialwissenschaftlich orientierter Volkswirt und Studiengangsleiter des BA Ökonomie an der Cusanus Hochschule für Gesellschaftsgestaltung.

Theresa Steffestun ist Polit-Ökonomin und entwickelt an der Cusanus Hochschule für Gesellschaftsgestaltung pluralistische Lehr-Lernformate in der Ökonomie.

»Economists4future verstehen Transparenz auch als Offenlegung und Reflexion von Menschenbildern, Werten und Normen sowie der »Sprachspiele« ihres eigenen Faches. Und hier bedarf es eindeutig größerer Transparenz!«

Ronald Hartz

 MEHR TRANSPARENZ?!

Über die Herausforderungen einer einfachen Forderung

Transparenz ist seit dem 18. Jahrhundert die Bezeichnung dafür, dass etwas »klar, deutlich, einleuchtend« oder »verständlich« ist. In Transparenz steckt das lateinische Wort *transparere* (»durchscheinen«, »durchsichtig sein«), aber auch *pārēre* (»parieren«) – wenn eine Sache klar und durchsichtig ist, dann lässt sich diese auch kontrollieren und gegebenenfalls beherrschen.

Transparenz wird zu einem Thema in den Wirtschaftswissenschaften, wenn es um methodische Fragen und die Nachvollziehbarkeit von theoretischen wie empirischen Untersuchungen geht. Dies ist zweifelsohne wichtig – doch braucht es mehr. *Economists4future* verstehen Transparenz auch als Offenlegung und Reflexion von Menschenbildern, Werten und Normen sowie der »Sprachspiele« ihres eigenen Faches. Und hier bedarf es eindeutig größerer Transparenz! *Economists4future* sind sich aber auch der Schwierigkeiten und der Widersprüchlichkeiten bewusst, welche im Anspruch auf mehr Transparenz liegen und gewinnen daraus einen reflektierten Zugang zu einer vermeintlich einfachen Forderung. Diesen Zugang möchte ich nachfolgend transparent machen.

Trotz seiner etymologisch weit zurückreichenden Herleitung ist Transparenz ein moderner Begriff und aus unserem heutigen Sprach-

#TRANSPARENZ

gebrauch kaum wegzudenken. Es gibt wohl nur wenige aktuelle Postulate, die so unmittelbar einleuchtend sind, wie die Forderung nach Transparenz. Sie begegnet uns nicht nur im Feld der Wissenschaft, etwa bei der Durchführung von Studien oder beim Verfassen von Publikationen. Transparenz ist vielmehr zu einem gesellschaftsweiten Anspruch an Unternehmen, Institutionen oder auch an die Politik geworden. Transparency International, eine der bekanntesten Nichtregierungsorganisationen, trägt diesen Anspruch im Namen. Sie wurde 1993 gegründet, was darauf aufmerksam macht, dass die Forderung nach Transparenz historisch ein recht junges Phänomen ist. Das Zeitungskorpus des *Digitalen Wörterbuchs der Deutschen Sprache* ist hier erhellend – es zeigt, dass der Begriff der Transparenz erst ab Mitte der 1980er-Jahre im medialen Diskurs so richtig an Popularität gewinnt.

Transparenz einzufordern und Licht ins Dunkel, etwa von wirtschaftlichen Aktivitäten zu bringen, ist nun ohne Frage zunächst begrüßenswert. Man denke an die Panama Papers und die Aufdeckung der Aktivitäten von Unternehmen in Steueroasen, die Kontrolle (oder deren Ausbleiben) von Arbeitsbedingungen in Schlachtbetrieben oder die Frage, wo Investmentfonds eigentlich ihr Geld anlegen. Diese Liste lässt sich beliebig fortschreiben. Was bedeutet es aber, wenn wir die Forderung der Transparenz auf den Bereich der Forschung beziehen? Im Folgenden möchte ich zunächst – entlang eines groben Schemas des Forschungsprozesses – einige Überlegungen zur Transparenz im Prozess der Gewinnung wissenschaftlicher Erkenntnisse anstellen. Hieran anschließend beleuchte ich die institutionellen Rahmenbedingungen und deren Konsequenzen für die Einforderung von Transparenz und gehe auf den Zusammenhang von Transparenz, Sprache und Rhetorik ein. Abschließend verweise ich auf einige Grenzen der Forderung nach Transparenz.

TRANSPARENZ IM WISSENSCHAFTLICHEN ERKENNTNISPROZESS

In der Betriebswirtschaftslehre und damit auch in Teilen der Management- und Organisationsforschung findet sich im Anschluss an den kritischen Rationalismus ein häufig genutztes, einfaches Schema des wissenschaftlichen Erkenntnisprozesses. Es unterscheidet, so etwa Elke Weik, grob drei Phasen wissenschaftlicher Aussagen: den Basisbereich, den Objektbereich und den Aussagenbereich. Im sogenannten Basisbereich werden Aussagen zur Beschaffenheit der Welt, über die Natur des Forschungsgegenstandes, die Möglichkeit von Erkenntnis und die Aufgabe und den Sinn von Wissenschaft getroffen. Aus Sicht des kritischen Rationalismus sind all dies Fragen, welche vor der eigentlichen empirischen Forschungsarbeit zu verorten sind. Um eine schon recht alte, aber treffende Unterscheidung von Jürgen Habermas von 1973 aufzugreifen, kann man etwa die Frage nach der Aufgabe und dem Sinn von Wissenschaft ganz unterschiedlich beantworten. Habermas spricht von Erkenntnisinteressen und unterscheidet zwischen einem technischen, praktischen und emanzipatorischen Erkenntnisinteresse.

- Einem technischen Interesse geht es um Voraussagen, um Ursache, Wirkung und Kalkulation, pointiert: um die Vermessung der Welt zum Zweck ihrer besseren Beherrschbarkeit.

- Ein praktisches Erkenntnisinteresse zielt auf das Verstehen und die Interpretation sozialer Zusammenhänge.

- Ein emanzipatorisches Interesse fahndet nach gesellschaftlichen Widersprüchen, nimmt Ausbeutung und Machtverhältnisse in den Blick und spricht sich für gesellschaftliche Veränderungen aus.

Transparenz im Basisbereich der Forschung heißt, dass eine Reflexion über die zugrunde liegenden Erkenntnisinteressen stattfindet und dass diese Interessen sichtbar gemacht werden. Ein Beispiel: Wenn wir das Forschungsfeld der Mitbestimmung und Partizipation in Organisationen in den Blick nehmen, kann ich das Thema Partizipation technisch angehen, etwa über die Frage: »Welches ist der Beitrag der Mitbestimmung für die Produktivität eines Unternehmens?« Ich kann praktisch fragen »Welche Ansichten haben die Beschäftigten über unterschiedliche Formen der Mitbestimmung?« oder ein emanzipatorisches Interesse verfolgen, wie etwa »Wo liegen die Hindernisse auf dem Weg zu mehr Partizipation?«. Klarheit in diesem Bereich hilft, die zugrunde liegenden Normen und Werte zur Diskussion zu stellen. Denn Werte und Normen durchziehen alle drei Erkenntnisinteressen. Indem ich einem technischen Interesse folge und nach Produktivität oder Effizienz frage, gestehe ich höherer Produktivität oder höherer Effizienz einen positiven Wert zu. Indem ich nach Macht und Herrschaft frage, konstatiere ich, dass Machtunterschiede in Unternehmen durchaus problematisch sein können. Transparenz ermöglicht in *beiden* Fällen eine Problematisierung dieser zugrunde liegenden Werte und kann die Wissenschaft dazu bringen, sich zu erklären und die *Gründe* und *Interessen* ihrer Forschung zu legitimieren.

Damit kann Transparenz helfen, Unhinterfragtes zu durchleuchten und auch gängige Muster der Einteilung und Hierarchisierung von Forschung zu problematisieren. Hat ein technisches Interesse, weil es objektiver oder mathematischer erscheint, einen höheren Grad an Wissenschaftlichkeit als ein verstehendes Interesse oder gar ein emanzipatorisches Interesse? Für die Wirtschaftswissenschaften heißt dies im Idealfall, dass auch der sogenannte Mainstream die Grundannahmen seiner Forschung erklären muss und diese Aufgabe nicht nur oder vor allem auf Seiten davon abweichender Positionen gesehen wird. *Economists4future* geht es darum, diese Offenheit nicht nur für sich selbst einzufordern und einzulösen, sondern eine grundlegende Diskussion über Menschenbilder, Sichtweisen auf menschliches Handeln oder die Sicht der Wirtschaftswissenschaften auf ökologische und soziale Fragen anzustoßen.

Der Basisbereich – unsere Sicht auf die Welt und die grundlegenden Fragen, welche wir an diese stellen – rahmt den Objektbereich, jenen Bereich, in dem die »eigentliche« Forschung stattfindet. Es geht hier um den konkreten Forschungsgegenstand und vor allem um den Forschungsprozess selbst. Wie ein Forschungsprozess zu gestalten ist, ist Gegenstand unzähliger Abhandlungen. Es ist der Bereich, in welchem die Forderung nach Transparenz am stärksten erhoben wird. Ein flüchtiger Blick in angesehene Zeitschriften der Management- und Organisationsforschung zeigt deutlich, dass insbesondere bei empirischen Studien qualitativer Art oftmals ein erheblicher Aufwand betrieben wird, den Prozess der Datenerhebung, -auswertung und -interpretation für die Leser*innen so klar wie möglich nachvollziehbar zu machen. Beim Publikum wird zugleich eine erhebliche Methodenkenntnis vorausgesetzt. Zu beobachten ist allerdings auch, dass der Aufwand hinsichtlich methodischer Transparenz nicht immer in einem befriedigenden Verhältnis zu den dann gewonnenen Erkenntnissen steht. So wichtig also eine Methodenausbildung, und so begrüßenswert die Auseinandersetzung über methodische Fragen ist, so sollte nicht vergessen werden, dass methodische Transparenz selbst nur ein Mittel darstellt, Erkenntnisse zu gewinnen und keinen Zweck an sich. Ähnlich wie im Basisbereich kann eine Transparenz über Forschungsmethoden im Objektbereich dazu führen, den Grad an Reflexivität zu steigern, sodass auch hier gängige Unterscheidungen zwischen vermeintlich »harter«, »objektiver«, mit quantitativen Daten operierender Verfahren, und »weicher«, qualitativer Vorgehen ins Wanken gebracht werden und nicht nur von qualitativer Forschung ein höherer Aufwand an methodischer Begründung eingefordert wird. Es sollte selbstverständlich sein, dass methodische Fragen selbst an den Basisbereich zurückgebunden werden.

Kommen wir nun zum Aussagenbereich: Er umfasst die Ergebnisse des Forschungsprozesses. In der Tradition des kritischen Rationalismus und in der Diskussion um Wertfreiheit und Werturteilsfreiheit in der Betriebswirtschaftslehre ist dies das eigentliche Feld, welches frei von normativen oder spekulativen Aussagen sein sollte. Häufig findet sich hier der Bezug zu Max Weber und dessen Postulat, dass »[eine] empirische Wissenschaft … niemanden zu lehren [vermag], was er soll, sondern nur, was er kann und – unter Umständen – was er will.« Vereinfacht gesprochen, ist es in diesem Sinn nicht zulässig, von empirischen Daten, einem »Sein«, Handlungsempfehlungen oder ein »Sollen« abzuleiten. Beispielhaft lässt sich an diesem Punkt zur Mitbestimmung zurückkehren. Nach den Daten des IAB-Betriebspanels, die Peter Ellguth aufführt, ist zum Beispiel der Anteil der Beschäftigten, welche in der BRD durch einen Betriebsrat vertreten werden, seit Mitte der 1990er-Jahre bis 2017 kontinuierlich gesunken ist (im Westen von 51 Prozent auf 40 Prozent, im Osten von 43 Prozent auf 33 Prozent), mit Unterschieden je nach Branche und Betriebsgröße. Diese Daten stehen für einen bestimmten Zustand der Welt, einen Ist-Zustand, ein »Sein«. Im Sinne Max Webers wäre es nun unzulässig, als Ergebnis dieser Erhebung zu fordern, dass wir mehr Betriebsräte in den neuen Bundesländern benötigen. Aus der reinen Zahl lassen sich keine Soll-Aussagen ableiten. Wenn man die Aussage von Weber konsequent zu Ende denkt, müsste dies genauso gelten, wenn man über Arbeitslosigkeit, Wirtschaftswachstum oder die gesunkene Produktivität eines Unternehmens spricht. Nun könnte man einwenden, dass die Frage nach einem Betriebsrat sich immer in einem gesellschaftlichen Werthorizont befindet und damit Fragen von Teilhabe, Wirtschaftsdemokratie oder Verteilungsgerechtigkeit adressiert werden. Insofern findet sich hier immer eine politische Komponente. Forschung kann und sollte dieser wohl auch nicht entkommen. Gleiches gilt aber auch für die Fragen des Wachstums, des Ressourcenverbrauchs oder der Produktivität. Auch hier befindet sich Wissenschaft in einem gesellschaftlichen Wertzusammenhang. Wenn Wissenschaft »*for future*« einen Beitrag zur Überwindung der Klimakrise, der Finanzkrise oder nun der sich ankündigenden Corona-Krise leisten kann und will, muss Transparenz bedeuten, die eigenen Übergänge von »Sein« (den Zahlen, den Fakten) zum »Sollen« offenzulegen und zu reflektieren und die oftmals nicht deutlich gemachten Wertungen und positiv (z. B. Wachstum) oder negativ (z. B. Regulierung) konnotierten Begriffe im Diskurs offenzulegen und zu problematisieren.

Betrachtet man die Forderung nach Transparenz über alle drei genannten Bereiche hinweg – den Basisbereich, Objektbereich und Aussagenbereich –, so lässt sich viel Positives aus der Umsetzung dieser Forderung gewinnen. Für *economists4future* ist dabei klar, dass Transparenz ermöglicht, gängige Hierarchien oder Antagonismen von Wissenschaftlichkeit (Natur- versus Geisteswissenschaften, quantitative versus qualitative Forschung, Kritik versus Mainstream) zu destabilisieren und zugleich die Qualität der Auseinandersetzung um Forschung zu erhöhen. Nichts sollte einfach als vorausgesetzt gelten, und für *economists4future* reicht Transparenz über eine saubere und nachvollziehbare Methodik weit hinaus.

Bisher bezogen sich die Ausführungen zur Transparenz auf den Wissenschaftsprozess selbst. Vieles davon könnte man eher dem Bereich wissenschaftsinterner Kommunikation zuordnen. Die Frage der Transparenz ist dann Bestandteil von Methodenworkshops und Diskussionen auf Fachtagungen. Doch Transparenz hat im Wissenschaftsprozess auch Konsequenzen für die Kommunikation von Forschung außerhalb der Wissenschaft. Transparenz im bisher diskutierten Verständnis hilft, erkenntnisbezogene Hindernisse offenzulegen. Sie hilft, Grundannahmen, Normen, Werte, Menschenbilder und den Sinn und Zweck der eigenen Forschung zu reflektieren und danach zu fragen, wie diese Annahmen und Festlegungen die eigene Forschung beeinflussen. Transparenz hilft zu verstehen, wie und warum man bestimmte Dinge sieht (z.B. Produktivität und Profite) und anderes vielleicht nicht (z.B. Partizipation oder Klimakrise). Wenn hierfür ein Bewusstsein vorhanden ist, sollte dies auch in die Kommunikation von Forschung in die breitere Öffentlichkeit einfließen. Qualitative Forschung kennt diesen wissenschaftsinternen Rechtfertigungsdruck seit vielen Jahren, und auch kritische Strömungen innerhalb meines Feldes der Management- und Organisationsforschung sind es gewohnt, sich immer wieder (neu) rechtfertigen zu müssen. Aus Sicht der bisherigen Ausführungen zur Transparenz ist dies vollkommen richtig und notwendig. Doch gilt dies nicht nur für *economists4future*, sondern für die Wirtschaftswissenschaften als Ganzes.

TRANSPARENZ UND INSTITUTIONELLE RAHMENBEDINGUNGEN

Zu einer transparenten Wissenschaftskommunikation gehört noch mehr als reflektiertes Arbeiten, nämlich etwa die institutionellen Rahmenbedingungen. Die Forderung nach Transparenz gleicht nach Michel Foucault einem Kontrollmechanismus, welcher die »Produktion des Diskurses … kontrolliert, selektiert, organisiert und kanalisiert«. Er stützt sich auf eine institutionelle Basis, zu welcher beispielsweise Verlage, wissenschaftliche Fachgemeinschaften, Forschungseinrichtungen oder Bibliotheken zählen.

Ein solches System schließt potenziell diejenigen aus, welche nicht die Sprache jener Fachgemeinschaften sprechen und deren Praktiken verinnerlichen. Es lässt auch jene außen vor, welche schlichtweg keinen Zugang zum wissenschaftlichen Diskurs erhalten. Damit betreten wir das weite Feld des Verlagswesens, des Urheberrechts und der Diskussion um den generellen Zugang zu wissenschaftlichen Publikationen, wie dies unter den Stichworten Open Access und Open Science diskutiert wird. Die wissenschaftsinterne Rede von Transparenz nützt der Gesellschaft nur bedingt, wenn für diese kein Zugang zu wissenschaftlichen Studien und Publikationen bereitsteht oder Datenbanken nur mit institutioneller

Zugehörigkeit zugänglich sind. So finden sich Fälle, in welchen nach dem Ende eines befristeten Arbeitsvertrages Wissenschaftler*innen der Zugang zu den Bibliotheksressourcen mit Wirkung zum nächsten Tag gesperrt wird. Natürlich gibt es Geschäftsmodelle und Geschäftsinteressen von Verlagen – der Diskurs darüber und auch über den öffentlichen oder privaten Charakter wissenschaftlicher Erkenntnis muss jedoch geführt werden, und *economists4future* arbeiten aktiv in ihren jeweiligen Bereichen (durch Publikationen, Beiratstätigkeit, Hochschulpolitik, und vieles andere mehr) daran mit, diese Öffnung der Wissenschaft voranzutreiben.

TRANSPARENZ, SPRACHE UND SPRECHER*IN

Um die Dinge noch ein wenig weiter zu verkomplizieren, nützt ein Zugang zu Fachzeitschriften wenig, wenn die darin enthaltenen Artikel nur schwer oder gar nicht verständlich sind. Klar und »durchsichtig« zu schreiben, klingt profan, ist jedoch eine hohe Kunst. Zumal die Reflexion der eigenen Sprache, des eigenen Sprechens und Schreibens in den Wirtschaftswissenschaften ein doch sehr randständiges Thema ist. Geschrieben wird im Regelfall für die eigene Fach-Community, und dies muss natürlich auch so sein, um am wissenschaftlichen Austausch teilzunehmen. Transparent ist das im Zweifel aber nur für jene, die das jeweilige akademische Sprachspiel, den Code, beherrschen und darüber hinaus nicht nur mit den Standards wissenschaftlichen Schreibens vertraut sind, sondern auch mit den jeweils zugrunde liegenden ausdifferenzierten Theoriegebäuden. Hier begegnen wir in Teilen einem hochspezialisierten Expertentum, für welches die eigene Theorie zugleich den Tellerrand der Erkenntnis markiert. Böse Zungen mögen behaupten, dass eine Theorie auch ein Brett vor dem Kopf sein kann.

Economists4future wenden sich gegen diese Borniertheit und befördern den Dialog über eng gesteckte Theorierahmen hinaus und wenden sich gegen die Echokammern der theoretischen, empirischen und weltanschaulichen Selbstbestätigung. »Durchsichtig« zu sein für ein erweitertes Publikum, erfordert zudem eine erhebliche Übersetzungsleistung – dies weiß, wer einen wissenschaftlichen Blog betreibt, in den sozialen Medien aktiv ist oder einmal von »Außenstehenden« – seien es

Journalist*innen oder die eigenen Familienmitglieder – über die eigene Forschung befragt wurde. Für *economists4future* bedeutet dies, wissenschaftliche Erkenntnisse verständlich zu machen, ohne dabei die Wissenschaftlichkeit selbst zu verlassen. Was aber auch bedeutet, sich immer wieder den Schwierigkeiten und Frustrationen dieser Übersetzungsleistung zu stellen und deren Widersprüche auszuhalten.

Forschung klar und transparent zu kommunizieren, benötigt eine (Selbst-)Reflexion auf die Frage:»Wer spricht?« Und eine Auseinandersetzung über den Zusammenhang von Rhetorik und wissenschaftlichem Schreiben und Sprechen. Deirdre McCloskey hat mit ihrer Analyse der Rhetorik der Wirtschaftswissenschaften von 1998 diesbezüglich Pionierarbeit geleistet. Ein recht einfaches, aber häufig auftauchendes rhetorisches Mittel – nicht nur in ökonomischen Texten – ist die Verwendung der indirekten Rede, beziehungsweise der Personifizierung. Nicht die Autor*innen scheinen zu sprechen, sondern die Dinge – die »Natur«, die »Ökonomie« – selbst. In den Worten McCloskeys:»*The scientist says, It is not I the scientist who make these assertions but reality itself (Nature's words in the scientist's mouth).*« Ein bestimmter wissenschaftlicher Standpunkt und Blickwinkel mit all seinen Grundannahmen wird dann zu einer Wirklichkeit an sich. Transparenz bedeutet, sich dieser rhetorischen Effekte bewusst zu werden und sie kritisch zu reflektieren. Dazu gehört auch, dass Rhetorik in der Wissenschaft unvermeidlich ist und nicht einfach mit Manipulation gleichgesetzt werden darf. Wissenschaft sollte sich aber der rhetorischen »Werkzeuge«, welche einen Teil ihrer Überzeugungsarbeit als auch kritische Kraft ausmacht, bewusst sein. Dies nicht zuletzt, weil Wissenschaft Einfluss auf die Gestaltung eben jener Wirklichkeit nehmen kann. Rhetorik und wissenschaftliches Schreiben und Sprechen – das deuten auch die vorangegangenen Beiträge dieses Bandes an – können wirkmächtig sein. Exemplarisch zeigt Donald MacKenzie 2006, wie die neoklassische ökonomische Theorie – insbesondere die Theorie der Finanzmärkte, und die damit verbundenen, computergestützten Modellierungen – in den letzten Jahrzehnten einen wichtigen Einfluss auf die Entwicklung eben jener Märkte und ihrer Produkte (z.B. im Derivatehandel) hatte. Ökonomische Theorie ist nicht wie eine »Kamera«, welche sich ein Abbild von den Märkten macht, sondern selbst Teil der »Maschine«, welche diese Märkte aktiv mit hervorbringt. Gerade in der Managementforschung finden sich zahllose »Werkzeuge« für den unternehmerischen Alltag, welche auf diese Form der Gestaltung abzielen. Sprache, Theorien, Modelle können also mächtige Werkzeuge sein, die ökonomische und unternehmerische Welt nach ihrem Bild zu formen. Umso wichtiger sind für *economists4future* die Reflexion wissenschaftlichen Sprechens und Schreibens und deren Wirklichkeitseffekte.

GRENZEN DER TRANSPARENZ

Transparenz aber bleibt auch hier ein Ideal, besitzt Grenzen und hat schließlich auch bedenkenswerte Untiefen. Damit komme ich zum Schluss dieses Beitrages zu den Schwierigkeiten, welche mit einer Forderung nach Transparenz einhergehen.

Zunächst stößt Transparenz im Forschungsprozess dann an ihre Grenzen, wenn es um den Schutz jener geht, welche in der Forschung »Gegenstand« der Untersuchung sind. Hier geht es ganz einfach um die Sicherstellung der Anonymität der Befragten oder der Interviewten, was zu den Selbstverständlichkeiten verlässlicher Forschung gehört. Ohne Anonymität könnte Forschung vielfach überhaupt nicht stattfinden, gerade, wenn es um kritische Themen geht – man denke etwa an sexuelle Belästigung, Mobbing oder Widerstand in Organisationen.

Schließlich ist es die Sprache selbst, welche uns an die Grenzen der Transparenz führt. Die Idee einer vollkommen klaren und »durchsichtigen« Sprache gehört eher in das Reich der Träume, durchaus auch der Albträume. Begriffe, Wörter, menschliche Sprache: Kommunikation lebt von Mehrdeutigkeiten, Bedeutungsvielfalt und auch Missverständnissen. Es sind zuweilen gerade diese Mehrdeutigkeiten und Missverständnisse, welche Wissenschaft produktiv werden lassen und den wissenschaftlichen Diskurs voranbringen, ohne dass am Ende ein umfassender »Reinigungsprozess« von allem Flirrenden und allen Unschärfen der Sprache stattfinden würde. Diese Reflexion umfasst – *economists4future* insistieren darauf – auch die vermeintliche Klarheit und Eindeutigkeit mathematischer Modellierungen und Theoreme. Wissen und Sinn leiten sich nicht aus nackten Zahlen, Daten oder Diagrammen ab, sondern entstehen mit unhintergehbarer Subjektivität und gesellschaftlicher

Prägung in der Erhebung, Auswertung und Interpretation. Auch in der Wissenschaft ist ein von allem Bedeutungsüberschuss absehendes Sender-Empfänger-Modell der Kommunikation eine Illusion. Und wenn ich von einem Albtraum schreibe, denke ich auch an eigene Lektüreerfahrungen: Inspirierend sind vor allem jene Texte, welche einen Raum der Imagination und Vorstellungskraft öffnen, welche die Leser*innen zum Mit- und Nachdenken einladen, Irritation oder Widerspruch hervorrufen. Kurzum Texte, welche eine Erfahrung ermöglichen. All dies liegt auch in der Interpretationsbedürftigkeit der menschlichen Sprache begründet. Nicht auszudenken, wenn wissenschaftliche Texte keine Fragen mehr induzieren würden.

Schließlich möchte ich auf einen abschließenden Punkt eingehen, welcher meines Erachtens mit der am Anfang dieses Textes festgestellten Modernität der Forderung nach Transparenz einhergeht. Georg Simmel verweist auf das Verhältnis von Transparenz und Vertrauen und schreibt: »In viel weiterem Umfange, als man es sich klar zu machen pflegt, ruht unsre moderne Existenz – von der Wirtschaft ... bis zum Wissenschaftsbetrieb, in dem die Mehrheit der Forscher unzählige, ihnen gar nicht nachprüfbare Resultate anderer verwenden muß – auf dem Glauben an die Ehrlichkeit des andern.« Und weiter heißt es: »Der völlig Wissende braucht nicht zu *vertrauen*, der völlig *Nicht*wissende kann vernünftigerweise nicht einmal vertrauen«. Zugespitzt lässt sich also behaupten, dass die Forderung nach Transparenz auf einen Mangel an Vertrauen in die Wissenschaft und auf einen Vertrauensverlust gegenüber wissenschaftlicher Expertise hinweist. *eocnomists4future* nehmen ihn und seine Ursachen ernst, beforschen die Transparenzforderung im Hinblick auf die Entwicklung der ökonomischen Bildung und ziehen Konsequenzen aus den Befunden. Dieses Buch ist ein deutlicher Beleg dafür.

Natürlich kann Transparenz zu mehr Klarheit führen, etwa über die Erkenntnisinteressen, die hinter der volks- oder betriebswirtschaftlichen Forschung liegen. Dies bedeutet aber nicht notwendig einen Zuwachs an Vertrauen. Ein gesundes Misstrauen, etwa von Seiten der Studierenden, Journalist*innen sowie betroffenen Beschäftigten in einem Unternehmen, erscheint mir mehr als berechtigt, wenn wieder die nächste Restrukturierung auf der Basis vermeintlich neuester wissenschaftlicher Erkenntnisse angekündigt wird. Aus *dieser* Verstrickung befreit

Transparenz nicht, sie macht sie nur kenntlich. Diesseits der Transparenz beginnt für *economists4future* und ihre Verbündeten die Suche nach den alternativen Formen des Wirtschaftens und Organisierens, woran auch der vorliegende Band Anteil hat. *Economists4future* rufen zu einem gemeinsamen Dialog auf, wie den Krisen der Gegenwart begegnet werden kann – innerhalb und über die Grenzen der Wirtschaftswissenschaften hinaus. Transparenz im hier dargestellten Sinn ist eine not-wendige Bedingung für diesen Dialog, das heißt, Transparenz kann dabei helfen, diese Not noch zu wenden.

Dr. Ronald Hartz lehrt und forscht an der University of Leicester und widmet sich kritischen Perspektiven in der Management- und Organisationsforschung.

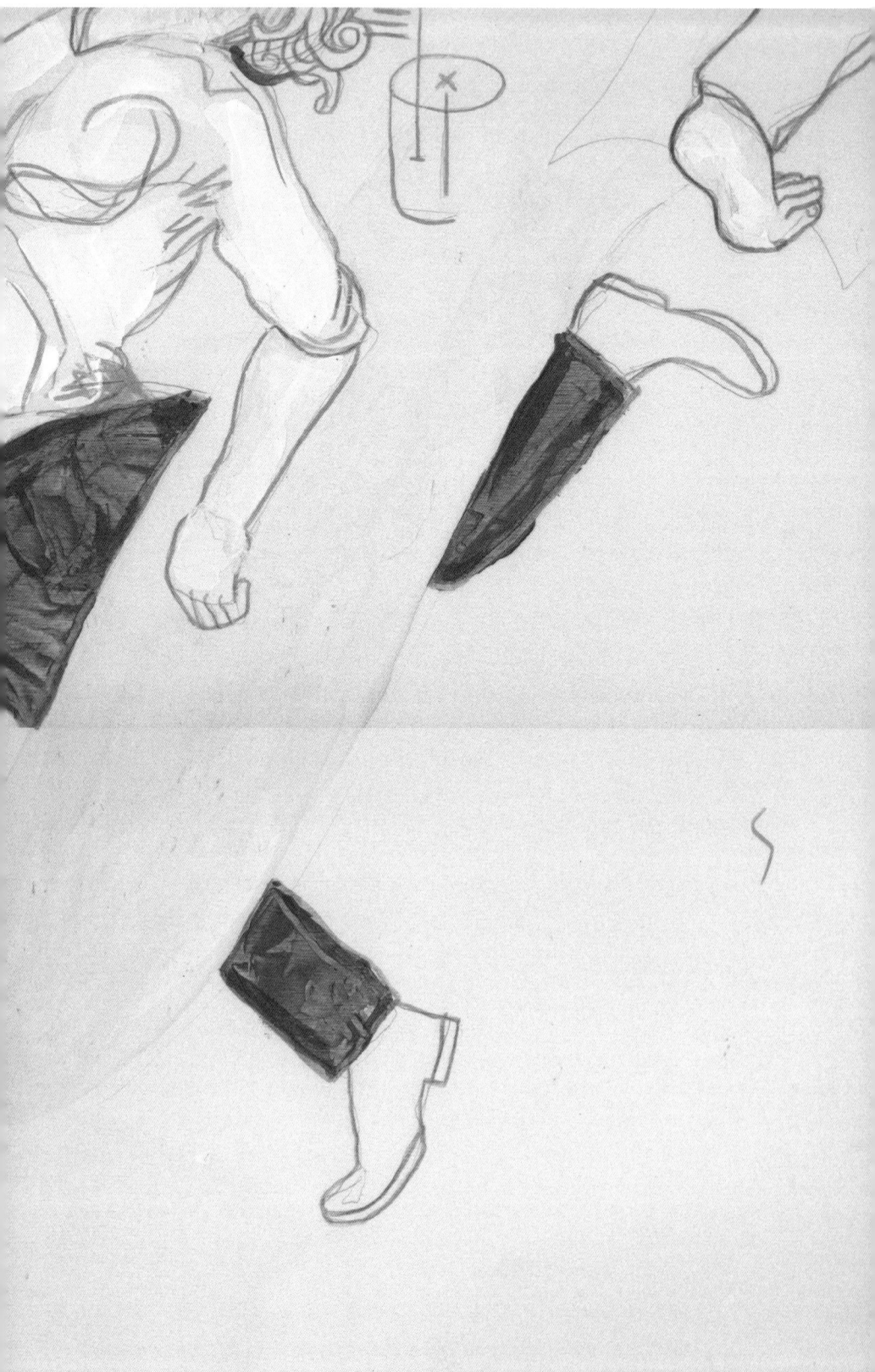

»Selbst wenn heute die großen Tech-Giganten aus dem Silicon Valley in vielen Bereichen Open Source als Leitparadigma sehen, haben diese fast alle ausnahmslos als proprietäre Softwareunternehmen begonnen. [...] Vielleicht müssen die deutschen Hochschulen und das Hochschul-Gründungsmanagement davon lernen. Der Weg hin zu mehr Open-X und somit zur gesamtwirtschaftlichen Steigerung der Innovationskraft scheint über proprietäre Pfade gut erreichbar.«

Jörg Müller-Lietzkow

OPEN ODER NOT OPEN?

Am Scheideweg des Hochschul-Gründungsmanagements

Offenheit gilt allgemein hin als eine wesentliche Grundlage für die Schaffung von Transparenz. Im Bereich von Software wird dies zum Beispiel durch Open-Source-Software sichergestellt, bei der jeder Mensch jederzeit den offenen Quellcode eines Programmes begutachten kann. Aus diesem ursprünglich auf Software ausgerichteten Pfad sind inzwischen zahlreiche bedeutsame Derivate entwickelt worden – *Open Data, Open API, Open AI, Open Education, Open Innovation* etc. –, die nicht nur aus Kostengründen, sondern eben auch aus Transparenzgründen von erheblicher Bedeutung sind. Eigentlich ist es da naheliegend, dass öffentliche Institutionen wie Hochschulen konsequent und umfänglich einerseits auf dieses Offenheitsprinzip setzen und andererseits auch dazu beitragen, dass neue und weitere Angebote entstehen.

Vor dem Hintergrund ist es interessant zu überlegen, ob tatsächlich diese (neue) Offenheit, hier sinnbildlich mit dem Begriff »*Open*« signalisiert, für mehr Transparenz im Transfergeschehen sorgen könnte – hier am konkreten Beispiel des Hochschul-Gründungsmanagements aufgegriffen. Es wird sich zeigen, dass sich dabei die Dinge genau hier an einigen Stellen komplexer gestalten, als der eigentlich logische Schluss, dass »*Open*« das Leitparadigma insbesondere unter Transparenzaspekten sein sollte, zulässt. Faktisch geht es um ein Dilemma und einen Scheideweg, der hohe gesamtwirtschaftliche Bedeutsamkeit in sich birgt.

Die Erörterung am Beispiel auch von Open-Source-Software ist dabei nicht nur für IT-Expert*innen relevant, sondern richtet sich sowohl an Gründungsteams, Investor*innen, ökonomisch interessierte Leser*innen als auch vor allem an diejenigen, die das Gründungsmanagement an deutschen Hochschulen weiterentwickeln wollen.

HOCHSCHULGRÜNDUNGEN IM DIGITALSEKTOR

Stellen Sie sich folgendes Szenario vor: Im Jahr 2020 beschließen drei Studierende unterschiedlicher Fachrichtungen, ein Digital-Unternehmen zu gründen und suchen Unterstützung bei ihrer Hochschule. Bei größeren Hochschulen mit entsprechender Ausrichtung werden sie eine Transferstelle oder sogar einen ganzen Gründungshub oder andere Infrastrukturen finden. Die potenziellen Gründer*innen beantragen staatliche Fördermittel über Gründerstipendien und planen ihr Unternehmen. Sie besuchen, da dies zu den Bedingungen des Stipendiums gehört, die entsprechenden Schulungen, bei denen ihnen das Schreiben eines Business Plans und andere, für notwendig erachtete Fähigkeiten vermittelt werden. Schließlich finden noch umfängliche Rechtsberatungen statt. Mit Ablauf des Stipendiums gründen die motivierten Studierenden schließlich parallel zu ihrem Studium ein Unternehmen, müssen dann aber noch viel Zeit und Energie in die Entwicklung des eigenen Angebotes stecken – Ressourcen, die ihnen aufgrund der bestehenden Strukturen kaum zur Verfügung stehen.

Wenn sich diese Geschichte vertraut anhört, so kennen Sie wahrscheinlich die typische Gründungsausbildung an deutschen Hochschulen. Prinzipiell ist daran wenig auszusetzen, denn mit dieser Methode sind seit der New Economy um die Jahrtausendwende vielfältige, teilweise sehr erfolgreiche Unternehmen entstanden. Dieser Weg wurde gewollt und (wissenschafts-)politisch verankert: Es wurden zusätzlich Entrepreneurship-Professuren geschaffen, die eine wissenschaftliche Flankierung dieses Pfades sowohl in Forschung, Lehre als auch Transfer absichern soll(t)en. Auch aus Sicht der Wirtschaft in einer nationalen Perspektive eine schlüssige und nachvollziehbare Haltung, sieht man, wie stark sich (personalintensive) High-Tech-Gründungen mit hoher wirtschaftlicher Relevanz auf den Hochschulsektor konzentrieren. Nicht zuletzt sollte dieser Ansatz dazu beitragen, eine Art Übertragung bis hin zur Kopie des Silicon Valleys in Deutschland zu etablieren. Genau jenes und der seit vielen Jahren dort herrschende Gründungsgeist wird immer wieder als Referenzbeispiel und Begründung herangezogen.

Und doch stellt man sich die Frage: *Warum bringt dieses System, insbesondere im Digitalsektor, keine der großen Innovationen und neuen Weltkonzerne hervor?* Einen zentralen Vorteil sieht man bei den Amerikanern vor allem im Umgang mit »Intellectual Property«, welcher besonders durch die Start-up-Kultur im heutigen Silicon Valley geprägt ist und die Tech-Giganten hat wachsen lassen, wie O'Regan und O'Regan (2017) argumentieren. Denn, selbst wenn man eigentlich der Meinung ist, dass diese (neuen) Giganten zu viel Macht besitzen, bleibt die Tatsache, dass genau diese heute Weltstandards setzen. Viele dieser Konzerne sind heute (auch mit Open-Source-Prinzipien) Innovationsmotoren für künftige Generationen. Auf die komplexe Frage müssen daher mehrere Antworten gesucht werden.

Zur Erreichung von mehr Transparenz in der »Third Mission« des Hochschul-Gründungsmanagements stellt sich die Frage, wo, wie und wann *Open-X* – synonym für das Prinzip der Offenheit – im Mittelpunkt stehen sollte und wann andere Ansätze des klassischen Innovationsmanagements zu (wirtschaftlich) wahrscheinlich besseren Ergebnissen führen. Im Kern spielen dabei die Innovationsgeschwindigkeit sowie der Zugang zu wertvollem Wissen (als Ressource) eine erhebliche Rolle. Es wird sich zeigen, dass es nicht den einen dogmatischen Königsweg, wohl aber viele aussichtsreiche Pfade zur Zielerreichung gibt.

HOCHSCHUL-GRÜNDUNGS-MANAGEMENT ALS WICHTIGE SÄULE DER »THIRD MISSION«

Die »Third Mission« wird häufig synonym für den Begriff des Transfers an und aus Hochschulen heraus verwendet. Ihre Bedeutung ist breiter und beinhaltet deutlich mehr als nur die Frage des Gründungsmanagements, auch wenn dies häufig eines der zentralen Themen ist. Zum Transfer gehören auch andere Facetten, wie die Bereitstellung von Forschungsergebnissen für die Öffentlichkeit, für Unternehmen oder für NGOs. Ähnliches gilt, wenn man sich mit der Frage des Wissenstransfers in die Gesellschaft, beispielsweise durch Wissenschaftskommunikation, auseinandersetzt. In jüngerer Zeit kommt mit dem als *Citizen Science* beschriebenen Ansatz sogar so etwas wie ein Re-Transfer aus der Zivilgesellschaft in die Hochschulen und somit die Wissenschaft immer stärker zum Tragen. Diese Entwicklung erhöht durch transparente Diskussionen gleichzeitig insgesamt den öffentlich bekannten Wissensstand. Insgesamt verändert sich das Feld seit Jahren, und viele Facetten werden unter dem Oberbegriff der »Third Mission« gebündelt.

Diese Ansätze sind wichtig, bedeuten jedoch keine Irrelevanz des Gründungsmanagements, sondern eine Erweiterung dessen. In diesem Aufsatz wird der Fokus auf die (technologischen) Inventions- und Innovationsprozesse mit wirtschaftlicher Relevanz gelegt (zum engen Zusammenhang vgl. Arthur 2009), um mögliche Beiträge der Hochschulen zu einer zukunftsorientierten (neuen) Wirtschaft »*for Future*« über das Gründungsmanagement im Digitalsektor zu identifizieren. Diese Konzentration schärft den Blick für die Frage, ob die Hochschulen mit ihren existierenden Ansätzen an einem Scheideweg stehen, sprich: Welche Rolle *economists4future* in der Transferpolitik im Gründungsgeschehen der Hochschulen spielen können.

Das einleitende Beispiel veranschaulicht: Es gibt inzwischen zwar etablierte Pfade, aber die berechtigte Frage bleibt, ob die damit erreichten Ergebnisse mittel- und langfristig international wettbewerbsfähig und nachhaltig sind. Es müssen die Erfolge der letzten 20 Jahre nicht kleingeredet werden, um sich der Frage zu stellen, ob nicht ein neues Verständnis der genutzten Ansätze erforderlich ist. Die Begründung, dies dennoch zu hinterfragen, setzt dabei weniger an den Methoden als an dem historischen wie auch inhaltlichen Ausgangspunkt an. Die Gründungsaktivitäten im Rahmen des Transfers an deutschen Hochschulen ist in vielen Fällen eine Antwort auf die in den Hochzeiten der New Economy häufig gestellte Frage, welchen Wertbeitrag gerade die Institutionen mit Bezug auf die Erneuerung und Innovationskraft der (nationalen) Wirtschaft sowie zur Lösung gesellschaftlich relevanter Probleme auf Basis wissenschaftstransferorientierter Gründungen leisten (können).

Anders als im etablierten Geschäft des Wissenstransfers durch Kooperationen mit außerwissenschaftlichen Akteuren, zum Beispiel im Rahmen von Auftragsforschung für Unternehmen, Verbände, NGOs oder Politik, basiert das Gründungsgeschehen aus deutschen Hochschulen heraus meist auf einem Zufallsmodell, bei welchem innovative Ansätze von kleinen Teams unter halbstrukturierter Anleitung zum Erfolg geführt werden sollen. Anders als in den USA oder anderen erfolgreichen Start-up-Nationen findet man hierzulande aber selten einen Geldgeber (Business Angel, Venturecapital) direkt auf dem Campus beziehungsweise im akademischen Umfeld, der durch Kapital zur (notwendigen) Beschleunigung von Prozessen beitragen kann. Auch mangelt es nicht selten an entsprechenden Expert*innen um schnell skalierende und digital-getriebene Ideen (Stichwort „Blitzscaling", Hoffmann & Yeh 2018) so zu einer Marktreife zu bringen, dass man international konkurrenzfähig agiert, sprich Inventionen in erfolgreiche Innovationen umzuwandeln.

Das staatliche System ist an der Stelle häufig gut gemeint (zum Beispiel EXIST-Förderung), verlangsamt und verkompliziert aber die Prozesse gleichermaßen. Außerdem ermöglicht diese Art der Förderung keine Investitionen zum Beispiel in qualifiziertes Personal oder notwendige (Wissens-)Ressourcen, sondern konzentriert sich auf die Frühphase des Gründungsprozesses. Gerade im Digitalsektor könnte ein »Way Out« die Nutzung des proaktiven Open-Prinzips sein. Würden beispielsweise Softwareentwicklungen aus Hochschulen heraus gleichsam direkt als Open-Source-Software deklariert, könnte auf einen viel breiteren Wissensstock zurückgegriffen werden und somit kostbare Entwicklungszeit gespart werden. Das Dilemma an der Geschichte: Natürlich profitieren auch Dritte unmittelbar, sodass sich im Zweifel der gute Gedanke rasch ins Gegenteil verkehrt und Open-Source-Software Mitbewerber anstelle der Start-ups aus den eigenen Hochschulen begünstigt. Der nicht selten zu hörende Ruf nach Open Source allgemein ist also zumindest als alleiniger Weg problematisch.

Economists4future stehen im konkreten Fall vor der Entscheidung: *Open* oder *not Open?* Auf analytischer Ebene gilt es zunächst zu definieren, was unter »Open« oder präziser »Open-X« eigentlich verstanden wird. Dabei wird deutlich, dass das Distinktionsmerkmal letztendlich in eine

Diskussion um Ressourcenzugang mündet, die elementare strategische Bedeutung gewinnt. Als Kontrast zu *Open-X* wird ein sehr bekanntes und angewendetes ökonomische Konzept betrachtet, der ressourcenbasierte Ansatz des strategischen Managements.

OPEN-X IM BEREICH DES (HOCHSCHUL-) GRÜNDUNGSMANAGEMENTS

Schon in den 1990er-Jahren, spätestens aber zu Beginn der 2000er-Jahre entbrannte eine kontroverse Diskussion über die Bedeutsamkeit und wirtschaftliche Leistungsfähigkeit von Open-Source versus proprietärer Software. Die Diskussion spitzte sich in der Frage zu, ob nicht alle Software, unter anderem aus Transparenzgründen, (kosten-)frei und quellcodeoffen sein müsste. Autoren wie Eric Raymond (1999) sprachen in dieser Zeit von nichts weniger als einer Revolution mit dem Basisverständnis von »Freiheit der Wahl« bei software-technischen Systemen. Maßgeblich und prominent ist die Geschichte des Unix-Derivates und Betriebssystems Linux, erstmalig im Jahr 1991 veröffentlicht. Unter Open-Source-Software werden in Anlehnung an die *Open Source Initiativ* Anwendungen verstanden, deren Quelltexte anders als bei sogenannter proprietärer Software frei zugänglich von Dritten inspiziert, abgeändert und ohne zusätzliche Kosten genutzt werden können. Die Befürworter*innen sahen und sehen bis heute darin nicht nur eine agile, virtuelle Form der Software-Entwicklung, sondern auch eine hohe Sozialkomponente in der freien Verwendung der Software. Insbesondere die einfache und schnelle Verfügbarkeit sowie die kostenlose Nutzung ermöglichen den Zugang zu wertvollen technischen Ressourcen. Letzten Endes handelt es sich hierbei eher um eine juristische, denn eine technische Position.

Kritiker*innen in den 1990er- und 2000er-Jahren, insbesondere die Anbieter proprietärer Software, sahen (und sehen?) hingegen die Nachteile unter anderem in der schlechteren ökonomischen Verwertbarkeit, der Gewährleistung und der Kontinuität der Open-Source-Produkte. Ohne die ganze Schärfe des damaligen Diskurses, der sich im Kern auf die Frage der Lizenzierung konzentriert, aufgreifen zu wollen, hat sich dieser über viele Jahre hingezogen, und eines der bekanntesten Open-Source-Projekte, das Verwaltungsprojekt in München mit dem

Namen LiMUX, hat sich am Ende nicht durchsetzen können – was vielfach als allgemeiner Beleg für ein Scheitern herangezogen wird, selbst wenn es nicht stimmt. Insgesamt ist die Geschichte der Open-Source-Software der letzten gut 30 Jahre schillernd und im Vergleich mit den Diskussionen um proprietäre Software ein spannender paradigmatischer Wettbewerb zweier Innovationssysteme. Das *Open*-Prinzip hat sich inzwischen auch auf weitere Gebiete ausgeweitet. Diese Ausweitung wird hier als *Open-X* bezeichnet. *Open-X* ist demnach wesentlich breiter gedacht und bezieht sich auf Open-Source-Software, Open API (offene Schnittstellen), Open AI (offene KI-Algorithmen), Open Data bis hin zu Open (Educational) Resources und anderen Open-Derivaten. Im erweiterten Sinn kommen auch Werke unter den Creative Commons hinzu. Das *Open-X*-Prinzip geht davon aus, dass aus Dienstleistungen und anderen zusätzlichen Mehrwerten, die aus den offenen Ressourcen gewonnen werden können, hinreichend wirtschaftlicher Vorteil entsteht, der eine angemessene Kompensation der erbrachten Leistungen bietet. Grundsätzliche Diskussionen reichen soweit, dass erörtert wird, ob vor allem digitale Leistungen, die durch die Unterstützung der öffentlichen Hand entstehen, alle einem Open-Prinzip unterworfen werden sollten: *»Public Money = Public Code«? Open-X* stellt somit eine erweiterte Abkehr von tradierten Vorstellungen des Schutzes von intellektuellen Leistungen dar, wobei auch hier immer zu hinterfragen bleibt, wer eigentlich welchen Innovationsanteil tatsächlich hat(te), wie Mazzucato (2019) betonte. Im Kontext von Innovationsprozessen haben der Berkeley-Ökonom Henry Chesbrough und der MIT-Ökonom Eric von Hippel schon Anfang der 2000er-Jahre den *Open-Innovation*-Ansatz publik gemacht, wobei Open Source als der radikalste *Open-Innovation*-Ansatz gilt.

Open-X wurde hier als weitreichendes Konzept eingeführt, das grundsätzlich auf der Idee der Offenlegung und kostenfreien Nutzung qualifizierter Ressourcen basiert. Im Rahmen der »Third Mission«, konkret dem Hochschul-Gründungsmanagement, insbesondere an den staatlichen Hochschulen, stellt sich die Frage, ob und wenn ja unter welchen Bedingungen ein *Open-Innovation*-Ansatz von Vorteil ist. Klar ist, dass die Nutzung von *Open*-Angeboten es den jungen Gründer*innen gegebenenfalls überhaupt erst ermöglicht, zu vertretbaren Bedingungen die eigenen Innovationen für eine zukunftsfähige

Wirtschaft zu entwickeln. Vor dem Hintergrund erscheint nicht die Frage des Einsatzes maßgeblich, sondern ob im Umkehrschluss auch dann eine *Open*-Verpflichtung der Gründer*innen erwächst, zumal sehr viele staatliche Mittel, zum Beispiel Personal, in Transferstellen eingesetzt werden. Nicht nur aus Wohlfahrtsüberlegungen, sondern auch vor dem Hintergrund, dass somit auch anderen Gründer*innen transparenter Austausch und wechselseitiges Lernen ermöglicht werden, kann man diese Forderung stellen. Das wäre dann *Open Innovation* in Reinform und trüge zu deren Demokratisierung bei, wie von Hippel schon 2006 betonte.

Im Falle der Softwareentwicklung kann dies dazu führen, dass nicht nur eine größere Community eingebunden wird, sondern auch etwaige Probleme schneller gelöst werden können. Demgegenüber steht aber die Frage, inwiefern die eigenen Leistungen und Produkte offengelegt werden und welche Möglichkeiten anschließend bleiben, um diese Leistungen und Produkte zu monetarisieren und sich damit als erfolgreiches Unternehmen zu etablieren. Dieses Dilemma verschärft sich, sobald die Kerninnovation originär mit dem *Open*-Produkt verknüpft ist. Außerdem stellt sich die Frage, welche Attraktivität für Investor*innen bleibt, wenn die angestrebten Innovationsvorsprünge nicht durch bekannte Mechanismen geschützt werden können. Aus strategischer Sicht ist hier das Modell einer »*Closed Innovation*« bzw. ein Blick auf das ressourcenbasierte strategische Management notwendig.

RESSOURCENBASIERTES (HOCHSCHUL-) GRÜNDUNGSMANAGEMENT

Traditionelle Ansätze des Innovationsmanagements beschäftigen sich häufig mit Phasenmodellen oder der Logik der Produktentwicklung. Im Kern gehen dabei aus strategischer Sicht viele dieser Ansätze auf die beiden bedeutsamen Ansätze des strategischen Managements zurück: den marktbasierten und den ressourcenbasierten Ansatz. Für Start-ups, die vielfach in Märkte erst vorstoßen bzw. diese grundlegend schaffen und definieren wollen, ist der ressourcenbasierte Ansatz wesentlich bedeutsamer, da, abgeleitet aus der *Theory of the Firm* von Edith Penrose aus dem Jahr 1959, die Kernressourcen im Mittelpunkt stehen. Vereinfacht ist ihre Grundannahme seit den 1980er- bzw. 1990er-Jahren, dass die Kernbemühung der Unternehmung im Halten eines dauerhaften Wettbewerbsvorteils durch diverse aktiv eingesetzte und weiterentwickelte Schutzmechanismen besteht, wie Grant (1991) betont. Daraus leitet sich ab, dass insbesondere dem Schutz schlechter zu schützender intellektueller Ressourcen besondere Aufmerksamkeit gewidmet werden sollte beziehungsweise muss.

Für Gründer*innen, die aus ihrem Studium heraus eine neue Wirtschaft mitgestalten wollen, ist es aus dieser Innovationsperspektive von Bedeutung, möglichst wenige Dritte vorzeitig an der Entwicklung vor und teilweise auch nach dem Markteintritt teilhaben zu lassen. Wie zentral diese Sichtweise bis heute ist, zeigt auch das Verhalten der großen Digitalkonzerne, die in jüngerer Zeit, insbesondere im Umgang mit Daten, die zum Beispiel für die Entwicklung von KI-Anwendungen ausgesprochen werthaltig sein können, keine große Offenheit an den Tag legen. Der Umkehrschluss also, das *Open-X*-Prinzip sei für digitale Angebote State of the Art, trifft schlicht nicht zu. Überhaupt kann man heute weitestgehend konstatieren, dass neben der praktischen Bedeutung auch die meisten Forschungsansätze des Innovationsmanagements weiterhin von der Idee haltbarer Wettbewerbsvorteile ausgehen.

Überträgt man die Grundlagen des ressourcenbasierten Managements, sei es in Form des *Resource-based-View*, des *Knowledge-based View* oder anderer Derivate, steht im Kern immer der Schutz und die Pflege eines für Dritte schwer kopierbaren Kerns beziehungsweise schwer kopierbaren Ressourcensettings. Folgt man dieser Logik, ist es ratsam, im Rahmen der »Third Mission« jungen Gründer*innen nahezulegen, möglichst sorgsam und verschwiegen mit eigenem Wissen umzugehen. Daraus folgt wiederum, dass diese sehr wenig Wissen frühzeitig der Öffentlichkeit zur Verfügung stellen sollten, wenn dieses Wissen nicht durch entsprechende Maßnahmen zu schützen ist (Patente, Schutzrechte).

Die Vorzüge liegen auf der Hand: Bei entsprechendem Erfolg ist ein möglicher Wettbewerbsvorteil leichter zu halten, und kapitalstärkere Nachahmer, die ggf. mehr Kapital haben, werden nicht frühzeitig auf mögliche Themen aufmerksam gemacht. Umgekehrt bedeutet dies auch, dass die möglicherweise resultierenden Vorteile des *Open-X*-Ansatzes so kaum zu aktivieren sind. Insbesondere die attraktive Option, dass bisher unbekannte dritte Fachexpert*innen an einem Innovationsthema mitwirken und somit auch die Kosten der Entwicklung senken können, entfällt. Außerdem bedeutet das Aufrechterhalten von Schutzrechten und deren Durchsetzung einen nicht zu unterschätzenden Kostenzuwachs, der gerade für Gründer*innen existenzbedrohende Auswirkungen haben kann.

Schließlich darf in diesem Zusammenhang aber nicht vernachlässigt werden, dass häufig das Hochschul-Gründungsmanagement, konkreter das agierende Personal, eher traditionell ausgebildet agiert und dementsprechend die Prozesse eher protektionistisch im Sinne des ressourcenbasierten Ansatzes aufeinander abgestimmt sind (Urheberrecht, Business Pläne, Finanzierungsmodelle etc.).

OPEN ODER NOT OPEN?

Bei näherer Betrachtung ist es offenkundig, dass eine Schwarz-Weiß-Logik keine zufriedenstellende Antwort auf diese Frage geben kann. Selbstverständlich gab und gibt es viele Beispiele, bei denen ein traditionelles Innovationsmanagement auch bei der hier aufgegriffenen Thematik des Hochschul-Gründungsmanagements funktioniert. Aber umgekehrt gilt auch, dass es damit, wie oben beschrieben, kein nationales Unternehmen gerade in der hochdynamischen Digitalszene geschafft hat, ähnlich erfolgreich zu werden wie beispielsweise US-amerikanische Start-ups. An dieser Stelle muss betont werden, dass darin nicht ein Idealmodell gesehen wird, allerdings die aus diesem Modell entstehende Markt- und Durchsetzungsmacht anzuerkennen ist. Wie schon weiter oben geschrieben braucht es dringend europäische Antworten in ähnlicher Dimension, denn sonst werden alle Standards zukünftig intransparent und rein kapitalorientiert gesetzt. Allein schon aus diesem Grund ist eine Diskussion über eine neue Offenheit in Innovationsprozessen von immenser Bedeutung.

Die prominente Argumentation, die Kapital als entscheidenden Faktor fokussiert, scheint an der Stelle nur bedingt berechtigt. Kapital allein befördert keine marktfähigen und gängigen Innovationen, sondern es sind die Gestalter*innen und die Frage, wie schnell die notwendige Schöpfungshöhe erreicht werden kann. Aus diesem Grund ist die

Diskussion über das Hochschul-Gründungsmanagement auch so zentral, da viele wesentliche Innovationen aus Deutschland auf staatlich finanzierter Forschung basieren.

Das hierbei zugrundeliegende Innovationsverständnis geht, wie schon angedeutet, davon aus, dass alle technologischen Innovationen immer auch soziale Auswirkungen mit sich bringen. Wie evident dies im Digitalsektor ist, belegt unter anderem der gesamte Social-Media-Bereich.

Aus der Open-Source-Welt abgeleitete Vorteile können dazu beitragen, fehlende Expertise in kleinen eigenen Teams durch kollektive Innovationsprozesse zu kompensieren. Umgekehrt müssen dazu wettbewerblich relevante Ressourcen beziehungsweise Wissen offengelegt werden. Dies bedeutet aber häufig, dass diese Ideen unter Umständen dann für Investoren unattraktiv werden, sodass es an nötigem Wachstumskapital fehlt. Offenkundig gilt also, dass eine 100-prozentige *Open-X*-Strategie ebenso wenig zielführend ist wie ein Festhalten an althergebrachten Innovationsprotektionsstrategien, wenn dadurch wohlfahrtssteigernde Innovationspotenziale nicht gehoben werden können.

Provokant könnte man die These aufstellen: Der ressourcenbasierte Ansatz, der im Schutz und Pflege der dauerhaften Wettbewerbsvorteile seine Legitimation sucht, ist in seiner Reinform für Start-ups nicht nur überholt, sondern auch langfristig eher innovationshemmend. Umgekehrt profitiert eine Gesellschaft auch von Unternehmen, die aus ihrem Wettbewerbsvorsprung langfristige Vorteile ziehen können. Doch der hier beschriebene Bereich der Unternehmensgründungen aus dem Hochschulwesen ist in den allermeisten Fällen eben nicht dieser Kategorie zuzuordnen.

Hinsichtlich der Innovationskraft erscheint es zumindest plausibel, eher dem *Open-X*-Ansatz zu folgen, allein schon, wenn dadurch Geschwindigkeitsvorteile in der Entwicklung zur Marktreife erreicht werden können. Auch die häufig damit einhergehende Befürchtung, dass mit der Veröffentlichung der eigenen Produkte sofort ein Mitbewerber genau dieselben Ideen und Ansätze verfolgen würde, ist in den allermeisten Fällen empirisch nicht zu belegen. Neben dem reinen Wissen und den Ressourcen kann die kausale Mehrdeutigkeit eine nicht zu unterschätzende Rolle spielen, die sich im ressourcenbasierten Ansatz wiederfindet.

Economists4future, die mit ihrer Arbeit zu mehr Transparenz in der »Third Mission« beitragen wollen, müssen daher Vor- und Nachteile von *Open-X* im Einzelfall abwägen.

Für *Open-X* sprechen letzten Endes drei Kernargumente:

- Kurze Frist: Die Veröffentlichung auf Plattformen im Internet ist etabliert, und der Zugriff einfach, schnell und unkompliziert.

- Geringe Kosten: Sowohl die eigene Nutzung als auch die Bereitstellung ist (weitestgehend) kostenlos. Selbst notwendiger Support wird häufig kostenfrei zur Verfügung gestellt.

- Große Communities: Die schnelle Verbreitung von neuem Wissen und Ressourcen erlaubt es einer wesentlich größeren (Fach-)Öffentlichkeit, teilzuhaben und sich proaktiv selbst in die Entwicklung mit einzubringen.

Gegen *Open-X* sprechen ebenfalls drei Kernargumente:

- Geringer Wettbewerbsschutz: Durch das *Open*-Prinzip einmal veröffentlichte Ressourcen lassen sich kaum noch unter marktüblichen Aspekten schützen, sprich eine ökonomische Verwertung wird deutlich erschwert.

- Längere Verwertungszeiträume: Aus dem voran genannten leitet sich ab, dass die Wahrscheinlichkeit für supranormale Gewinne ebenso kaum vorhanden ist, wie auch die Chance, kurzfristig »überhaupt« mögliches Investivkapital zu bedienen. Die daraus resultierenden Geschäftsmodelle, zum Beispiel Service, sind häufig deutlich ertragsschwächer.

- Schwierige Finanzierung: Wie zentral Kapital für eine beschleunigte Marktdurchdringung bis hin zur Standardisierung ist, haben die letzten gut 30 Jahre im Digitalsektor gezeigt. Gerade vor diesem Hintergrund ist eine Absenkung der Attraktivität für z. B. Risikokapital einer kritischen Überprüfung zu unterziehen.

Letzten Endes kann die Frage »*Open* oder *not Open?*« deshalb nicht eindeutig beantwortet werden. Ein generelles Argument der Zukunft »pro *Open*« kann aber sein, dass wenn die Geschäftsmodelle den Schutz des Wissensvorsprungs nicht voraussetzen, zum Beispiel durch die »Free-Kultur«, bei der die Konsument*innen individualisierte Zusatzleistungen zahlen, diese Modelle auch für Investoren hoch attraktiv sein können, wie McQuivey (2013) betont.

OPEN UND DIE »THIRD MISSION«
IM HOCHSCHUL-GRÜNDUNGSMANAGEMENT

Hochschulen, die verstärkt auf *Open-X* setzen, stehen vor einem (weiteren) Dilemma: Das bisherige Hochschul-Gründungsmanagement in Deutschland ist durch quantitative Erfolgsparameter getrieben; nicht die Qualität, sondern die reine (ungewichtete) Quantität der Gründungen wird in der Regel zum Maßstab gemacht. Die Wahrscheinlichkeit mit einem eher traditionellen Verständnis eine Finanzierung zu erhalten und Erfolg zu haben ist heute noch deutlich höher als bei einem *Open-X*-Ansatz.

Umgekehrt kann *Open-X* rasch ein recht kostspieliger und auch für die angestrebte Gründungsidee schwieriger Weg werden, wenn von externer (Hochschul-)Seite darauf gedrängt wird. Denn aus Sicht der Gründer*innen steht neben fachlicher Begeisterung häufig auch der Wunsch nach ökonomischem Erfolg und Selbstständigkeit im Mittelpunkt. Dieser drückt sich normalerweise in den Frühphasen der Gründung weit eher durch erfolgreiche Finanzierungsrunden als durch Cash-Flow-Ergebnisse aus. Wenn aber die Attraktivität für Business Angel, Venturecapital etc. an der Einzigartigkeit hängt, vorher aber auf das *Open*-Prinzip gedrängt und dies umgesetzt wurde, schadet dies den Gründer*innen gegebenenfalls nachträglich und längerfristig.

Gerade vor dem Hintergrund der »Third Mission« wird es zukünftig daher immer schwieriger werden, den Spagat aus Hochschul- und Gründer*innen-Interessen zu einem frühen Zeitpunkt adäquat abschätzen und in Einklang bringen zu können. »*Open* oder *not Open?*« wird geradezu zur Gretchenfrage im Umgang mit den Ressourcen, insbesondere im Bereich innovativer (Digital-)Start-ups. Auf jeden Fall aber sollte das Gründungsmanagement an Hochschulen zukünftig nicht weiter einseitig betrieben werden. Daher bedarf es auch der Vermittlung von mehr Wissen zu offenen und transparenten Innovationsansätzen bei den Gründer*innen. Es ist weiterhin zu evaluieren, ob intermediäre Formen, zum Beispiel offen-geschlossene, vertraglich abgesicherte Innovationskooperationen ein gangbarer Weg sein könnten. Auch ist diskutabel, ob ein neuer Rechtsrahmen denkbar wäre, der explizit *Open-X* berücksichtigt, gleichzeitig aber einen zeitlichen Innovationsschutz bieten kann. Schließlich wäre seitens der Politik zu eruieren, ob nicht im Rahmen der staatlichen Gründungsförderung ein besonderer Anreiz für *Open-X* durch höhere Fördersätze gelegt werden kann, die diesen Weg auch finanziell attraktiver machen. Die Hochschulen selbst sollten insbesondere auch in intensive Aufklärungsarbeit einsteigen und potenzielle Investoren über die Vorteilhaftigkeit von *Open-X* als Alternative zu den bekannten Modellen aufklären.

Die vorgestellten Ansätze zeigen aber schon, dass aus rein strategischer Perspektive die Antwort letzten Endes keine allgemeine sein kann. Natürlich sprechen für eine *Open-X*-Strategie viele nachvollziehbare Aspekte, die auch aus gesellschaftlicher und volkswirtschaftlicher Sicht heraus gerade bei Start-ups im Hochschulumfeld sinnvolle Impulse setzen können. Damit sind nicht nur Kostensenkungsaspekte adressiert, sondern auch *Spill-over*-Effekte, die Dritte ermutigen, die Produkte und Leistungen weiterzuentwickeln. Umgekehrt aber bleiben viele Fragen hinsichtlich der Renditestärke von *Open-X*-Strategien offen. Gerade bei Start-ups mit einem hohen Investitionsbedarf tritt dieses Problem erschwerend auf. Solange sie im Umfeld der Hochschule unterwegs sind, mag der Renditeaspekt sekundär erscheinen, aber wenn beispielsweise eine zentrale Investorenforderung der Schutz von entsprechenden Rechten ist, wird die Umsetzung von *Open-X* rasch zum Hemmschuh der Entwicklung: *Economists4future* sensibilisieren daher für die Investorensuche – es ist strategisch grundlegend, von Beginn an die Interessen transparent zu machen und sie zu kommunizieren. Und eines ist auch klar: Selbst im Silicon Valley ändern sich die Spiel- und Finanzierungsregeln – daher ist es eine gute Zeit jetzt neu zu denken, so Lazarow (2020).

Und um es klar zu sagen: Selbst wenn sich heute einige der großen Tech-Giganten aus dem Silicon Valley in vielen Bereichen Open Source als Leitparadigma verschreiben, haben diese fast alle als proprietäre Softwareunternehmen begonnen. Das schließt wiederum den Kreis zur Eingangsfrage. Vielleicht müssen die deutschen Hochschulen und das Hochschul-Gründungsmanagement davon lernen. Der Weg hin zu mehr *Open-X* und somit zur gesamtwirtschaftlichen Steigerung der Innovationskraft scheint über proprietäre Pfade sehr lohnenswert und gut erreichbar. Die zumindest mittel- und langfristige Transformation zu einem *Open-X*-Ansatz sollte zum Leitgedanken der technologiebasierten Gründungsausbildung in der deutschen Hochschullandschaft werden, denn generell zahlt sich die Offenheit transparenter Systeme – nicht nur in einer ökonomischen Verwertungslogik – immer aus.

Prof. Dr. Jörg Müller-Lietzkow ist an Fragen der Metropolenforschung interessierter Digital- und Medienökonom sowie Präsident der HafenCity-Universität Hamburg.

OPEN ODER NOT OPEN?

#TRANSPARENZ

»Eine an Standpunkte gebundene Vielfalt und die enge Rückbindung von Wissenschaft an das eigene Leben sollte daher nicht Privileg der Forschenden sein, sondern sich auch in den Lehrveranstaltungen zeigen, sodass die Motivation der Studierenden immer wieder erfrischt werden kann.«

Laura Porak

 MITEINANDER UND VONEINANDER LERNEN

Vielfalt in der ökonomischen Lehre

Alle Studierenden der Volkswirtschaftslehre kennen sie: Paul A. Samuelson, Hal R. Varian und N. Gregory Mankiw. Diese Männer haben jene Lehrbücher geschrieben, die heute nahezu weltweit Verwendung finden, in denen aber ein ausgesprochen einheitlicher, um nicht zu sagen erschreckend homogener Blick auf die Welt vermittelt wird. Diese Standardisierung der wirtschaftswissenschaftlichen (Aus-)Bildung ist für eine Sozialwissenschaft einmalig, wie bereits mehrfach in diesem Band angeklungen ist. So sind die Studiengänge der Wirtschaftswissenschaften meist von der neoklassischen Denkweise und solchen »Theorieerweiterungen« bestimmt, denen das Menschenbild eines vor allem den eigenen Nutzen maximierenden Individuums zugrunde liegt. Studierende lernen demnach mit Gary Becker: Es gibt eine feststehende Herangehensweise, »den ökonomischen Ansatz«, der stets allgemein und kontextlos nach dem Eigennutzen, der mit mathematischen Verfahren vermeintlich objektiv bestimmt wird, fragt. Diese formal-mathematische Perspektive soll für die »Wissenschaftlichkeit« des Denkens bürgen und wird daher nicht infrage gestellt. Tatsächlich bedeutet sie jedoch eine Einschränkung der Denkmöglichkeiten. Doch indem sowohl Kontext wie auch Geltungsbedingungen des erlernten Wissens ausgeblendet werden, wird es den Studierenden der Wirtschaftswissenschaften nahezu unmöglich gemacht, gesellschaftliche Phänomene angemessen vielschichtig zu verstehen und entsprechende Lösungen für drängende gesellschaftliche Herausforderungen – etwa die Klimakrise – zu erarbeiten. Lukas Bäuerle und seine Kollegen sind nicht die einzigen die bemerken: Für immer mehr Student*innen geht damit der Sinn ihres Studiums verloren.

VIELFÄLTIG SINNSTIFTEND
STATT HOMOGEN WELTFREMD

Die Neugestaltung eines wirtschaftswissenschaftlichen Studiums, das aktuellen gesellschaftlichen Herausforderungen gerecht wird, drängt also. Aber: Welche Lehre macht für Studierende der Wirtschaftswissenschaften denn Sinn? Der Philosoph Wilhelm Dilthey grenzte seinerzeit Geistes- und Sozialwissenschaften – also auch Wirtschaftswissenschaften – von den Naturwissenschaften ab. Letzteren sprach er die Aufgabe des Erklärens von Gesetzen zu, ersteren die des Verstehens von Phänomenen. Schon nach dieser Auffassung – wenngleich sie auch Diltheys Hinführung zur Hermeneutik nicht ausreichend tief ausleuchtet – folgt die Gesellschaft und damit auch die Wirtschaft also keinen (Natur-) Gesetzen, die schlicht beschrieben werden könnten. Stattdessen sollen Sozialwissenschaften das persönliche Erleben und individuelle Wissen zur übergreifend nachvollziehbaren Lebenserfahrung gestalten. Dieser Anspruch kann auch heute ein Bezugspunkt sein: Unterschiedliche soziale Lebensrealitäten lassen keine lückenlose Erklärung der Welt, sondern immer nur ein interpretierendes Verstehen aus vielerlei Perspektiven zu. Die interpretierenden Wissenschaftler*innen sind dabei selbst Teil des sozialen Gefüges und bringen ganz bestimmte Erfahrungen und spezifisches Wissen mit. Beides wird in ihrem Denkstil offenbar und prägt die Erkenntnisprozesse, so schon Ludwig Fleck 1980. Werden Wissenschaftler*innen wie Student*innen als sozial eingebettete Menschen betrachtet, nicht als von ihrem sozialen Kontext isoliert Denkende, muss sich die akademische Anforderung verschieben: Es geht weder darum, einer vorgegebenen Methode, etwa *dem* ökonomischen Ansatz, zu folgen, noch den eigenen Standpunkt im Denkprozess auszublenden, um vermeintlich *objektive* Erkenntnisse zu produzieren. Stattdessen muss anerkannt werden, dass wissenschaftliche Fragen und Aussagen von Lebensgeschichten und -situationen der Denkenden geprägt sind. Das bedeutet keine Beliebigkeit von Wissen(schaft). Es erfordert allerdings die folgenreiche Einsicht, dass Wissen an Standorte und Haltungen gebunden ist. Erkenntnisprozesse sind daher am Denkstil der jeweils Denkenden zu orientieren. Bedingung der Wissenschaftlichkeit in den Sozialwissenschaften sollte vornehmlich eine grundlegende Akzeptanz bestimmter naturwissenschaftlicher Erkenntnisse (etwa über den Klimawandel oder die menschliche Genetik), die innere Geschlossenheit eines Ansatzes und eine angemessene Reflexion der eigenen Grundannahmen sein. Sind diese Ansprüche erfüllt, so sind verschiedene Standpunkt gerechtfertigt. Durch das Offenlegen der jeweiligen Annahmen werden Vorgehen und Aussagen für andere nachvollziehbar und einer Kritik zugänglich. Dies macht unterschiedliche Perspektiven auf gesellschaftliche Phänomene gleichermaßen legitim – auch (und gerade) dann, wenn diese zu widersprüchlichen Aussagen und Beschreibungen führen. Wenn ich also für angehende *economists4future* Vielfalt in den Wirtschaftswissenschaften fordere, meine ich damit nicht nur Vielfalt der (Forschungs-)Gegenstände, Methoden und Theorien, sondern vor allem eine angemessene Vielfalt an Paradigmen, Blickwinkeln, Didaktiken sowie eine hochschulinterne Vielfalt, die diejenige der Gesellschaft angemessen repräsentiert, kurz: Diversität der Forschenden, Lehrenden und Studierenden.

EIN VIELFÄLTIGES STUDIUM
BRAUCHT SELBSTVERORTUNG

Vielfalt innerhalb der Lehre der Wirtschaftswissenschaften ist die Voraussetzung, um unterschiedlichen Lebensrealitäten begegnen zu können: Bei standardisierten Lehrinhalten innerhalb eines Theoriegebäudes besteht immer die Gefahr, dass Wissen vermittelt wird, das fernab der Lebensumstände der Studierenden liegt, sodass dessen Status als Wissen durch Kritiker*innen zurecht hinterfragt wird. Auch empirisch zeigt sich, dass Student*innen der Wirtschaftswissenschaften den praktischen Bezug und die gesellschaftliche Relevanz vermissen, womit, so abermals nachzulesen bei Lukas Bäuerle, die Begeisterung für das Studium schwindet. Eine an Standpunkte gebundene Vielfalt und die enge Rückbindung von Wissenschaft an das eigene Leben sollte daher

#DIVERSITÄT

nicht Privileg der Forschenden sein, sondern sich auch in den Lehrveranstaltungen zeigen, sodass die Motivation der Studierenden immer wieder erfrischt werden kann. Nur so kann einem verengten, einmütigen und visionslosen Denken der Absolvent*innen vorgebeugt und stattdessen ein breites Spektrum an Möglichkeiten zur Gestaltung von Ökonomie und Gesellschaft »*for future*« sichergestellt werden.

Gerade im weit zurückreichenden Universitätsideal der Verbindung von Forschung und Lehre liegt eine ausgezeichnete Möglichkeit, um diesen Anspruch zu erfüllen: Unter engem Bezug auf die paradigmatische Verortung, das spezifische Wissen und die Arbeit der Lehrenden, können entlang im Curriculum festgelegter wirtschaftswissenschaftlicher Kernfragen unterschiedliche Perspektiven auf und methodische Herangehensweisen an ökonomische Themenfelder aufgezeigt werden. Um den Studierenden zu verdeutlichen, dass Wissenschaft und Erkenntnis an soziale Standpunkte geknüpft sind, ist die Auswirkung der persönlichen Verortung der Wissenschaftler*innen auf die Forschungsergebnisse nochmals hervorzuheben. Auch mögliche Widersprüche zwischen unterschiedlichen Ansätzen und den zugrunde liegenden Annahmen sollten deshalb Gegenstand des Studiums sein. Natürlich besteht die Gefahr, dass solche Vielfalt – bedingt durch die zeitliche Begrenzung des Studiums – zu Lasten einer Vertiefung innerhalb eines einzelnen Theoriegebäudes wirkt. Zudem kann ein weit gestreutes Wissensfeld, besonders am Anfang des Studiums, leicht zu Überforderung führen. Diese Gefahren müssen bedacht werden, dürfen jedoch kein Hindernis in der stufenweisen Neugestaltung einer diversifizierten wirtschaftswissenschaftlichen Lehre darstellen.

Auf diesem Weg muss sich der plurale Anspruch der Lehre am Ideal einer verstehenden Sozialwissenschaft orientieren: Um mit Vielfalt verantwortungsvoll umzugehen und ein Bewusstsein über den eigenen Standpunkt zu entwickeln, ist ein hohes Maß an Reflexion erforderlich. Sowohl Lehrende wie Studierende müssen sich ihre stillschweigenden Annahmen vergegenwärtigen und ihre theoretische Positionierung offenlegen. Werden Differenzen zwischen Denkstilen ersichtlich und ein Bezug zur eigenen Erfahrung sowie der eigenen Denkweise hergestellt, kann dies Studierende ermuntern, einen ganz persönlichen Standpunkt zu entwickeln. Das schiere Auswendiglernen von vermeintlichen

»ökonomischen Tatsachen« über »die Wirtschaft« verliert an Bedeutung. Indem stattdessen eine Urteilsbildung angeregt wird, entfaltet das Studium kritisches Potenzial und befördert eine Suchbewegung zu einer eigenen, wissenschaftlich begründeten Position. So befähigt das Studium zu einer kritischen Haltung gegenüber und einem reflektierten Umgang mit bestehendem Wissen. Ein solcher Bildungsprozess kann sich jedoch nicht auf inhaltlich-theoretisches Wissen beschränken, sondern muss praktisches (Erfahrungs-)Wissen notwendigerweise als andere Seite der abstrakten Wissensmedaille berücksichtigen. Einer solchen integrierten Wissensbildung wird nur eine partizipative Didaktik gerecht: Das starre Verhältnis zwischen Lehrenden und Lernenden und die Unterscheidung zwischen Theorie und Praxis beziehungsweise Hochschule und Welt (etwa durch Verschiebung von Lernort oder Lernart) muss – zumindest teilweise – aufgebrochen werden. *Economists-4future* entstehen nur durch *studies4future*.

EINEN GUTEN UMGANG MIT VIELFALT ERLERNEN

Für den gelingenden Umgang mit Vielfalt im Studium ist also eine reflektierte Selbstverortung unabdingbar. Lehrende müssen die eigene Position transparent machen, und Studierende müssen lernen, sich dazu zu positionieren. Die Entwicklung dieser Fähigkeit liegt nicht allein in der Verantwortung der Studierenden, sondern soll Kern des akademischen Bildungsprozesses sein. Das ist folgenreich für die Studienverlaufspläne: Schon mit Studieneinstieg sollten Studierende eine Vorstellung darüber erhalten, was ein gesellschaftswissenschaftliches Studium bedeuten und mit dem persönlichen Erleben zu tun haben kann. Entsprechend hätte das Studium an der eigenen Erfahrung anzusetzen und die Studierenden mit den Fragen zu konfrontieren: »Was erfahre ich?«, »Was will ich verstehen?«, »Wie kann ich gestalten?«. Gleichzeitig muss ein Bewusstsein über gegenwärtige gesellschaftliche Herausforderungen, beispielsweise die Klimakrise oder ökonomische Ungleichheit, geschaffen werden. Der Unterschied zwischen Alltagswissen und akademischem Wissen muss also verdeutlicht und auf die Verantwortung von Wissenschaftler*innen aufmerksam gemacht werden. Erst dann sind wissenschaftstheoretische, wissenschaftsphilosophische und

#DIVERSITÄT

methodische Grundlagen zu behandeln. Gerade im ersten Semester müsste die eigene Reflexionsleistung der Studierenden und das Verständnis für eine vielfältige Wirtschaftswissenschaft gestärkt werden. Diese Aspekte sind auch im weiteren Studienverlauf aktiv zu fördern, vor allem müsste immer wieder eine offene Diskussion durch die Beschäftigung mit vielfältigen Inhalten einerseits und das Offenlegen von Vorannahmen und Standpunkten andererseits ermöglicht werden. Nur so kann Lehre sowohl für Lehrende als auch Studierende unterschiedliche Erfahrungen bieten und tatsächlich ganz im Sinne Michel Foucaults, nach dem »eine Erfahrung etwas [ist], aus der man verändert hervorgeht«, neue Denk- und Handlungsmöglichkeiten entstehen lassen.

Das Fachcurriculum wäre folglich in ein begleitendes Reflexionsstudium einzubetten, in dem der Bildungsprozess im kleinen Kreis unter Leitung einer Lehrperson gemeinsam reflektiert wird. So verbinden sich Theorien und Erfahrungen, was nicht nur die gesellschaftliche Relevanz des Erlernten, sondern der Wissenschaft als Ganzer verdeutlichen würde.

Wissenschaft wäre keine abstrakte Größe mehr, sondern würde für die Studierenden, fernab von jeder Verwertbarkeit ihres Abschlusses für den Arbeitsmarkt, eine Sinnhaftigkeit entfalten: Wissenschaft als Vehikel, die Welt und sich selbst darin besser verstehen zu lernen, um reale Veränderungen in Gang zu bringen. Ein solches Studium würde auch helfen, die Stellung von Wissenschaft in der Gesellschaft adäquat einzuordnen, sodass wissenschaftliche Aussagen weder unhinterfragt als »objektiv richtige« Handlungsanweisungen für Individuen und Politiker*innen herangezogen werden, noch pauschale Ablehnung erfahren, gerade weil sie sich vermeintlich nirgendwo anders abspielen als im Elfenbeinturm der Wissenschaft. Aufgabe akademischer Bildung wäre es dann – unabhängig davon, ob die Studierenden zukünftig wissenschaftlich aktiv sein wollen oder nicht – zur verantwortlichen Gestaltung der Gesellschaft zu befähigen, angesichts der aktuellen gesellschaftlichen Herausforderungen ist das notwendiger denn je.

ENTWURF EINES STUDIUMS DER WIRTSCHAFTSWISSENSCHAFTEN

Aus den bisher erarbeiteten Voraussetzungen einer vielfältigen Wirtschaftswissenschaft, die der Fülle möglicher Denkweisen von Wissenschaftler*innen und Student*innen gerecht werden würde, ergeben sich einige, schon angedeutete Konsequenzen für Studienverlaufspläne und Lehre. Aus diesen Andeutungen resultiert folgender Umriss eines wirtschaftswissenschaftlichen, Vielfalt integrierenden Studiums: Das Studium der Ökonomie für zukünftige Generationen von *economists4future* würde nach einem gemeinsamen Einstieg zur Bedeutung eines gesellschaftswissenschaftlichen Studiengangs zwei parallel laufende Teile umfassen: ein Fachstudium und ein Reflexionsstudium.

Der fachübergreifende Studieneinstieg soll einer vorschnellen Engführung der Fachbereiche vorbeugen und ein Bewusstsein über die Beschaffenheit der Wissenschaften sowie ein wechselseitiges Verständnis verschiedener Standpunkte erzeugen. Bei der Gestaltung des Fachcurriculums sind die Wirtschaftswissenschaften als Teil der Gesellschaftswissenschaft zu verorten: *Die* Wirtschaft wird als historisch gewordenes, kulturelles Feld betrachtet. Nicht nur unterschiedliche Wirtschaftsformen und -weisen sind folglich relevante Studiengegenstände, sondern ebenso deren kulturelle beziehungsweise erkenntnistheoretischen Voraussetzungen, Effekte und Entwicklungsmöglichkeiten. Indem die kulturelle Bedingtheit wirtschaftlicher Prozesse zum Mittelpunkt der Analyse wird, werden auch jene Faktoren, die bei praktischen Gestaltungsmöglichkeiten dieser Prozesse eine Rolle spielen, deutlich. Selbstverständlich muss aufgrund der vielen möglichen Perspektiven zwischen Breite und Tiefe der Zugänge abgewogen werden. Studierende sollen sowohl die Möglichkeit bekommen, in die Tiefe einer Perspektive einzutauchen als auch die Vielfalt möglicher Denkweisen kennenlernen. Die wissenschaftstheoretischen Grundlagen und das begleitende Reflexionsstudium befähigen die Studierenden, den unterschiedlichen, gesammelten Ansätzen zu begegnen: Folglich könnten traditionelle Pflichtfächer, etwa »Wirtschaftspolitik«, »Sozialpolitik«, »empirische Methoden« oder »Theoriegeschichte«, aber auch »Nachhaltigkeit und Ökologie«, »Wissenschaftsphilosophie« oder »Ethik« aus ganz

#DIVERSITÄT

verschiedenen Perspektiven behandelt werden. Das Kerncurriculum wäre demnach entlang bestimmter Themen organisiert, während die spezifische Perspektive der Lehrveranstaltungen durch die Lehrenden – bestenfalls in Abstimmung mit den Studierenden – bestimmt würde. Zugleich sollten die Studierenden Veranstaltungen jener Perspektiven wählen können, die ihren Interessen entsprechen – andernfalls wäre es unmöglich, der Fülle an möglichen Denkstilen zu begegnen. Vielfalt und Wahlfreiheiten hängen dicht zusammen. Um die theoretische Dominanz im Studium aufzubrechen, sollte es darüber hinaus einen gänzlich freien Ergänzungsbereich geben, der etwa Praktika oder Praxis-Projekte vorsieht.

Das Lehrangebot solcher *studies4future* sollte in Zusammenarbeit mit anderen gesellschaftswissenschaftlichen Fachbereichen erstellt werden: Aufgrund vielfältiger Überschneidungen bietet es sich an, die Lehrveranstaltungen mehrheitlich für unterschiedliche Studiengänge zu öffnen. Dies würde einer inhaltlichen und zeitlichen Überforderung einzelner Fachbereiche vorbeugen. Zugleich könnte ein didaktischer, methodischer und theoretischer Austausch zwischen unterschiedlichen Fachrichtungen einen weiteren Blick auf behandelte Themenfelder eröffnen. Dabei könnten neue Konzepte zur Beschreibung von Wirtschaft oder neue methodische Vorgehensweisen sowie Verfahren entdeckt werden. Auch würden Studierende verschiedener Fachrichtungen für ihre stillschweigenden Vorannahmen sensibilisiert werden, da diese in Diskussionen und Arbeiten innerhalb interdisziplinärer Gruppen explizit gemacht werden müssten und damit erneut reflektiert werden könnten. Letztlich kann die studiengangübergreifende Zusammenarbeit also sowohl für Studierende als auch für Lehrende bereichernd sein, um die eigenen Grundannahmen immer wieder zu hinterfragen.

Das parallel zum Fachstudium laufende Reflexionsstudium wäre eine Möglichkeit, Gelerntes aus dem Fachstudium zu strukturieren und auf diese Weise Überforderung zu vermeiden. Das Reflexionsstudium wäre auch der Ort, an dem Studierende in einem geschützten Rahmen in fächerübergreifender Zusammenarbeit lernen, Inhalte kritisch zu beleuchten, Einsichten in gesellschaftlich Prozesse zu erlangen und eine eigene Haltung zu kultivieren. Für einen solchen Prozess ist jedoch Vertrauen Voraussetzung und Schlüssel zum Erfolg. Ohne die

Bereitschaft der persönlichen Involvierung entsteht keine fruchtbringende Reflexion. Entsprechend wichtig wäre es, schon im ersten Semester, auch in sehr großen Jahrgängen, zufällige Gruppen von etwa 20 Studierenden zu bilden, die über den gesamten Studienverlauf hinweg von einer Lehrperson begleitet werden. Dieser käme die Aufgabe zu, Sicherheit und Kontinuität aufzubauen und einen handfesten Reflexionsprozess in geschütztem Rahmen zu moderieren. Inhalt und Format dieser regelmäßigen Treffen wären hingegen von den Studierenden selbst zu gestalten, sodass nach den Bedürfnissen der Gruppe gearbeitet und diskutiert wird. Die personelle Konstanz als Faktor sollte dabei nicht unterschätzt werden und die Gruppen nur neu angeordnet oder zusammengelegt werden, wenn sich einzelne Gruppen im Studienverlauf stark ausdünnen, die Studiendauer der Studierenden variiert oder manche ihr Studium vorzeitig beenden. Zusätzlich liegen im Gruppenbildungsprozess beziehungsweise im Gruppenerleben und den individuellen Erfahrungen in der Gruppe wichtige soziale Lernerfahrungen. Um die eigene Reflexion anzuregen und es den Studierenden zu ermöglichen, die Entwicklung ihrer Denkweisen über einen längeren Zeitraum hinweg zu verfolgen und die eigenen Lernerfolge zu verdeutlichen, könnte eine »Semesterreflexion« sowohl des individuellen Bildungsprozesses als auch des Gruppenprozesses Gegenstand eines – unbenoteten – Leistungsnachweises sein.

Das Reflexionsstudium erscheint zudem essenziell, wenn es darum geht, jene Vorlesungen zu reflektieren (und gegebenenfalls zu kritisieren), die im großen Format gehalten werden. Zugleich könnten die Leistungsnachweise hierfür mehrheitlich Teil des Reflexionsstudiums werden, indem zum Beispiel die Auseinandersetzung mit den Vorlesungsinhalten in die »Semesterreflexion« aufgenommen würde. Ein Nebeneffekt hiervon wäre, den enormen Leistungsdruck auf Studierende zu verringern, indem in jedem Semester nur zu einer oder zwei von den Studierenden gewählten Veranstaltungen eine Klausur oder Abgabe zu schreiben wäre. Wenn es die finanziellen und personellen Ressourcen zulassen, wäre auch vorstellbar, statt großer Vorlesungen kleinere Seminare und (Forschungs-)Projekte anzubieten. In diesen Formaten ist eine vielfältigere Didaktik möglich, Lehrende können besser auf die Bedürfnisse der Studierenden sowie auf ihre individuellen Entwicklungen und

Interessen eingehen. Es könnte gemeinsam an Inhalten gearbeitet werden, anstatt Studierenden frontal einseitiges und homogenes Wissen vorzusetzen. Seminare mit weniger Teilnehmern können das starre Verhältnis zwischen Lehrenden und Lernenden aufbrechen, da neben Vorträgen auch in der Gruppe an und mit Texten gearbeitet sowie diskutiert werden kann. Zudem können Studierende Teile der Lehrveranstaltungen mitgestalten, etwa durch Referate, Seminargestaltungen oder Schwerpunktwünsche.

Eine weitere didaktische Maßnahme der Vielfalt, die eine aktive Studierendenbeteiligung fördert, wären praktische Projekte: Studierende wenden dabei anhand eines konkreten Problems entweder ihr erlerntes Wissen an oder eignen sich im Zuge des Projektes das benötigte Know-how an. Wissen verharrt auf diese Weise nicht mehr im luftleeren Raum, sondern entfaltet seine praktische Anwendungsmöglichkeit, die Trennung zwischen Theorie und Praxis wird aufgebrochen.

Die genannten Lehrformate sind nur Vorschläge, fördern jedoch Prozesse des Verstehens und der Einordnung von Wissen und befähigen junge Menschen dazu, einen eigenen Bezug zum Erlernten herzustellen, was im Sinne meines Arguments wesentliche Aufgaben von Hochschulbildung sein sollte. Diese Zielsetzung hat auch Folgen für die Prüfungen. Damit das Gelernte nicht abstrakt bleibt, sondern Studierende ihre Lernerfolge zeigen und in Bezug zur Welt setzen können, gehören Klausuren, die auf Auswendiglernen zielen, weitestgehend abgeschafft. Stattdessen soll die eigene Auseinandersetzung mit dem Erlernten gefördert werden, was beispielsweise (aber nicht ausschließlich) in einer Hausarbeit oder einem Essay möglich ist.

Durch das Zusammenspiel von Fachstudium und Reflexionsstudium wäre die erforderliche Voraussetzung geschaffen, die Studierenden verdeutlicht, dass die Vielfalt unserer Gesellschaft im wirtschaftswissenschaftlichen Studium repräsentiert ist. Sie würden lernen, auf eine produktive Art und Weise mit Vielfalt umzugehen. Diese Lehr-Lern-Formate wären zudem gewinnbringend, da die Gemeinschaft zwischen den Studierenden einen sozialen Lernprozess ermöglicht, der bei gemeinschaftlichen Projekten zur Gestaltung von Gesellschaft wesentlich ist und eine individuelle Positionierung zu gesellschaftsrelevanten

Problemstellungen bewirkt. Das Studium der Wirtschaftswissenschaften würde damit die Mündigkeit der Studierenden angesichts gegenwärtiger Herausforderungen fördern.

KONSEQUENZEN FÜR DIE HOCHSCHULEN

Aus diesem Anspruch an ein Studium der Wirtschaftswissenschaften ergeben sich Konsequenzen für die Gestaltung der Hochschulstrukturen, die Finanzierung derselben sowie die Anstellung der Wissenschaftler*innen, insbesondere wenn es um die Förderung des akademischen Nachwuchses geht. Der Vielfaltsanspruch, entlang von Themengebieten unterschiedliche Perspektiven auf Wirtschaft aufzuzeigen, erfordert auch eine Diversität der Wissenschaftler*innen bezüglich ihrer Schwerpunkte. Um die Schwerpunktvielfalt gezielt zu erhalten und zu fördern muss die Berufung und Anstellung neuer Wissenschaftler*innen immer in Bezug zu den derzeit Beschäftigten ausfallen. Das rechte Maß ist hier – wie so oft – ausschlaggebend: Gerade kleinere Hochschulen können legitimerweise Arbeitsschwerpunkte haben, die sich auch in der Anstellungspraxis zeigen. Doch mit steigender Mitarbeiter*innenzahl ist neben fachlichen und didaktischen Kriterien auch auf eine möglichst große Diversität bezüglich Geschlecht, sozialer Herkunft, Alter und Ethnie zu achten. Aufgrund der engen Verbindung von Lebensrealität und Denkstil impliziert dies ein größeres Maß an vielfältigen Wissenschaftszugängen. Darüber hinaus sollten bei der Anstellung und insbesondere bei Berufungsverfahren, anders als bisher, nicht nur die Anzahl von Veröffentlichungen gezählt, sondern besonders didaktische Fähigkeiten und fachliche Kenntnisse berücksichtigt werden. Die Auswahl könnte sich etwa an einem Forschungs- und Lehrportfolio orientieren, das auf solche qualitativen Kriterien rekurriert und in dem zukünftige Pläne und Ideen für die ausgeschriebene Stelle skizziert werden. Zugleich sind – ebenfalls anders als bisher – Anstellungsverhältnisse zu schaffen, die Sicherheit in der Lebensplanung geben. Dazu ist eine angemessene Grundfinanzierung der Hochschulen notwendig, die hauptsächlich von Bund und Ländern zu gewährleisten ist. Gute und vielfältige Lehre sollte zudem zusätzlich gefördert werden, während die von Konkurrenz und Wettbewerb bestimmte Vergabe von (Dritt-)Mitteln einem Vergabeverfahren

#DIVERSITÄT

zu weichen hätte, welches weniger Betriebsamkeit erzeugt und Kreativität fördert, statt unterdrückt.

Die Fachbereiche einer solchen Hochschule wären klar strukturiert, um eindeutige Zuständigkeiten verteilen zu können und eine gute Zusammenarbeit zu gewährleisten. Ihre Prozesse sind transparent gestaltet. Eine »Departmentstruktur« baut Abhängigkeiten zwischen Anstellungs- und Qualifizierungsverhältnissen ab. In dieser flachen Hierarchie haben alle beteiligten Gruppen – Professor*innen, Mittelbau, Studierende und Verwaltungsangestellte – gleichermaßen Mitspracherechte an Entscheidungen, von denen sie betroffen sind. Um die Beteiligung an gemeinsamen Prozessen, wie etwa der Anstellung von neuem Personal, zu fördern, soll Mitgestaltung aktiv unterstützt werden, etwa indem studentisches Engagement bestimmte Prüfungsleistungen ersetzt oder für engagierte Mitarbeiter*innen eine Entlastung an anderer Stelle ermöglicht wird.

BILDUNG ALS EMANZIPATION

Der (gelingende) Umgang mit Vielfalt ist in unserer differenzierten Gesellschaft keine bloße Befindlichkeit, sondern notwendige Alltagspraxis. Die enge Verknüpfung von Andersheit und Vielfalt löst zuerst oftmals Abwehrreaktionen vor dem Unbekannten aus, was das Denken neuer Lösungswege erschwert. Um die Angst vor der »Verschiedenheit« zu überwinden und den Wert von »Vielfalt« zu erkennen, muss gemeinsam(es) Verständnis geübt werden: Ein gesellschaftswissenschaftliches Studium der Wirtschaft, wie ich es hier vorschlage, bietet eine Möglichkeit dazu. Der Blick zu vieler Generationen an Wirtschaftswissenschaftler*innen wurde durch das homogene ökonomische Verständnis von Samuelson, Varian oder Mankiw verengt. Diese bestehenden Muster der akademischen Bildung sind nicht »alternativlos«. Indem wir Vielfalt in Form von vielfältigen wissenschaftlichen Denkweisen erfahren, wird nicht nur die gesellschaftliche Lebensrealität adäquat abgebildet, sondern durch Vielfalt wird der Grundstein zu neuen Lösungsansätzen gelegt. Ein wirtschaftswissenschaftliches Studium soll zum »Selbstdenken« in und »Gestalten« einer vielfältigen Gesellschaft ermuntern. Ausgehen muss diese Bewegung von einer vielfältigen akademischen Lehre. Studierende sollen einen eigenen theoretisch-politischen

Standpunkt entwickeln und einen reflektierten, begründeten und verantwortungsvollen Umgang mit einer vielfältigen Wissenschaft und Gesellschaft erlernen. Denn nur selbstbestimmtes Denken und Handeln kann neue Möglichkeiten eröffnen, um den gegenwärtigen sozialökologischen Herausforderungen zu begegnen und entsprechende Lösungen zu entwickeln, die unserer pluralistischen Gesellschaft gerecht werden.

Laura Porak ist Studentin der Ökonomie der an Cusanus Hochschule für Gesellschaftsgestaltung, engagiert sich für plurale Lehre im Verein Netzwerk Plurale Ökonomik e.V. und arbeitet am ICAE (Institute for the Comparative Analysis of the Economy) in Linz.

MITEINANDER UND VONEINANDER LERNEN

#DIVERSITÄT

»Wenn die Ökologiefrage das Überlebensproblem im Hier und Jetzt darstellt, dann folgt meines Erachtens hieraus, dass sie auch in den Mittelpunkt der Pluralen Ökonomik rücken muss!«

Helge Peukert

PLURALE ÖKONOMIK IM ZEITALTER DER ÖKOKALYPSE

Die Ökonomenzunft auf dem Weg zur Großen Transformation

DIE GROSSE HERAUSFORDERUNG

Während dieser Text entstand, lag die Corona-Krise noch in weiter Ferne, aber jetzt ist zu konstatieren, dass auch sie vor allem Ausdruck des menschlichen übergriffigen Verhaltens gegenüber der Natur ist. Sie hätte der Weckruf sein können, den wir dringend benötigen. In diesen Tagen Ende Juni 2020 gehe ich durch einen dürrebedingt tatsächlich flächendeckend absterbenden Wald. Der brasilianische Regenwald brennt lichterloh. Gleichzeitig zalt nicht nur die Bundesregierung Milliarden Euro (und nimmt damit eine entsprechende staatliche Neuverschuldung in Kauf) für die Auto- und Flugzeugbranche, für die Wiederankurbelung der Wirtschaft insgesamt, weitgehend in den altbekannten Bahnen. Anstatt die Krise der Luftfahrt als Chance zum nötigen Rückbau zu nutzen – etwa durch gezielte Abschaffung innerdeutscher und -europäischer Flüge – und Arbeitslosen die Chance zu geben, in sinnvollen ökologischen und sozialen (öffentlichen) Beschäftigungen tätig zu sein, heißt die Devise: Mit Nebelkerzen wie »Klimaneutralität« die inneren und äußeren Stimmen der Mahnung zum Schweigen bringen und ansonsten – hierbei oft den Ratschlägen wachstumsbegeisterter Mainstream-Ökonom*innen folgend – aus allen nur möglichen Rohren feuern, koste es, was es wolle. Der seit

#DIVERSITÄT

Jahrzehnten für kurze Zeit wieder vielerorts blaue Himmel war wunderschön, doch die Zukunft der Biosphäre und der menschlichen Zivilisation droht, grauenhaft zu sein.

Tatsächlich habe ich die Klimaveränderung schon früher aus nächster Nähe erlebt, in meinem Häuschen im Kärntener Lesachtal: Im vergangenen Oktober wütete dort ein in dieser Intensität bisher nie dagewesener Wirbelsturm, der das halbe Dach samt Dachstuhl (nicht nur meines Hauses) mehrere Meter davonfliegen ließ. Auf den Sturm folgten sintflutartige Regenfälle, die selbst die Bundesstraße in solche Mitleidenschaft zogen, dass wir tagelang keinen Zugang hatten, der Strom ausfiel und sogar Tiere ertranken. Der Wald stirbt, Wirbelstürme führen zu Millionen Kubikmeter Schadholz, Quellen führen deutlich weniger Wasser, die Vegetation verändert sich. Kurz: Wovor seit Jahrzehnten gewarnt wird, ist jetzt so weit! Die Zeiten beschönigender Narrative sind vorbei. Selbst die erschreckenden Berichte des IPCC haben sich im Nachhinein bislang als konservative Unterschätzungen herausgestellt.

Wir leben in einer merkwürdigen Welt, denn Naturwissenschaftler*innen rechnen uns seit Jahrzehnten vor, dass wir die Biosphäre und unser aller Zukunft aufs Spiel setzen, trotzdem schienen bislang nur Schülerinnen und Schüler sowie eine 16-Jährige die Einzigen zu sein, die den Ernst der Lage erkennen und nachdrücklich Handlungsbedarf anmelden. Aber während Aktionen gestartet werden, mit denen an der Trägheit der Politik verzweifelnde Unterstützer*innen von Extinction Rebellion versuchen, Berlin lahmzulegen, bleibt das Politestablishment bei Entscheidungen, die nicht mehr sind als Augenwischerei, etwa einem Benzinpreisaufschlag um zunächst drei Cent je Liter und erst ab 2021. So werden wir der weltweit bevorstehenden Ökokalypse sicher keinen Einhalt gebieten.

Wie reagiert die Volkswirtschafslehre auf diese reale Ökokalypse, die, wenn es so weitergeht, zum Zusammenbruch der menschlichen Zivilisation führen wird und sogar unser langfristiges Überleben infrage stellt? Verschiedene Studien zu den nicht nur in Deutschland dominanten mikro- und makroökonomischen Einführungslehrbüchern ergaben, dass die Umweltkrise völlig ausgeklammert oder dreist heruntergespielt wird, was ich an anderer Stelle ausführlich erläutert habe. Besuche bei Treffen einiger Ausschüsse des *Vereins für Socialpolitik*, der Standesorganisation der Ökonom*innen, ergaben, dass das Ökologiethema weder in Tagungsprogrammen noch in den persönlichen Abendgesprächen eine Rolle spielt. Auf den Jahrestagungen des Vereins kommen zudem nur stark formalisierte Umweltfragen zur Sprache – neben rund zwei Dutzend anderer Themen. Darüber hinaus lassen sich keine Änderungen im Anreiseverhalten der Teilnehmer*innen feststellen.

Die Umweltkrise hinterlässt auch in Ausschreibungen für VWL-Professuren keine Spuren: Gesucht werden Wissenschaftler*innen zu den üblichen Themen. Auch der Aufbau volkswirtschaftlicher Kompetenz im Bereich »Umwelt«, der in den 1970er- und 80er-Jahren zu beobachten war, führte nicht zu beachtlichen Berufungen von Umweltökonom*innen. Sie friste(te)n stattdessen außerhalb der Hochschulen ihr Dasein. Die bekannten wirtschaftswissenschaftlichen Forschungsinstitute und der Sachverständigenrat wie die Ökonomenzunft insgesamt setzen nach wie vor auf einen Generalschlüssel für praktisch alle anfallenden Probleme: Wirtschaftswachstum.

Vom Polit-Establishment wird das auch erwartet, schließlich finanziert man die Institute über Grund- und Drittmittel. Die Umweltkrise wird folglich nur unter einer Fragestellung angegangen: Wie kann sie als Chance für weitere Wachstumsschübe (Elektroautos, Windenergie) dienen? In der Verdrängungsgesellschaft wird »das Märchen vom grünen Wachstum« zum vorherrschenden Narrativ, wobei Bruno Kern zur Aufklärung dieser Hoffnung beiträgt. Tatsächlich sind der Staat und die Arbeitnehmer*innen auf wachstumsabhängige Steuer- und Lohneinnahmen angewiesen. Denn an sich wünschenswerte Produktivitätssteigerungen würden ansonsten zu steigender Arbeitslosigkeit führen, sofern keine drastischen Arbeitszeitverkürzungen vorgenommen würden. Für die sogenannten (»Funktions-«)Eliten und (nicht nur) Großkonzerne gelten die Worte Upton Sinclairs: »Es ist schwierig, einen Mann dazu zu bringen, etwas zu verstehen, wenn sein Gehalt davon abhängt, dass er es nicht versteht«. Die beratenden Ökonom*innen befürworten zugunsten des Wachstumsziels und des »Weiter so« opportunistisch Maßnahmen, die vor ihrem eher marktliberalen Hintergrund fragwürdig sind. Genannt seien hier nur etwa die Nullzinspolitik und die »unkonventionellen Maßnahmen« der EZB.

#DIVERSITÄT

DIE GRENZEN DES VOLKSWIRTSCHAFTLICHEN MAINSTREAM-DISKURSES

Natürlich gibt es in der Mainstream-VWL die Umweltökonomie, die mitunter Interessantes über Steuern und Zertifikate sowie deren Wirkungen auf Verbräuche enthält. Ihre zentrale Schwäche besteht darin, zum Beispiel einfach nur vorzuschlagen, eine Steuer auf CO_2 zu erheben oder gar die Windenergie zu unterstützen beziehungsweise sie einem ausbauhemmenden Wettbewerb auszusetzen. Ansonsten könne es aber prinzipiell mit der Wettbewerbs- und Wachstumswirtschaft weitergehen wie gehabt. Mittlerweile stellt sich aber eine umfassendere Aufgabe, nämlich

»das ganze System der menschlichen Entwicklung, das über so viele Jahrhunderte so sorgfältig vorangebracht wurde, komplett zu überdenken. Das Wirtschaftssystem. Den Daseinszweck der Menschheit. Was wir unter Glück, Fortschritt und Freiheit verstehen. Diese Vorstellungen müssen sich radikal ändern. Falls die Menschheit ihre Umweltprobleme lösen und eine bessere Welt aufbauen will, muss sie nahezu alles hinterfragen, was ihr bisher normal erschienen ist.«

Graeme Maxton, der ehemalige Generalsekretär des Club of Rome fordert das nicht nur, sondern führt für die Notwendigkeit einer umfassenden Fundamentaltransformation auch etliche Belege an, wie auch Bruno Kern oder Christian Felber das tun. Mit einer mehr oder minder geräuschlosen Umstellung auf nichtfossile Energieträger ist es nicht getan. Ein umfassendes Hinterfragen der Systemlogik findet aber bei der Mainstream-VWL trotz Relativierungen ihres Paradigmas an den Rändern, wie zum Beispiel durch die Verhaltensökonomie gezeigt, nicht statt.

Die systemischen Sachzwänge, vor allem der des Wachstums, werden nicht thematisiert. Hierzu gehören auch die globalisierten Wertschöpfungsketten. Tatsächlich beruhen Produktionsvorteile häufig darauf, dass in anderen Ländern weder soziale noch Umweltaspekte die gleiche Rolle wie in unseren Breitengraden spielen (zu sehen etwa an den Produktionsbedingungen von Flachbildschirmen in Asien oder der Soja- und Fleischproduktion in Südamerika). Die absoluten und komparativen Kostenvorteile beruhen häufig auf Sozial- und Ökodumping.

Wie können und wollen wir darauf reagieren – einmal mehr angesichts der aktuellen Pandemie, die uns die Fragilität dieser Ketten vor Augen führt? Eigentlich müsste man sofort Grenzausgleichsabgaben einführen, um dem Einhalt zu gebieten (stattdessen versucht die EU, das Mercosur-Abkommen durchzudrücken). Solche Ausgleichsabgaben würden zu einer Deglobalisierung und vielen Verwerfungen führen. Und wenn die Containerschiffe nicht mehr mit Schweröl fahren dürften und es ein weitgehendes Verbot von Plastik und ein Förderungslimit von Erdöl nur bis in 500 Meter Tiefe gäbe, da Unfälle ansonsten vorprogrammiert sind? Und hierzulande nur noch Boden versiegelt dürfte, wenn woanders wirklich renaturiert wird, das heißt keine Zunahme geteerter Flächen mehr erfolgt? Und der innereuropäische Flugverkehr abgeschafft würde und Flüge genauso wie Benzin besteuert würden und man Flughäfen wie Frankfurt Rhein/Main eine maximale (im Vergleich zu heute geringere) Anzahl an Flugbewegungen zugestehen würde? Und wir selbst bei Windanlagen, trotz deren geringer(er) Energiedichte, zurückhaltend mit dem Ausbau sein müssten, da eine solche Anlage 150 Tonnen Stahl benötigt, auch irgendwann einmal entsorgt werden muss und tatsächlich die nicht kommerziell genutzte Fläche verschandelt? Und ein Bauer nur die Anzahl Kühe haben dürfte, deren produzierte Güllemenge ohne erhebliche Nitratbelastung auf seinen Grünflächen ausgebracht werden kann? Was, ja was dann? Angesichts des nunmehr ausgesprochen engen Zeitfensters, um den Zusammenbruch der Biosphäre halbwegs in den Griff zu bekommen, müsste all dies heute und gleichzeitig passieren. Und das auch noch im erstbesten Fall auf internationaler Ebene.

Letztlich stellt sich heute die Systemfrage: Ist ein – und dazu noch rasch – schrumpfender Kapitalismus mit den oben beispielhaft genannten Einschränkungen überhaupt möglich? Das widerspricht leider seiner – wie man heute gerne sagt – DNA. Nach der Finanzkrise schrumpfte das Bruttoinlandsprodukt in Deutschland (und entsprechend der CO_2-Verbrauch) für kurze Zeit, in der Corona-Krise erleben wir ähnliches. Wie lange würde das gutgehen? Und dann sollte der Verknappung der Rohstoffe auch noch mit Mengenrationierungen oder drastischen Steuern vorgebeugt werden, die Menschen sollten nicht mehr in den Urlaub fliegen und sich kein, da auch ressourcenintensives,

Elektroauto kaufen können und das gesamte arbeitsteilige Wirtschafts-system würde insgesamt schrumpfen? Wollen wir sowohl der Umwelt als auch den Entwicklungs- und Schwellenländern eine Chance geben, nicht zuletzt, um umweltbedingte Fluchtursachen zu beheben, müsste das Produktionsvolumen in den Metropolen der Weltwirtschaft wohl um zwei Drittel, wenn nicht gar um den Faktor zehn sinken! Es geht also um einen Rückbau statt Umbau, damit Rebound-Effekte nicht alles wieder zunichtemachen. Die Hoffnung auf eine Entkoppelung von Wohlstand und Energie- wie Ressourcenverbrauch hat sich ebenfalls als trügerisch herausgestellt.

Eine Große Transformation geht angesichts der komplexen ökologi-schen Rückkoppelungsprozesse nicht ohne eine praktisch umfassende Kontrolle, Lenkung und bewusste Planung der Gesellschaft über die Verwendung und Nutzung der Produktions- und Geldmittel. Es bedarf eines auf die ökologische Wende als Primärziel orientierten über-geordneten Strukturaufbaus: Wir brauchen eine wirtschaftliche Gesamt-rahmenplanung, die klare Verbote (gegen den Flächenfraß, die Vergül-lung und dergleichen mehr) und andere ordnungspolitische Ansagen, Mengenrationierungen, Quotenzuteilungen, Preiskontrollen, eine ausgleichende Sozial- und Verteilungspolitik und weiteres neben eher marktwirtschaftlichen Lenkungsmaßnahmen (Steuern, Zertifikate) enthält, Bruno Kern erläutert das im Detail.

Dies würde zwangsläufig die Rolle des Staates beziehungsweise öffentlicher Entscheidungsträger*innen stärken. Und es würde den vor-herrschenden Vorstellungen über eine moderate Eingriffstiefe des Staates, die Freiheiten der Konsumierenden, das Recht auf Eigentum, das neuzeitliche Vertrauen auf Wissenschaft und Technologie, die schon immer Lösungen im Rahmen des Wachstumsparadigmas fanden, den Umfang und die Ausgestaltung des Finanzsektors usw. widersprechen. Auch bei mir kommt ein ungutes Gefühl auf, da viele Menschen mit staatssozialistischen Systemen seit 1917 katastrophale Erfahrungen gemacht haben und solche Versuche bisher kläglich gescheitert sind. Aber es hilft nichts, wenn wir das Artensterben, die Meeresverschmut-zung und dergleichen bremsen wollen: In diese Richtung muss es dann gehen. Aussteigen, ohne für neue übergeordnete Lenkungsstrukturen zu sorgen, würde jedoch einige Menschen an den Rand des auch sie alimentierenden heutigen Wirtschaftssystems führen. Ein ungeordneter Ausstieg wäre keine Lösung für alle, denn es würde es wohl rasch zu Hunger, Chaos und Konterrevolution kommen. Das Dilemma lautet: Es gibt eine absolute Notwendigkeit zur Großen Transformation, innerhalb der gegenwärtigen ökonomischen und politischen Strukturen ist zugleich die Unmöglichkeit einer solchen Veränderung zurzeit gewiss (man denke nur an die kleinkarierten Streitigkeiten innerhalb des deutschen Klimakabinetts). Inwiefern kann nun gerade die Plurale Ökonomik bei dieser schier unmöglich erscheinenden Aufgabe einen konstruktiven Beitrag leisten?

DIE NEUJUSTIERUNG DER PLURALEN ÖKONOMIK

Die Forderung einer pluralen Ökonomik wird angesichts eines international vorherrschenden Mainstreams (dessen Charakteristika ich an anderer Stelle ausführe) besonders nach der Finanzkrise nicht zuletzt vom *Netzwerk Plurale Ökonomik* nachdrücklich formuliert. Sie fand ihren institutionellen Niederschlag in der Gründung der Cusanus Hochschule, des Masterstudiengangs Plurale Ökonomik an der Universität Siegen und eines entsprechenden Masterstudiengangs an der Universität Duisburg-Essen (zur Geschichte und Bandbreite einer Pluralen Ökonomik liefern David J. Petersen und Kollegen Einsichten).

Die Plurale Ökonomik ist eine enge Verbündete der Großen Transformation. Das offenbart sich bereits in vielen Ringvorlesungen zur Nachhaltigkeit, etwa im Wintersemester 2019/20 an der Universität Siegen (siehe auch den umfassenden Entwurf von Kate Raworth). Ihre professoralen Unterstützer*innen sind meines Wissens nicht nur in Deutschland alle interessenkonfliktfrei, da sie nicht auf die üblichen Drittmittel der Privatwirtschaft oder öffentliche Forschungsprojekte schielen und insofern offen aussprechen können, was wirtschaftspolitisch angesichts der ökologischen Lage nötig wäre und nicht zu Kompromissen genötigt sind. Inhaltlich wird auch von studentischer Seite die Wachstumsorientierung des Mainstreams und dessen Menschenbild des rein selbstinteressierten Homo oeconomicus, das Setzen auf möglichst weitgehend eingriffsfreie Marktkräfte, die Ausrichtung an formalen Modellen, der Ausschluss explizit normativer Überlegungen (die dann

#DIVERSITÄT

doch in den Annahmen stecken) und die weitgehende Ausklammerung des ökologischen Umweltsystems (in der Klassik noch durch den Faktor Boden neben Kapital und Arbeit vertreten) kritisiert.

Die Lehrbücher dominiert das »Neue Konsensmodell«, eine auch als »neue neoklassische Synthese« bezeichnete Richtung (oft in Form unterschiedlicher DSGE-Modelle). Sie stellt das Durcheinander aus neoklassischer Synthese (IS-LM, Phillips-Kurve), Monetarismus (Quantitätstheorie, NAIRU), Neuklassik (Robert Lucas, rationale Erwartungen), Real-Business-Cycle-Schule, (Edward Prescott, Hypothese der intertemporalen Arbeitssubstitution, Geldneutralität) und Neu-Keynesianismus (Gregory Mankiw und Olivier Blanchard, Menükosten, Mikrofundierung, Preisrigiditäten, Effizienzlöhne) dar und ist unmittelbar überhaupt nicht hilfreich für ökologische Fragestellungen. Sie thematisiert sie nicht und verwirrt Studierende in erster Linie durch ihr Potpourri verschiedener Schulrichtungen.

Bereits in der Kritik des Mainstreams stimmt die Plurale Ökonomik mit der Forderung nach einer Großen Transformation überein. Nach meinem Eindruck sind die meisten Unterstützenden der Pluralen Ökonomik ganz auf der Seite der Großen Transformation, wenn auch natürlich mit Schattierungen: Einige konzentrieren sich auf CSR, nehmen also die gesellschaftliche Verantwortung von Unternehmen in den Blick, andere halten (daneben) grundlegende systemische Änderungen auf der Makroebene für nötig. Allerdings wird die makroökonomische Reflexionsebene bis dato wohl eher sekundär behandelt. Die Wahlverwandtschaft von Pluraler Ökonomik und Großer Transformation ist insofern nachvollziehbar, als Grundannahmen der pluralen beziehungsweise heterodoxen Ökonomik – auch wenn sie meist nicht ausdrücklich ausgesprochen werden – mit Aussagen zur Großen Transformation übereinstimmen. Hierzu gehört die über den formalen Knappheitsaspekt hinausgehende Bestimmung des Ökonomischen als soziale Versorgung unter Einschluss nichtmaterieller Faktoren und die Berücksichtigung der (auch primären) Einkommensverteilung; ferner die Ablehnung universal gültiger ökonomischer Prinzipien, gegen die man durch politische Gestaltung kaum und nur unter hohen Effizienzkosten ankommen könne. Auch werden (individuelle Konsum-) Bedürfnisse nicht als sakrosankt und möglichst zu befriedigende, sondern als sozial – etwa durch Werbung – erzeugte vorausgesetzt und als kulturell-institutionell geprägt und veränderlich aufgefasst.

Entgegen einem methodischen und politischen Individualismus geht die Plurale Ökonomik eher von einem holistischen, das heißt das gesamte Wirtschaftssystem strukturell umfassenden, Ansatz aus. Das kommt dem Erfordernis einer Großen Transformation entgegen, da der Mainstream bei der isolierten Lösung einiger konkreter Probleme (CO_2-Ausstoß) und Maßnahmen (Steuern oder Zertifikate) stehen bleibt. Wenn es um das Menschenbild geht, bestreitet die Plurale Ökonomik keineswegs utilitaristisch-selbstorientierte Anlagen, betont aber im Sinne eines Homo duplex auch moralisch-altruistische Antriebe, die für eine Große Transformation auch vonnöten sein dürften. Neben den verschiedenen Mainstream-Ansätzen einer (in der Spieltheorie auch strategischen) nutzenmaximierenden Rationalität erkennt sie auch Reziprozität als Kooperation förderndes Rationalitätsprinzip, eine kommunikativ-verständigungsorientierte und eine ökologisch-feministi-sche Rationalität an. Märkte sind für sie regelbasierte Artefakte. Sie basieren auf gewachsenen Institutionen, die sich auch im Sinne einer Großen Transformation gestalten lassen. Ihnen werden weder Eigenlogi-ken noch Mechanismen der Selbststabilisierung unterstellt. Natürlich ist hier sowohl der Mainstream als auch die Heterodoxie recht holzschnitt-artig überblickt worden, aber letztlich treffen die Unterschiede zu.

Es stellt sich angesichts der oben angedeuteten prekären ökologischen Gesamtlage die ketzerische Frage, ob wir uns einen nichtdiskriminieren-den, nach vielen Seiten hin offenen Pluralismus überhaupt noch leisten können. Wenn die Ökologiefrage *das* Überlebensproblem im Hier und Jetzt darstellt, dann folgt meines Erachtens hieraus, dass sie auch in den Mittelpunkt der Pluralen Ökonomik rücken muss! Das ist bisher nicht der Fall, abzulesen etwa an den Themenschwerpunkten bei David J. Petersen. Es gibt nur ein einziges alternatives Lehrbuch, das diesem Erfordernis nachkommt, nämlich Jack Reardons *Introducing a New Economics*. Sollte man – aus Forschungsperspektive – also nur noch ökologische Ökonomik in verschiedenen Varianten als Restausdruck von Pluralismus betreiben und andere Ansätze – zumindest bis nach einer Großen Transformation – ausklammern? Sicher nicht, da meines Erach-tens zwar die Ökologiefrage und die sie ins Zentrum rückende(n)

Denkschule(n) an erster Stelle stehen sollen, aber die plural-heterodoxen Schulrichtungen und sogar der gegenwärtige Mainstream wertvoll für das Gelingen der Großen Transformation sein können. Außerdem gibt es kein heterodoxes Superparadigma, das alle wertvollen Elemente der jetzt anzusprechenden Richtungen mehr oder weniger in einer Synthese vereint (auch wenn die Kämpfer*innen für diese Richtungen dies zwecks Motivation eigentlich glauben müssten).

PLURALE ANSÄTZE UND IHRE KONSTRUKTIVE ROLLE FÜR DIE GROSSE TRANSFORMATION

Um welche Schulrichtungen handelt es sich eigentlich bei der Pluralen Ökonomik? An erster Stelle ist natürlich übergeordnet und als Rahmen allen zukünftigen Wirtschaftens die Ökologische Ökonomik mit einer Ökosystemperspektive zu nennen, nachzulesen etwa bei Herman Daly und Joshua Farley. Sie betont starke Nachhaltigkeit, behandelt Entropie und Thermodynamik, benennt die absoluten biosphärischen Grenzen und den materiellen Ressourcendurchsatz und seine notwendigen Einschränkungen, bemisst die ökologischen Fußabdrücke und streicht das Erfordernis von Postwachstum und Suffizienz, gegebenenfalls unter Hinzuziehung der Glücksforschung hervor.

Der kritische (Alt-)Institutionalismus mit Thorstein Veblens *Theorie der feinen Leute* als bereits 1899 erschienene Kritik der Konsumgesellschaft und des Statuskonsums griff frühzeitig Aspekte der Postwachstumsökonomie auf.

Der deutlich formaler und nüchtern auf aggregierte (zum Beispiel saldenmechanische) Zusammenhänge im engeren Sinne ausgerichtete Post-Keynesianismus (Marc Lavoie, Hyman Minsky, Paul Davidson), befasst sich mit radikaler Unsicherheit, Nichtergodizität, Marktinstabilitäten, Mark-ups, Stock-Flow Consistent Modeling, einer aktiven Fiskal- und Verteilungspolitik und dergleichen, was sicher für die Große Transformation relevant sein wird. Besonders in der Variante der Modern Money Theory (MMT) dürfte ihm eine besondere Bedeutung zukommen, denn eine schnell anzugehende Transformation wird ohne Frage eine sehr hohe Arbeitslosigkeit hervorrufen, da ganze Branchen wegfallen oder stark schrumpfen müssen. Die MMT zeigt zu Recht, dass bei Wegfall unnötiger Restriktionen in einem nicht durch Gold oder anders gedeckten Geldsystem der Staat im Zusammenspiel mit der Zentralbank bei bedachtem Einsatz Geldscheine »drucken« kann. Somit können Einkommen bei den (dann dank eines dritten, öffentlichen, ökologisch ausgerichteten Arbeitssektors nicht mehr) Arbeitslosen entstehen, ohne auf wachstumsbasierte Steuereinnahmen angewiesen zu sein. Auch bietet der Post-Keynesianismus (Minsky) eine Kritik und Reformvorschläge für die außer Rand und Band geratene Finanzgroßwirtschaft, ohne welche die ohnehin lahmende Wachstumsgesellschaft wohl jetzt schon am Ende wäre. Leider hat sich der Post-Keynesianismus – bedingt durch die damalige Leitfrage von John Maynard Keynes – auf die Rückbauproblematik bisher kaum eingelassen. (Im ansonsten vorzüglichen Lehrbuch von William Mitchell taucht die Ökologieproblematik zugunsten von Vollbeschäftigung im formalen Sektor praktisch überhaupt nicht auf.)

Aus Platzgründen können weitere Ansätze nur kurz gestreift werden: Die Sozioökonomie (Robert Putnam, Robert Bellah) hebt die Bedeutung einer sozialökonomischen Rationalität mit starker Reziprozitätsorientierung (gegebenenfalls als gegenseitiger Gabentausch), eine Tugendethik, Kooperation und Sozialkapital für den vielbeschworenen sozialen Zusammenhalt und die Rolle der *Caring* und *Sharing Economy* hervor. Da der formale, arbeitsteilige Sektor für eine Große Transformation stark schrumpfen muss, müssen diese Konzepte relevanter werden. Die Historische Schule (Gustav Schmoller) untersucht die Besonderheiten regional- und länderspezifischer Wirtschaftsstile und -systeme. Sie verbessert durch ihre »Methode« des hermeneutischen Verstehens das Verständnis dafür, dass es »*Varieties of the Great Transformation*« (nach den »*Varieties of Capitalism*«) geben muss und soll.

Die Regulationstheorie (Robert Boyer), die unter anderem das (post-) fordistische politökonomische Akkumulationsregime und staatliche Herrschaft und ideologische Denkformen integrierende Regulationsmodi untersucht, schärft den Blick für die Verschränkungen von Politik, Wirtschaft und Gesellschaft. Die Überlegungen der sogenannten Radicals und Marxist*innen (aus deren Lagern es vor allem in den USA hervorragende Ökonom*innen und Intellektuelle gibt) stellen Macht, Ausbeutung, Eigentumsverhältnisse, Interessengegensätze und soziale Konflikte und Fragen kultureller Hegemonie in den Vordergrund. Während die Sozioökonomie die »netten« Aspekte des menschlichen Handlungsraums beinhaltet, helfen die Radicals, den Blick auf beinhart ausgetragene Interessenkonflikte zu schärfen, die im Verlauf der Großen Transformation zu erwarten sind. Auch bieten sie Vorschläge zu veränderten Eigentumsverhältnissen (Wirtschaftsdemokratie) als »Kompensation« für konsumtiv eingeschränkte Menschen, die dafür am Arbeitsplatz mitreden können, so schwierig das auch sein mag.

Der Neoricardianismus (Pierangelo Garegnani) kann neben seiner Kritik der Neoklassik (Kapitalkontroverse) bereits durch Piero Sraffas Korn-Korn-Modell den Blick auf rein materielle Input-Output-Beziehungen anleiten, die auch bei einer zentral zu planenden Großen Transformation eine Rolle spielen werden, wie auch Christoph Gran darlegt.

Die große Frage ist, wie man einen Allokationsmechanismus ausgestalten kann, der die Anpassungsprozesse trotz allerlei Rahmensetzungen (lenkenden Steuern und dergleichen) weder reinen Marktkräften überlässt, da dies für spontane Marktprozesse auch wegen des engen Zeitfensters eine Überforderung darstellen würde, noch zu einer quasidiktatorischen und autokratischen Planbürokratie von oben führt. Hier könnte an die sozialistische Kalkulationsdebatte und Versuche angeknüpft werden, trotz einer zentralen ökologischen Planungseinrichtung demokratische Mitsprache zu ermöglichen, einen Überblick dazu geben Ernesto Screpanti und Stefano Zamagni. Ihr Surplus-Ansatz stellt die Verteilung des Produzierten als unabhängige Variable dar. Das schärft den Blick für die Offenheit der Verteilungsverhältnisse. Und es hilft, da in und nach einer Großen Transformation der Kuchen kleiner ist, und die Gier zwangsläufig auf die Größe der Kuchenstücke abzielt.

Die feministische Ökonomie geht über reine Fragen von Gender und Diskriminierung weit hinaus. Sie thematisiert zwar männliches Dominanzverhalten als Habitus und zum Beispiel die Wertschätzung von Haus- und Sorgearbeit, tritt aber ebenfalls für eine zu stärkende Empathie gegenüber Menschen, aber auch Tieren, Pflanzen bis hin zur anorganischen Natur ein.

Neben diesen eindeutig heterodoxen Denkschulen, die natürlich noch weiter aufgefächert werden könnten (siehe die Vereinigungen im Anschluss an Michael Polanyi, Mahatma Gandhi oder Henry George oder die Public Choice Society), sind auch die Ansätze im Grenzbereich des Mainstreams interessant: die Neue Institutionenökonomie (Oliver Williamson, Ronald Coase) hinsichtlich der Probleme neuer Zuweisungen von Handlungs- und Verfügungsrechten, entstehenden Transaktionskosten, möglicher Opportunismen und Hold-ups, adverser Selektion und (un)erfreulicher Pfadabhängigkeiten. Auch der Ordoliberalismus (Walter Eucken) setzt Impulse mit seinem Plädoyer für kleine Produktionseinheiten zur Machtbegrenzung, der Bedeutung des Haftungsprinzips, der Kritik des Geldschöpfungsprivilegs der Privatbanken oder der Rolle einer humanökologischen Vitalpolitik.

Selbst der österreichische Ansatz (Carl Menger, Ludwig von Mises) kann trotz seiner übertriebenen Hommage an die Privateigentumsrechte ein Korrektiv gegenüber zu starker Lenkung durch den Staat sein. Er kann auf Grenzen des Wettbewerbs hinweisen, die gezogen werden müssen oder als Korrektiv wirken, denn gegenüber dem Rechnen mit Aggregaten und dem Subjektivismus bleibt er skeptisch.

Mithilfe der Informationsökonomie (Joseph Stiglitz, Herbert Simon) können beispielsweise mögliche Ineffizienzen wegen unvollständiger Informationen und asymmetrischer Informationsverteilung aufgedeckt werden. Gleiches gilt für Walrasianische Ungleichgewichtsansätze (Robert Clower, Edmond Malinvaud), die ebenfalls unter anderem Ungleichgewichte durch Informations- und Koordinationsprobleme, nicht zuletzt angesichts des fehlenden Auktionators, behandeln. Die zurzeit im Lager der Pluralen Ökonomik eventuell etwas überschätzte Verhaltensökonomie (und die Neuroökonomie) kann für die Große Transformation durch die Aufdeckung von kognitiven Verhaltensanomalien hilfreich sein und hemmende Framings wie Herdenverhalten aufdecken. Welche Rolle Nudging spielen kann, ist eine offene Frage. Ihre Antwort hängt auch davon ab, ob es die Betroffenen unbemerkt manipulieren oder Entscheidungsfindungen erleichtern soll. Die Komplexitätsökonomie, die Beziehungsgefüge mit irreversiblen und nicht linearen Eigendynamiken auch mithilfe von Agent Based Modeling analysiert, könnte vor bösen Überraschungen warnen.

Selbst die Mainstream-Ökonomie im engeren Sinne kann ihren Beitrag leisten, etwa zu Marktversagen oder indem ökonometrisch berechnet wird, wie stark der Benzinverbrauch bei einer bestimmten

#DIVERSITÄT

Steuerhöhe sinken würde. Durchaus im Anschluss an Baukastenelemente des Mainstreams stellt Carsten Müller einen Versuch dar, Lösungswege für eine nachhaltige Ökonomie zu bestimmen. Selbstverständlich ist es für Einzelne unmöglich, in Forschung und Lehre alle angesprochenen Ansätze, und seien es nur die heterodoxen, gleichzeitig zu thematisieren oder anzuwenden. Auch hier muss eine Arbeitsteilung stattfinden, deren gemeinsames Ziel aber der Rückbau und nicht, wie seit Adam Smith gefordert, die Steigerung des Produktionspotenzials sein müsste. Da sich die einzelnen Ansätze zum Teil widersprechen und dennoch ergänzen, wird von Studierenden und Wissenschaftler*innen trotz des hier angestrebten obersten Ziels ein hoher Grad an gegenseitiger Toleranz im Umgang mit Mehrdeutigkeit verlangt.

DIE GROSSE TRANSFORMATION
STEHT JETZT AN

Ein reichhaltiges Arsenal an Ansätzen liegt demnach allein schon im engeren Feld der Volkswirtschaftslehre vor (aus Raumgründen wurde hier zum Beispiel (wirtschafts-)soziologischen Verbindungen nicht nachgegangen). Alle Denkschulen müssten jedoch auf die ökologische Überlebensfrage ausgerichtet werden. Und die Verfechter*innen der Pluralen Ökonomik müssten sich auch auf makroökonomische Gestaltungsfragen einlassen, da ein schlichter Rückzug ins Ländliche und in kleine (Produktions-)Gemeinschaften nicht hinreicht. Man kann der kapitalistischen, weltweiten, arbeitsteiligen Wachstumsgesellschaft nicht einfach kleinräumig den Rücken kehren und zu tendenziellen Selbstversorger*innen werden; dafür ist in Zentraleuropa allein schon die Bevölkerungsdichte zu hoch. Und soll beispielsweise die Altenpflege von der Gunst der Verwandten abhängen? Unter den momentanen wirtschaftspolitischen »Zwängen«, der letztlichen Schwäche der Pluralen Ökonomik in Lehre und Forschung, der begrenzten Anzahl von Studierenden, die eine Große Transformation aktiv unterstützen, den Gewohnheiten im Alltag und dergleichen mehr ist die Chance für eine Große Transformation derzeit gering.

Wahrscheinlich wird ein merklicher Umschwung erst nach markanten Krisenerfahrungen erfolgen – eventuell durchleben wir gerade jetzt einen Hauch davon.

Institutionell müsste allen Studierenden (nicht nur) der VWL mindestens als Nebenstudienfach Umweltökonomie nachdrücklich nahegelegt werden. 50 Prozent der neu auszuschreibenden Professuren wären explizit im Umweltbereich anzusiedeln. Insgesamt müssten Lehre und Forschung nicht auf Wachstum, sondern auf Rückbau ausgerichtet sein. Die Kräfte müssten so gebündelt werden wie es (in kleinerem Rahmen) beim Apollo-Projekt zur US-Mondlandung geschah: den geistigen Laserstrahl auf ein großes Ziel ausrichten. Das Erfordernis der Großen Transformation als neues Metanarrativ reißt die Mehrzahl der Menschen zurzeit nicht richtig mit. Das kann sich ändern, wenn es uns ökologisch essenziell an den Kragen geht. Auch könnte man Exzellenz-Leuchtturm-Universitäten gründen, die sich interdisziplinär ganz der Großen Transformation widmen. Es müsste überlegt werden, wie man den konservativen Geist aus den Berufungsverfahren verbannt, da die alteingesessenen Adept*innen bestenfalls schwacher Nachhaltigkeit sicher nicht ihre Kritiker*innen berufen werden. Mit verschiedenen, auch heterodoxen Denkschulen vertraute Studierende der Pluralen Ökonomik werden auf jeden Fall ein wertvolles und konstruktives Element in der anstehenden Großen Transformation sein. Nichts ist unmöglich – die Große Transformation beginnt jetzt.

Dr. Dr. Helge Peukert ist interdisziplinär arbeitender Ökonom und Professor beim Masterstudiengang »Plurale Ökonomik« an der Universität Siegen.

#DIVERSITÄT

PLURALE ÖKONOMIK IM ZEITALTER DER ÖKOKALYPSE

»Werteorientierung löst sich von dem linearen Gedanken, dass Wissen an einem Ort entsteht und an einen anderen transferiert wird. Stattdessen wird in der Vielfalt der Herausforderungen auch die Vielfalt der Antworten und Perspektiven gefördert, welche die Akteur*innen gemeinsam entwickeln.«

Stephanie Birkner
Bernd Siebenhüner

KOMMUNIKATIVE SUBSTANZ UND SUBSTANZIELLE KOMMUNIKATION

Wirtschaftswissenschaften als Teil der Scientists for Future

Zur Unterstützung der Fridays-for-Future-Bewegung haben im Frühjahr 2019 zahlreiche Wissenschaftler*innen eine Stellungnahme veröffentlicht, die von weiteren 26 800 Kolleg*innen verschiedener Disziplinen unterzeichnet wurde, wie Gregor Hagedorn ausführt. In der Stellungnahme sowie in der etwa ein Jahr später erarbeiteten Charta der Scientists for Future wird hervorgehoben, dass Veränderungen in Wirtschaft und Gesellschaft angesichts der Klimakrise besonders dringlich sind. Erklärter Konsens ist, dass die CO_2-Emissionen drastisch sinken müssen. Dafür sind politische, gesellschaftliche, vor allem aber auch wirtschaftliche Impulse nötig, um Möglichkeiten und Wege einer nachhaltigen Transformation zu diskutieren und in konkreten Lösungen umzusetzen.

Was diese Forderungen der Wissenschaftler*innen wie auch der Fridays-for-Future-Bewegung für das Wissenschaftssystem bedeuten, bleibt bislang weitgehend offen. Dass Wissenschaft kommunizieren muss und will – sofern Sie Anteil an gesellschaftlichem Wandel entfalten soll – ist dagegen unbestritten – aber wie? Welche Konsequenzen können und müssen für das Wissenschaftssystem insgesamt sowie für einzelne

161 #DIVERSITÄT

Disziplinen gezogen werden? Welche Rolle kann und soll eine »Wissenschaft for Future« insgesamt und im Hinblick auf die Kommunikation von (Forschungs-)Ergebnissen übernehmen?

Geht es nach außen darum, der Gesellschaft Zugang zu Wissen zu ermöglichen? Ziel und Auftrag der *economists4future* als Teil der Scientists for Future wäre dann, eine *kommunikative Substanz* anzubieten, die gesellschaftliche Akteur*innen befähigt, im Angesicht der Klimakrise Handlungsentscheidungen für die Gestaltung nachhaltiger Transformationsprozesse zu treffen.

Ziel und Auftrag eines vielfältigeren Erkenntnisgewinns nach innen hieße für *economists4future*, untereinander sowie mit einschlägigen Akteur*innen außerhalb der Wissenschaft, eine *substanzielle Kommunikation* zu pflegen, welche die vielfältigen Fragestellungen der Klimakrise mit vielfältigen Perspektiven adressiert.

WISSENSCHAFT ERMÖGLICHT GESELLSCHAFTLICHES HANDELN

Substanz in mehrerlei Hinsicht ist dabei für die Wissenschaft enorm wichtig. Die Leitlinien guter wissenschaftlicher Praxis, etwa von der Deutschen Forschungsgemeinschaft, stellen heraus, dass die Güte von Forschung klar in Zusammenhang mit ihrer Nachvollziehbarkeit steht. Das bedeutet, dass Vorgehensweisen aber auch Vorannahmen offenzulegen sind. Auf diese Art und Weise wächst – so das Ansinnen der Leitlinien – die kommunikative Substanz der Wissenschaft. Auch die Lehre, das zweite zentrale Wirkungsfeld, zielt auf die Steigerung von Substanz ab, indem sie nicht zu einem gelingenden (Arbeits-)Leben befähigt, sondern auch Strategien zum Erkenntnisgewinn in diesem mitliefert.

In Ergänzung zu Forschung und Lehre gewinnt ein drittes Wirkungsfeld der Wissenschaft zunehmend an Bedeutung: Was gemeinhin unter dem Stichwort »Transfer« zunächst vornehmlich unter Aspekten einer wertorientierten Ökonomisierung von Erkenntnissen (beispielsweise in Form von Patentverwertungen und Spin-offs) en vogue wurde, erlangt zunehmend entlang neuer Ansätze der »Third-Mission« einen *werte*orientierten Stellenwert für die Gesellschaft. Dabei geht es längst nicht mehr darum, häufig durch Steuergelder finanzierte Forschungsergebnisse zu Innovationen zu machen, zumal es sich im Gros um Innovationen handelte, die nur von einigen wenigen erdacht werden, um für einige wenige Gewinne zu erzielen. Denn: Die Erde bevölkern nicht einige wenige, sondern viele Milliarden Menschen – sogar zusehends mehr. Diese Menschen unterscheiden sich, sie tragen eine Vielfalt an *Werte*vorstellungen darüber mit sich, was ein nachhaltiges und für alle heutigen und zukünftigen Generation gelingendes Leben bedeutet. Diese Pluralität der Individualität ist entscheidend für die Transformation von einem *wert*fokussierten hin zu einem *werte*orientierten Gesellschaftsmodell und den entsprechenden Transfer der *economists4future*: *Werte*orientierung löst sich von dem linearen Gedanken, dass Wissen an einem Ort entsteht und an einen anderen transferiert wird. Stattdessen wird in der Vielfalt der Herausforderungen auch die Vielfalt der Antworten und Perspektiven gefördert, welche die Akteur*innen gemeinsam entwickeln. Das bedeutet, dass die strikte Aufgabentrennung zwischen Wissenschaft und Gesellschaft aufgegeben wird zugunsten eines transdisziplinären Austauschs über Lösungsansätze und deren gemeinsame Umsetzung, was zum Beispiel ausführlich bei Gertrude Hirsch Hadorn und ihren Kolleg*innen dargelegt wird.

Economists4future arbeiten auf diese Weise daran mit, den Fokus wieder auf handlungsbasierten Dialog zu legen: Denn die Pluralität der Individualität findet ihre vielfältige Entsprechung nur im handelnden Austausch zwischen den Individuen – im privaten wie im öffentlichen Raum. Mit zunehmender Industrialisierung und Globalisierung hat das stumpfe Arbeiten das gestaltende Handeln jedoch mehr und mehr verdrängt: Die Vielfalt und Verschiedenheit der Menschen wurde zugunsten eines Wachstumsversprechens – immer höher, schneller, weiter – zu einer Masse unentwegt arbeitender und konsumierender Menschen homogenisiert, was nicht erst seit Hannah Arendt deutlich wurde.

Wissenschaftlicher Transfer muss daher sensibel sein für Vielfalt und Mehrdeutigkeit, denn unterschiedliche Menschen urteilen unterschiedlich, weil sie auch unterschiedlich wahrnehmen, was ich als Autorin dieses Textes auch an anderer Stelle deutlich gemacht habe. Statt »einfältig« in seinen fachlichen Ansätzen stecken zu bleiben, muss der Transfer die gesellschaftlich gegebene Vielfalt abbilden und Räume öffnen für transdisziplinäre Vielfalt im Austausch zu möglichen und

#DIVERSITÄT

erforderlichen Lösungsansätzen für die Klimakrise und andere gesellschaftliche Herausforderungen. Dieser Transferansatz muss, wie schon in einigen Beiträgen dieses Bandes angeklungen, »Möglichkeitssinn« stiften und Zukünfte einer nachhaltigen Transformation in den Blick nehmen.

Es ist gerade die Pluralität der Individualität, die *economists4future* sowohl zu einer Trägerin als auch zu einer Prägerin der Wissenschaften allgemein sowie des Transfers im Speziellen macht. Nur wenn sich Pluralität innerhalb der Wissenschaft abgebildet findet, kann sich das wieder dringend erforderliche politische Handeln an wissenschaftlicher Kommunikation bilden – und nur so können über Transferhandlungen und über die Vorstellung von Innovation als Entwicklung neuer Technologien hinaus auch soziale Innovationen entstehen. In Auseinandersetzung mit anderen Fächern und den gesellschaftlichen Akteur*innen können mit- und füreinander innovativ gestaltende Wege gefunden werden, die nicht nur sachlich korrekt sowie rechtlich erlaubt, sondern die vor allem auch ökonomisch, ökologisch und sozial zukunftsfähig sind.

THESEN ZUR WISSENSCHAFT IM KLIMAWANDEL

Kommunikationsräume des Denkens und Wirkens eröffnen sich nicht von selbst. Wenn *economists4future* ihre *werte*orientierte Transferaufgabe ernst nehmen und Teilhabe am politischen Prozess ermöglichen wollen, müssen sie diese Räume als Debatte um Grundsätzliches, als Diskurs von Visionen und als Auseinandersetzung vieler verstehen.

Die folgenden fünf Thesen markieren die Herausforderungen von *economists4future* als Teil der Scientists for Future:

Wissenschaftsbasierte Informationen zum Klimawandel sind notwendig – sowohl im Hinblick auf dessen Ursachen als auch bezogen auf die mit ihm einhergehenden Probleme

Im Zuge der Fridays-for-Future-Bewegung artikuliert sich ein enormer Wissensbedarf in der breiten Öffentlichkeit. Die schnelle und verbreitete

Sensibilisierung für Fragen der Klimakrise, ihrer Auswirkungen und möglicher Lösungen erzeugt einen großen Wissensdurst bei Schüler*innen, Eltern, Student*innen, zivilgesellschaftlichen Akteur*innen, aber auch bei Unternehmer*innen und Politiker*innen. Die Ansprechpartner*innen von Scientists for Future verzeichnen daher zahlreiche Anfragen von diesen Gruppen mit Bitten um Vorträge oder Informationsveranstaltungen oder Teilnahme an Projekttagen an Schulen und ähnlichem, denen unzählige entsprechende Veranstaltungen nachkommen.

Damit scheint gelungen, was lange Zeit erfolglos geblieben ist: Ein primär wissensbasiertes, dringliches Problem wurde endlich einer breiten Öffentlichkeit bewusst, ein Problem zudem, dessen konkrete Auswirkungen auf die Natur und die Gesellschaft zunächst erst in wenigen, zunehmend aber in weltweit spürbaren ökologischen Anzeichen ablesbar und in sozialen Konsequenzen erfahrbar sein werden. Dennoch gibt es einen wichtigen Unterschied im Erleben des Klimawandels im Gegensatz zu akuten (ebenfalls) menschgemachten Veränderungen des Ökosystems, die teilweise massive und konkret erfahrbare Schäden zeitigen mussten, um gesellschaftlich und politisch wahrgenommen zu werden. Beispiele für derartige Umweltprobleme sind Smog in Großstädten oder auch die Vermüllung von Landschaften und Ozeanen. Mit reaktiven Handlungen, wie Fahrverboten oder Müllsammelaktionen, versuchen sich einzelne politische Gruppierungen diesen Problemen zu stellen. Mit symbolischen Vorstößen, wie beispielsweise dem »Welterschöpfungstag«, wird zudem versucht, die gesellschaftliche Wahrnehmung zu erhöhen sowie die Bedeutung der Entwicklung von sozio-technischen Innovationen zur Problembehandlung zu betonen, die über ökonomische Optimierungskalküle hinausreichen. Im Unterschied zum (pro-)aktiven Handlungsansinnen im Kontext von Umweltproblemen verlangt die Trägheit des Klimasystems allerdings Vorsorge statt Nachsehen. Das Klima kann nicht auf breite gesellschaftliche Akzeptanz warten, der dann reaktive Problembehandlung folgt. Auf die Schäden zu warten, hieße, den Zeitpunkt der effektiven Handelswirkmacht verstreichen zu lassen, was auch Fred Luks herausstellt. Für die Wirtschaftswissenschaften bedeutet das, dass gestalterisches Denken und Handeln nicht einfach vom Himmel fallen, wer dies angehen will, muss auf wirkliche Ökonomie und Gesellschaft Zugriff haben, »Angang

#DIVERSITÄT

braucht Zugang«, wie der Herausgeber dieses Bandes und die Autorin dieses Textes deswegen formulieren: »Statt dezidiert erfahrungs- unabhängige Abstraktionen zu konstruieren, müsste es insofern um eine involvierte Analyse möglicher Entwicklungsrichtungen von Wirt- schaft und Gesellschaft gehen.«

Auf die gesellschaftlichen Wissensbedarfe hat sich die Wissenschaft mit rapide anwachsenden Forschungsleistungen und Kommunikationsanstrengungen zum Klimawandel eingestellt

Seitdem sich der IPCC seit 1998 als führendes, international anerkanntes Wissenschaftsgremium zur Politikberatung im Bereich Klimawandel etabliert hat, hat sich die Wissenschaftslandschaft dyna- misch weiterentwickelt. Die Forschung zu Treibern und Dynamiken von Klimaänderungen, ihren Auswirkungen in den verschiedenen ökologischen und sozialen Systemen sowie zu Möglichkeiten zur Mäßigung und Anpassung hat sich seitdem immens ausgeweitet und ist ein dominanter Zweig auch in der Forschungsförderung geworden. Es wird erwartet, dass die Zahl der Publikationen, die für den sechsten Sachstandsbericht auszuwerten sind, ungefähr dieselbe Größenordnung haben wird, wie die zugrunde liegenden Veröffentlichungen für alle IPCC-Berichte seit 1988 zusammen. Weltweit hat sich die Wissenschaft dem Klimawandel als Forschungsthema also in großem Maßstab angenommen.

Zugleich hat die Wissenschaft mit der Einrichtung des IPCC und der durch ihn etablierten Form der Politikberatung eine neuartige Form der Wissenschaftskommunikation entwickelt, die stark auf die politische Wahrnehmung und Anerkennung wissenschaftlicher Erkenntnisse ausgerichtet ist, was der Autor dieses Textes an anderer Stelle deutlich macht. Gleichwohl zeigt sich auch, dass in der Breite der Forschungs- landschaft die naturwissenschaftliche Forschung zu Klimaveränderun- gen, ihrer Verursachung und ihrer zukünftigen Entwicklung dominiert, während die Arbeiten zu Klimaschutz und auch zur Anpassung an Klimafolgen, das heißt zu Lösungen des Klimaproblems zumindest im

IPCC eine nachgeordnete Rolle spielen. Hier bleiben große Herausforderungen, insbesondere auch für die Gesellschaftswissenschaften, zur Rolle des Menschen und seiner Handlungsmöglichkeiten und Problemlösungen bestehen, die im Wissenschaftssystem verstärkte Anstrengungen erfordern.

Es kommt auf das Wissenschaftssystem insgesamt an, nicht auf eine Zerfaserung in einzelne Fachdiskurse in den existierenden Disziplinen

Eine Schwäche und Herausforderung der Klimaforschung liegt in der nach wie vor starken disziplinären Aufgliederung und der erst langsam in Gang kommenden gemeinsamen Analyse über Fachgrenzen hinweg. Dabei würden doch gerade das Ausmaß und die Relevanz des Phänomens eine Vernetzung und Zusammenführung, insbesondere von naturwissenschaftlichen und gesellschaftswissenschaftlichen Beiträgen, im Sinne eines umfassenden Verständnisses der Verursachung (Systemwissen) und zur fundierten Entwicklung von Lösungsbeiträgen (Transformationswissen) in Richtung auf gesellschaftlich verständigte Zielsetzungen (Orientierungswissen) erfordern.

Economists4future legen ihre Studien, ihre Lehre und ihren Transfer daher disziplinübergreifend und integrativ in Bezug auf diese Herausforderungen an. Eine Abschottung der Wirtschaftswissenschaften oder eine Haltung der Dominanz gegenüber anderen Gesellschaftswissenschaften ist dann primär kontraproduktiv und droht, isolierte Lösungen zu generieren, die unmittelbar zu neuen Problemen in anderen Bereichen führen können.

Problematisch ist allerdings, dass sich die »Standardökonomik« auf die – in den Worten Ekaterina Svetlovas – »kleine Insel des Rationalen« selbst verbannt hat und einer Diskussion um Vielfalt nicht stellen kann und will. *Economists4future* brechen diese Ignoranz auf und begreifen Wirtschaft als soziales Handeln.

#DIVERSITÄT

Der Klimawandel erfordert mehr als reine Informationsvermittlung. Er braucht eine interaktiv angelegte Wissenschaftskommunikation

Die auf konkrete Veränderungen in Wirtschaft und Gesellschaft ausgerichtete Fridays-for-Future-Bewegung verlangt neben Problemwissen vor allem auch Lösungs- und Transformationswissen aus der Wissenschaft, wie Gertrude Hirsch Hadorn und Kolleg*innen feststellen. Es liegt in der benötigten Form aber nicht notwendig vor. Eine schlichte Vermittlung vorhandener, oftmals hochspezialisierter Forschungsergebnisse reicht nicht aus. Diese stärkere Artikulation gesellschaftlicher Wissensbedarfe bietet eine Chance zur dringend benötigten Weiterentwicklung der Wissenschaft im Hinblick auf Lösungsbeiträge und ihre Orientierung auf gesellschaftliche Transformation gegenüber der bislang dominanten Fokussierung auf ökonomisch verwertbare technische oder organisatorische Neuerungen. Es bedarf vielmehr einer Mitwirkung gesellschaftlicher Akteur*innen, insbesondere aus dem Kontext der Aktivist*innen, in der Gestaltung von Forschung, der Entwicklung von Forschungsfragen, der Integration verschiedener Wissensbestandteile und der interaktiven Kommunikation der Ergebnisse und Umsetzungsnotwendigkeiten, was auch Uwe Schneidewind und Mandy Singer-Brodowski darlegen. Diese Kommunikation muss integrativ angelegt sein, um einen Austausch von Wissen zu ermöglichen und auch das wissenschaftliche Wissen in gesellschaftlichen Kontexten relevant werden zu lassen. Hier bieten sich auch für *economists4future* über die Fridays-forFuture-Foren sowie die Scientists-for-Future-Gemeinschaft neuartige Möglichkeiten der Wissenschaftskommunikation jenseits formalisierter Politikberatungsgremien und Gutachten. Aufbauend auf der Einsicht, dass mehr Wissen nicht notwendigerweise bessere oder umfassendere Veränderungen und Lösungen generiert, bergen diese neuen Formen besondere Potenziale dafür, dass das Wissen auch handlungsrelevant werden kann, wenn es Lösungen forciert und auf gemeinsame Umsetzung ausgerichtet ist.

Interdisziplinäres Wissen über mögliche Zukunftsszenarien ist ein Anfang. Es braucht jedoch ebenso transdisziplinäres, auf die Gestaltung potenzieller Zukünfte ausgerichtetes Handeln

In diesem Sinne hat die Fridays-for-Future-Bewegung deutlich gemacht, dass der Klimawandel und vor allem die Dekarbonisierung der Gesellschaft und Wirtschaft zentrale Forschungs- und Lehrthemen für die Wissenschaft darstellen, welche es gilt, weiter zu bearbeiten und entsprechende Angebote zu erarbeiten. Zugleich zeigt sich, dass Wissenschaft und Forschung im herkömmlichen Sinne nicht ausreichen, um die Herausforderungen der Klimakrise zu bewältigen. Es bedarf neben der thematischen Hinwendung zum Klimaproblem und seiner Lösungsansätze auch einer Einbindung weiterer gesellschaftlicher Akteur*innen in Forschungs- und Wissensgenerierungsprozesse, wie es im Rahmen transdisziplinärer Forschung gefordert und in einigen Bereichen bereits etabliert ist und zum Beispiel von Daniel Lang und Kolleg*innen dargestellt wird. Sowohl wissenschaftliche Disziplinen, ihre Methoden und Erkenntnisse, als auch das Wissen und die Praktiken gesellschaftlicher Akteur*innen, wie NGOs, Unternehmen, Verwaltungen etc., müssen zusammengebracht werden.

Zugleich wäre es naiv und vermessen, zu erwarten, dass allein durch diese Art von Forschung und Transfer gesellschaftlicher Wandel entstünde. Es braucht den Willen und die Bereitschaft vieler Akteur*innen und auch deren Fähigkeit, Konflikte und Hindernisse zu erkennen, zu verstehen, anzugehen und zu lösen. Insbesondere im Klimadiskurs zeigen sich die enormen Beharrungstendenzen gesellschaftlicher, politischer und vor allem wirtschaftlicher Strukturen und Organisationen. Einerseits werden wirtschaftliche Produktionsmuster, etablierte, auf Wachstum angelegte Konsumpraktiken fundamental hinterfragt, gleichzeitig soll die Stabilität politischer und rechtlicher Prozesse und Regelungen gewahrt bleiben. Das impliziert eine Generationenaufgabe, die nur mit den vereinten Anstrengungen aller relevanter Akteur*innen zu bewältigen ist.

#DIVERSITÄT

TRANSFER ALS VIELFÄLTIG ANGELEGTER GESTALTUNGSRAUM

Economists4future können einen *werte*orientierten Transfer etablieren. Er regt das Ent- und Bestehen von Mehrdeutigkeiten an, die im transdisziplinären Dialog entstehen. Der so entstehende Kreativraum fördert die Entwicklung und Verbreitung von gestalterischen Ansätzen im Umgang mit der Klimakrise und anderen gesellschaftlichen Herausforderungen. Dass solche Räume funktionieren, beweist die Corona-Krise: In Gemeinschaften wie den »Maker-versus-Virus-Hubs« oder auch im Hackathron »#WirvsVirus« der Bundesregierung oder dem europäischen Pendent »#EUvsVirus« finden Produktion und Verbreitung von Wissen auf Augenhöhe statt.

In diesem Sinne wird es zur Aufgabe der Wirtschaftswissenschaftler*innen innerhalb der Scientists for Future, ihr Fach divers und sinnstiftend zwischen Forschung, Lehre und Transfer zu betreiben. *Economists4future* sind überzeugt: Ihr Transfer darf die Forderung einer Anpassung der Akteur*innen einschließen; er muss ihr Handeln inspirieren und es als Ausgangsbasis neuer Zukunftsentwürfe von Wirtschaft und Gesellschaft fördern. Dafür braucht es beides: kommunikative Substanz und substanzielle Kommunikation. Nur so gelingt es, dass die bessere Zukunft nicht nur *gedacht,* sondern auch gemeinschaftlich *gestaltet* werden kann.

Prof. Dr. Stephanie Birkner ist feministisch arbeitende Betriebswirtin und engagiert sich für mehr Vielfalt in der Gründungsforschung und -praxis.

Prof. Dr. Bernd Siebenhüner ist transdisziplinär arbeitender Nachhaltigkeitsökonom an der Carl von Ossietzky Universität Oldenburg und Vorsitzender der Vereinigung für ökologische Wirtschaftsforschung.

»Wenn wir über
Weltverbesserungskompetenz reden,
müssen wir vor allem über
Partizipationskompetenz, die Fähigkeit
mitzuwirken und mitzugestalten, sprechen.
Organisierte Interaktion sowie
vertrauensvoller und wechselseitiger
Austausch sind der Kit, der die Gesellschaft
zusammenhält.«

Lutz Becker
Gunnar Sohn

ZUKÜNFTEN ZUGEWANDT LERNEN

Weltverbesserung wird Partizipation gewesen sein. Ein Dialog

Die längst spür- und messbare Klimakrise sowie deren künftig noch verstärkt zu erwartenden Auswirkungen stellen unsere Gesellschaft vor ungeahnte Herausforderungen. Wir selbst und die Organisationen in dieser Gesellschaft müssen lernen, mit den Folgen zu leben, ein Thema, mit dem sich Karsten Hurrelmann und seine Kolleginnen und Kollegen ausführlich beschäftigen Und mehr noch: Wir müssen die Art und Weise, wie wir uns gesellschaftlich und ökonomisch organisieren, an vielen Stellen grundsätzlich in Frage stellen. Das transformative Potenzial der Klimakrise ist kaum absehbar. Wir müssen immer aufs Neue die Frage stellen, inwieweit und in wessen Sinne die gesellschaftlichen und ökonomischen Spielregeln neu geschrieben werden.

   Gleichzeitig wirkt nicht nur die Klimakrise in unserer modernen Welt transformativ: Die Corona-Pandemie des Jahres 2020 macht deutlich, wie schnell die Schockwellen, die von solchen Krisen ausgelöst werden, sich auf einem vernetzten Globus ausbreiten. Sie offenbart, wie eng die globalen Systeme miteinander verflochten und wie prekär sie mitunter sind. Darüber hinaus zeigt die Digitalisierung, wie vom »Internet der Dinge« über »Plattform-Ökonomien« bis hin zu »Big Data« und »Künstlicher Intelligenz« oft widersprüchliche Entwicklungen parallel

#PARTIZIPATION

stattfinden. Vernetzungsdichte, Geschwindigkeit und die Zahl der Teilnehmerinnen und Teilnehmer nehmen zu. Das Analoge und das Digitale wachsen zusammen und schaffen unerwartet Neues.

Klimakrise, Corona-Pandemie und Digitalisierung erhöhen also aus unterschiedlichen Richtungen den transformativen Druck auf die Gesellschaft: Einerseits wächst das Erfordernis, sich auf neue Spielregeln in Wirtschaft und Gesellschaft einzulassen. Andererseits werden un-geahnte Möglichkeiten geschaffen, neue Welten zu entdecken und die Spielregeln dafür eigens neu zu schreiben.

Vor diesem Hintergrund stellt sich für *economists4future* die Frage, wie wir Studierende, die Verantwortung in Wirtschaft und Gesellschaft übernehmen wollen, auf Zukünfte vorbereiten können, die niemand kennt. Konkret heißt das in unserem Fall: Kann man Innovation lernen? Kann man sie managen? Kann man Führung lernen? Wie deuten sich Transformationen an? Wie kann man das Mögliche entdecken und beurteilen? Wie wirkt sich Nicht-Wissen auf Entscheidungen und Handeln in Bezug auf mögliche Zukünfte aus?

Kurzum geht es um die Befähigung, die Verantwortung für das eigene Lernen und die eigenen Entscheidungen mit Wirkung auf eigene Zu-künfte übernehmen zu können. Das Einmaleins der modellgetriebenen Wirtschaftswissenschaften hilft dabei nur bedingt weiter. Denn gefragt sind Fähig- und Fertigkeiten, mit komplexen und unbekannten Situa-tionen in Wirtschaft und Gesellschaft umzugehen: Perspektivwechsel, analytische und methodische Kompetenzen, Umgang mit Wissen und Nichtwissen, mit Uneindeutigkeit und Zufall, mit der Legitimität widersprüchlicher Auffassungen, Kommunikationskompetenz und die Fähigkeit, in Netzwerken zu agieren.

Wie können solche Kompetenzen und Befähigungen gebildet – nicht: ausgebildet – werden? Wie können wir junge Menschen befähigen, in gesellschaftlichen Organisationen – Unternehmen, NGOs oder Ad-hoc-Gruppen – Verantwortung zu übernehmen, damit ihre kleine und die Welt damit im großen Ganzen ein wenig besser wird? Weder der BWL-Kanon noch die traditionellen Formen der Wissensvermittlung liefern nennenswerte Antworten. Statt blind auf vorgefertigte Welterklärungen oder einfache Modellwelten zu vertrauen, geht es für *economists4future* in einer sich abrupt wandelnden Welt darum, Möglichkeitsräume zu öffnen und zu erschließen. Das Internet ist ein solcher Möglichkeitsraum. Andere Möglichkeitsräume werden durch die Denkform der Utopie aufgestoßen. Utopien liefern Anregungen und Hinweise zum Umgang mit möglichen Zukünften und einer Didaktik im Spiegel der Möglichkeitswissenschaften, was Lars Hochmann ausführlich behandelt.

Das erfordert – anders als bislang – eine partizipative Lehre, die nicht einseitig frontal vermeintliche Gewissheiten behauptet, sondern Lernende einbindet und im gemeinsamen Austausch Wissen schafft.

LERNEN DURCH LEHREN

Solch eine Didaktik der Möglichkeitsräume haben wir über fünf Jahre entwickelt und erprobt: 2015 fand in Bonn erstmals die Konferenz *Next Economy Open* statt. Es handelte sich um ein stationäres Format, angesiedelt zwischen Barcamp und traditioneller Konferenz. 2016 wurde die Konferenz erstmals als mehrdimensionales digitales Format weiterentwickelt. Im Rahmen einer virtuellen Konferenz konnten digitale Streams verfolgt werden, flankiert von regionalen und stationären Konferenz-Satelliten. Unter dem Dach der *#NEO16* war die gesamte Konferenz im gleichen Jahr live im Netz zu verfolgen. Netzszene und Wirtschaft bilden ein enorm kreatives Paar, wenn es darum geht, Brücken zu bauen für neue Ideen, neue Kombinationen mit überraschenden Verbindungen und Erkenntnissen, fortlaufende Gespräche sowie offene Begegnungen. Studierende stellen ihre Forschungen und Analysen, ihre Konzepte und Szenarien einer breiten Netzöffentlichkeit zur Diskussion. Solche live gestreamten Workshops sind angelehnt an das Konzept »Lernen durch Lehren« von Jean-Pol Martin, an das »Flow Team«, das auf Martin Gerber und Heinz Gruner zurückgeht sowie an das »Visual Process Management«, das Sonali Wavhal beschreibt. Tatsächlich haben sich diese digitalen Formate in der akademischen Lehre bewährt.

Ziel der *Next Economy Open* ist, bewusst die Haltung utopischen Denkens einzunehmen und dadurch Möglichkeitsräume zu eröffnen beziehungsweise diese über öffentliche Debatten im *Social Web* zu erschließen. Dazu haben die Studierenden eigenverantwortlich das Format der Lehrkonferenz entwickelt, geplant und umgesetzt. Im Fluchtpunkt dieses Moduls steht das Ziel, Verantwortungs-, Führungs- und Gruppendynamiken zu erfahren und das eigene Tun selbstwirksam zu

ZUKÜNFTEN ZUGEWANDT LERNEN

reflektieren. Der Erfahrungsschatz wurde schließlich anhand von Theorieimpulsen auf der Veranstaltung reflektiert.

Die Ergebnisse unserer digitalen Lehr-Lern-Konferenzen zeigen: Wir brauchen in der ökonomischen »Bildung for Future« neue Formate mit mehr Partizipation. Das nachfolgende Gespräch reflektiert diesen Gedankengang und ist selbst der Versuch, von einem Ort in der Zukunft her den Grundstein zur Notwendigkeit der partizipativen Lehre zu legen. Ein Dialog, der ernst machen will mit dem Brückenbau zwischen Wissenschaft und Gesellschaft.

WARUM SO UTOPISCH?

Köln, 2039. Zwanzig Jahre nach der letzten gemeinsamen #NEO19x treffen sich zwei Pioniere der Lehr-Lern-Konferenz – der frühere Wirtschaftsblogger Gunnar Sohn und der ehemalige Hochschullehrer Lutz Becker – auf der Terrasse des letzten Stadtcafés. Die Rheinlandmetropole ist wegen der sich in den Sommermonaten anstauenden Hitze praktisch unbewohnbar geworden. Nur die wenigen sturmfreien Tage im Spätwinter laden zum Aufenthalt im Freien ein. Aber vielleicht ist auch alles ganz anders. Während die beiden über Utopien und Experimente sinnieren, sie sich an die damals neuen Formate in Lehre und Forschung, die sie im ersten Viertel des 21. Jahrhunderts umgetrieben haben:

LUTZ: Gunnar, warum hast du dich damals überhaupt mit Utopien beschäftigt?

GUNNAR: Weißt du nicht mehr, da war doch unser gemeinsamer Podcast #KönigVonDeutschland. Angelehnt an Rio Reisers Textzeile »Das alles, und noch viel mehr | würd' ich machen, wenn ich König von Deutschland wär'«. Es sollte ein Format sein, bei dem es darum ging, Gespräche zu führen, in denen wir die rebellische Perspektive einnahmen, um darüber alternative Zukünfte zu entdecken. Ein wenig folgten wir Friedrich Nietzsche und seiner fröhlichen Wissenschaft: Es ging um die radikale Freiheit des Neuanfangs. Wer vorausblickt, hat die Freiheit des Möglichen vor sich und ist nicht in die enge Wirklichkeit bestimmter Erwartungen eingeflochten oder verstrickt. Es ging darum, die Freiheit im Denken zu erschließen – die Freiheit des Blicks und der Transparenz der Gedanken. Schon Nietzsche forderte zu diesem Gedankenexperiment auf: »Wie wäre es, wenn ...?« Die Frage provoziert ein ausdrückliches Verhalten zum eigenen Leben allein dadurch, dass sie gestellt wird. Und wer die Frage beantwortet, ändert damit schon ein Stückchen die Realität. Was wir damals bei vielen Entscheiderinnen und Entscheidern in Politik, Wirtschaft und Wissenschaft erlebten, war eher die Geisteshaltung: Wie können wir den Status quo bewahren?

LUTZ: Stimmt, unser Podcast. Entscheidungen für unsichere Zukünfte zu fällen, bestimmte Zukünfte zu entwerfen und mit anderen umsetzen zu wollen – das war ja eigentlich schon immer Thema gelingenden Leaderships. Der platte »Manager-Kapitalismus« basierte dagegen auf Wissen aus *Excel Sheets* oder Buchungssätzen. Seit der zweiten Hälfte 20. Jahrhunderts wurde die komplexe Realität auf wenige »*Key Performance Indicators*« reduziert, die in die Zukunft hinein verlängert wurden. Die damaligen Systeme boten diese Möglichkeiten, und deshalb nutzte man sie. Irgendwann wurde das dann zum Selbstzweck. Im Mainstream der Business Schools wurde das dann über Jahre auch so gelehrt. Was für ein Kurzschluss! Zukunft hat mit Möglichkeiten zu tun. Und um die in den Blick zu nehmen und zu verwirklichen, bedarf es bestimmter Methoden. Dazu gehört die strukturierte Utopie, wie wir sie pflegten.

GUNNAR: Verrückt eigentlich, dass sich der »Manager-Kapitalismus« so hartnäckig halten konnte, immerhin nahm den schon Joseph A. Schumpeter in seiner Bonner Zeit in den 1920ern aufs Korn: Beispielsweise in seiner Abhandlung *The Instability of Capitalism*, in der er die dem Kapitalismus seiner Ansicht nach innewohnenden selbstzerstörerischen Kräfte beschreibt. Das ist auch die Hauptidee seines anderthalb Jahrzehnte später veröffentlichten Buches *Capitalism, Socialism and Democracy*. In den Worten seines Zeitgenossen Wilhelm Röpke: Es leidet die Mannigfaltigkeit. Und das konnten wir noch in der einfallslosen Klimapolitik von vor zwanzig Jahren erleben.

LUTZ: Anfang der 1980er-Jahre galt die »Wuppertaler Schule«, deren Schüler ich war, den allermeisten Ökonomen – es waren damals ausschließlich Männer – als düsterer Hort solch überbordender Mannigfaltigkeit. Dort habe ich in der Controlling-Vorlesung bei

Ekkehard Kappler zum ersten Mal die Denkfigur kennengelernt, von einer vollendeten Zukunft rückwärts zu denken:»Wie wird es geworden sein?« Sein späterer Doktorand Otto Scharmer hat das auf die Formel gebracht:»*Leading from the future as it emerges.*« Später habe ich in mehreren Projekten mit Mihai Nadin zusammengearbeitet, der in diesem Kontext gerne T. S. Eliot zitierte:»*The end is, where it starts from.*« Letztlich hat dann der Soziologe Harald Welzer diese Idee mit seinem Buch *Futur II* richtig populär gemacht.

GUNNAR: Was hat das für dich in der Praxis von Lehre und Forschung bedeutet?

LUTZ: Die Welt dreht sich beständig, aber manchmal – etwa 2007, nachdem Steve Jobs das erste iPhone in die Luft gehalten hat – eben ruckartig. In nicht einmal zehn Jahren ist daraus eine komplette App-Economy entstanden und 2020 wurde die Welt auf einmal über Twitter regiert – zumindest vom damaligen US-Präsidenten. Sexuelle Beziehungen wurden durch einen Fingerstrich angebahnt und per WhatsApp wieder beendet. Es entstanden fast schlagartig Veränderungen im Tiefengefüge unserer Gesellschaft, in den Spielregeln, nach denen wir uns jahrzehntelang organisierten. Die Gestaltung dieser Spielregeln hat aber ab den 2000er-Jahren das Tor für ökologische und soziale Krisen immer weiter geöffnet. Und trotzdem taten große Teile der Wirtschaftswissenschaften so, als sei das alles nicht geschehen. Nach der Corona-Pandemie 2020 wiederholte sich das. In der Verzahnung von Lehre und Forschung habe damals immer mit Skepsis beobachtet, dass sich die Diversität und Disruptionsanfälligkeit der Welt in der ökonomischen Lehre nicht abgebildet fand. Im Netz konnten unsere Studierenden mehr lernen als an der Universität.

GUNNAR: Aber auch der Netzökonomie fehlte damals der moralische Kompass. Denk nur mal an die irreführenden Narrative, die uns untergejubelt wurden. Etwa die Story vom anarchischen Silicon Valley, die in Wahrheit nur eine lauwarme Rechtfertigung von unbezahlter Arbeit war. Das Aufbegehren einer frechen Hacker-Kultur gegen das kapitalistische Establishment war ein gigantisches Täuschungsmanöver. Dieses eigentümliche Gemisch aus freiwilliger unbezahlter Arbeit, hierarchischer

Kontrolle und Kennzahlenorientierung in den Silicon-Valley-Konzernen sowie kapitalistischer Aneignung wurde in der Ära der Netzökonomie so dominant, dass manche darin eine neue Wirtschaftsordnung glaubten. Repräsentiert vor allem von solchen Vulgärkapitalisten wie Donald Trump, so hieß dieser Präsident doch, nicht wahr?

LUTZ: Erfahrungswissen, Best Practices und modellhafte Handlungsempfehlungen stießen in den 2010er-Jahren – und dann endgültig in der Krise 2020 – vollends an ihre Grenzen. Deshalb wurde es umso wichtiger, junge Menschen zu befähigen, auf konstruktive Weise utopisch zu denken, immer wieder die Frage zu stellen, ob nicht alles auch ganz anders sein kann. Meinen Studierenden sagte ich immer: »Wir müssen euch auf eine Welt vorbereiten, die weder ihr kennt, noch wir kennen.« Deshalb fand ich es so enorm relevant, dass sich diese jungen Menschen, die alle Verantwortung in Wirtschaft und Gesellschaft übernehmen wollten, systematisch mit alternativen Zukünften auseinandersetzten und ihre ganz eigenen Entwürfe zeichnen konnten. Das waren vor allem die intellektuellen Auseinandersetzungen mit verschiedenen Treibern und alternativen Bedingungen des Wandels. Daraus entwickelten sich viele weiterführende Fragen: Welche grundsätzlichen Handlungsmöglichkeiten habe ich? Wie erkenne ich frühzeitig Sackgassen? Welche alternativen strategischen Optionen stehen mir zur Verfügung? Wie kann ich die Strategien umsetzen? Und vor allem mussten wir immer auch die normativen Fragen beleuchten, zum Beispiel: Welches sind die richtigen Zwecke? Welche Verantwortung haben wirtschaftliche Organisationen für das gute Leben der Vielen? Stehen diese Fragen einmal im Raum, kann man daraus sowohl Forschungsansätze als auch spannende Lernumgebungen entwickeln.

GUNNAR: Ich hatte aber auch den Eindruck, dass das Lernen an Hochschulen verflacht. In meiner Hochschulzeit hatte ich noch die Idee einer digitalen Thomasius-Akademie für Wissenschaft und Geselligkeit. Das war nur ein kleines Projekt, aber für mich eine wichtige Erfahrung: Christian Thomasius trieb Ende des 17. Jahrhunderts die Universität als politisches Experiment voran, nicht als Effizienzanstalt für das Sammeln von Schleimpunkten beim »Prof«. Sein politisches Universitätskonzept beruhte auf Weltläufigkeit, Klugheit und Erfahrungsnähe.

Es sollte die Urteils- und Kritikfähigkeit der Studierenden fördern und Barrieren für den Zugang zu relevantem Wissen aus dem Weg räumen. Überlieferungen und Traditionen schob er beiseite und empfahl seinen Studierenden ein entspanntes Verhältnis gegenüber Wandel und Neuerung. Der Einzelne sollte unhintergehbar werden, indem er sich selbst praktischen Wissens bemächtigte. In seiner Klugheitslehre machte Thomasius die Lernenden direkt zu Lehrenden. Denn die Wissensproduktion fand jenseits der Hochschulen vor allem in der täglichen Konversation statt. Damals dachte ich, diese Idee gekoppelt mit der basisdemokratischen Grundlage des Digitalen – genial!

LUTZ: Verflachung ist ein gutes Stichwort, die betriebswirtschaftlichen Lehrbücher waren damals ja wirklich vollgestopft mit einfältigen und eindimensionalen Erklärungsmodellen oder fantasielosen Fallstudien, die so taten, als gäbe es ein »richtiges« Management, anwendbar auf alles. Die Standardlehre erweckte den Anschein, dass sich alle Probleme nach dem Schema »*Plan-Do-Check-Act*« lösen lassen. Wie bei den volkswirtschaftlichen Gleichgewichtsmodellen vermittelte man das Prinzip: »*Taken for granted*«. Kaum etwas davon wurde wirklich hinterfragt. Wie hätte sich die Welt entwickelt, wenn Steve Jobs die dumpfen Tasten seines Nokia Handys einfach chic gefunden und der Geruch von Auspuffgasen bei Elon Musk aufregende Verzückungen ausgelöst hätte?

GUNNAR: Standardmodelle dominierten, keine Frage. Auch wenn man ihnen manchmal einen modernen neuen Namen gab wie »Neuro-Ökonomik« oder »Verhaltensökonomik«. Aber was die Wirtschaftswissenschaft in einer Zeit des massiven Umbruchs nicht gab, war Orientierung. Ökonominnen und Ökonomen des Mainstreams waren keine öffentlichen Intellektuellen. Was fehlte, war eine Ökonomik, die spannende Fragen stellte.

LUTZ: Gefährlich fand ich vor allem, dass die meisten Lehrbücher das Denken der jungen Menschen normierten. Sie lenkten es in eine bestimmte Richtung, in betonierte Bahnen und haben Möglichkeitsräume ausgeblendet. Ich habe mal einen Text über Tycho Brahe geschrieben. Er hat im 16. Jahrhundert anhand scheinbar völlig plausibler Daten das heliozentrische Weltbild belegt, aber gegen Kopernikus argumentiert und damit eine Art »Zwischenmodell«, zwischen geo- und heliozentrischem System geschaffen. Das ist ein gutes Beispiel, wie die ökonomische Lehre vor zwanzig Jahren funktionierte: »Seht her, ich habe eine tolle Theorie und tolle Modelle, und die Daten passen perfekt.« Aber trotzdem ist alles schlicht Unsinn – und für solchen Unsinn wie die Berechnung »optimaler Zerstörung« konnte man noch einen »Nobelpreis« für Wirtschaft bekommen.

GUNNAR: Solche Scheingefechte erschwerten damals auch die nötige Energie- und Verkehrswende. 67 Prozent der Berufspendler*innen fuhren damals in Deutschland mit dem Auto zur Arbeit, versauerten im Stau, den sie selbst verursachten, belasteten die Umwelt und ärgerten sich über den Verlust an Lebensqualität. Durchschnittlich saßen im Berufsverkehr nur 1,2 Personen pro PKW. Rund zehn Millionen Menschen waren täglich länger als eine Stunde unterwegs. Über sechs Millionen fuhren mehr als 25 Kilometer zu ihrem Arbeitsplatz. Wir hätten die Arbeit so viel schneller zu den Mitarbeiterinnen und Mitarbeitern bringen können. Aber da musste erst die Corona-Pandemie kommen, um den Mainstream-Chefs zu zeigen, dass Homeoffice funktioniert. Nicht in allen, aber in vielen Sparten hätte es ein Lob der Immobilität gebraucht. Jeder nicht gefahrene Kilometer entlastet den Verkehr, senkt die Emission von klimarelevanten Treibhausgasen um 141 Gramm pro Personenkilometer und macht Menschen stressfreier. Diese Zahlen waren bewiesen. Ich selbst hatte bereits 2019 mein Auto abgeschafft und kaufte mir auch kein E-Auto, das im gleichen Stau wie die Verbrenner gestanden hätte. Im Schnitt legten wir in Deutschland 16 Kilometer zum Arbeitsplatz zurück. Dabei können wir 20 bis 32 Kilometer pro Tag locker mit dem E-Bike bewältigen – ohne ins Schwitzen zu kommen. Wenn wir von E-Mobilität reden, hätten wir stärker auf Fahrräder schauen müssen und nicht auf Autos.

LUTZ: Wobei es einfache Lösungen natürlich nicht gab. Dafür war die Welt, waren ihre Probleme viel zu komplex – vor allem für die allzu mathematikgläubige Ökonomik. Wir brauchten damals in den Wirtschaftswissenschaften eine neue Vielfalt an Methoden, Theorien, Zugängen und Gegenständen. Methoden aus der Softwareentwicklung, wie Data-Analytics oder Agent-based-Modelling, blieben randständig. Vor

#PARTIZIPATION

allem ging es aber darum, dass wir das Wirtschaften wieder als soziale und kulturelle Veranstaltung zu sehen lernen mussten. Wirtschaftliches Handeln ist immer sozio-kulturelles Handeln und eben auch nur aus dieser Perspektive verständlich. Und wir mussten es verstehen, da wir uns für Musteränderungen und Transformationen interessierten.

GUNNAR: Management-Zeitschriften und die Wirtschaftsforschung rückten gerne ökonomische Imperative in den Mittelpunkt: CSR nur als Mittel zum Ökonomischen. Frei nach dem Motto: Unternehmens-verantwortung auf sozialen Gebieten? Nur wenn sie sich rechnet! Unternehmen publizierten schön formulierte Pressemitteilungen, *CSR Reports* oder »*Codes of Conduct*« und errichteten damit eine Image-Fassade. Die eigentlichen Geschäftsprozesse blieben intransparent und unangetastet. Ich hielt das damals schon für dürftig und naiv. Wir erlebten immer häufiger ein Versagen des Staates bei der Durchsetzung von Normen und Pflichten für das Allgemeinwohl. Was fehlte, war ein Demokratiemodell, in dem Unternehmen Gegenstand demokratischer Mitentscheidung und Kontrolle sind. Dann hätte man sich nicht mehr mit netten PR-Sprüchen, CSR-Hochglanzbroschüren und semantischen Nebelkerzen über Wasser halten können.

LUTZ: Wir waren damals an einem Punkt, an dem die konkreten Lösungen für gesellschaftliche Umwälzungen nicht mehr vorlagen. Und sie auch nicht mehr mithilfe von Lehrbüchern nachgeschlagen werden konnten, sondern sie mussten ausprobierend gefunden werden. Das haben schon frühere Gesellschaften vorgemacht. Vor allem Mitte des 19. Jahrhunderts wurde experimentiert, zum Beispiel mit Lesevereinen, aus denen später die Volkshochschulen entstanden, oder mit genossen-schaftlichen Organisationsformen, aus denen sich unter anderem die Volks- und Raiffeisenbanken entwickelten. Nach einem langen genossen-schaftlichen Winter nahmen sie mit der Energiewende zu Beginn des 21. Jahrhunderts wieder vorsichtig Fahrt auf. Die Welt brauchte damals Reallabore, Experimente in freier Wildbahn. In ihnen suchten unter-schiedliche gesellschaftliche Gruppen Antworten auf die großen und komplexen Herausforderungen, wie die Klimakrise, die Mobilitätskrise oder auch die heraufziehende Gefahr von »*Techological Unemployment*«. Das hatte auch Folgen für die wissenschaftlichen Methodiken: Aus dem

Slogan »Von der Theorie zur Praxis« wurde ein »Von der Praxis zur Theorie«. Natürlich half uns dabei, dass wir immer mehr und bessere Daten hatten, weil die Techniken sich ausdifferenzierten. Viele politische Akteure blendeten die wissenschaftlichen Befunde jedoch schlicht aus. Im Gegenteil, häufig wurde fernab jeder Redlichkeit gegen Fakten und begründetes Wissen argumentiert.

GUNNAR: Reallabore – guter Punkt. Ich hatte mich damals kräftig eingemischt und vor der Wohlfühlrhetorik der New-Work-Schamanen gewarnt: Meine Recherchen legten Cliquen, Klüngel, Karrieren, Seilschaften und machtvolle Netzwerke mit Hinterzimmer-Mauscheleien offen. Also Fakten und keine Coaching-Weisheiten über die Realitäten in Unternehmen. Es ging um Menschen, nicht um Maschinen. Es ging um *Checks-and-Balance*-Maßnahmen, die den Machtmissbrauch von Führungskräften eindämmten. In vielen Unternehmen erhöhten die Strukturen faktischer Alleinherrschaft die Wahrscheinlichkeit von Fehlentscheidungen. In Anlehnung an den Philosophen Karl Popper könnte man auch sagen: »Es kommt darauf an, Institutionen so zu organisieren, dass es schlechten oder inkompetenten Protagonisten unmöglich ist, allzu großen Schaden anzurichten«. Das gilt auch für Demokratien, für Unternehmen und für sonstige Organisationen. Dein ehemaliger Kollege Michael Zerr kritisiert die Lerntechniken an traditionellen Manager-Kaderschmieden in nachdrücklicher Weise: »Reinschaufeln, auskotzen, vergessen.« Wir brauchten dringend etwas Neues: Keine PowerPoint-Weisheiten, die den Studierenden an den Hochschulen zum Auswendiglernen in die Ohren gegeigt werden.

LUTZ: Gerade Fachhochschulen hatten unterschiedliche Öffentlichkeiten zu bedienen, die bei vielen Universitäten längst aus dem Blick geraten waren: die Studierenden, die Wirtschaft, die Gesellschaft und natürlich auch die Wissenschaft. »*Applied Economics*« ist da eher eine irreführende Bezeichnung. Wir wendeten nicht nur irgendein Wissen schablonenartig auf »die Wirklichkeit« an, sondern standen immer im Spagat zwischen Wissenschaft und Praxis. Unsere Aufgabe war, im gemeinsamen Gespräch mit Betroffenen praktisch relevantes Wissen durch theoretische Reflexion zu schaffen. Dabei ging es vor allem darum, unseren Studierenden Kompetenzen statt Faktenwissen mitzugeben, sie

#PARTIZIPATION

kompetenzorientiert zu befähigen, wie ich das nenne. Und sie zu sensibilisieren, dass es absolute Wahrheiten und letzte Gewissheiten nicht gegeben kann, vor allem nicht in unsicheren Zeiten und eigensinnigen sozioökonomischen Systemen. Das führte rasch zu Wert- und Sinnfragen. Damals habe ich auch den französisch-deutschen Didaktiker Jean-Pol Martin kennengelernt, zuerst über Facebook, später auch persönlich. Zwei seiner Konzepte haben mich in meiner akademischen Lehre besonders beeinflusst: das »Lernen durch Lehren« und seine Idee der »Weltverbesserungskompetenz«.

GUNNAR: Unsere *Next Economy Open,* die virtuelle und dezentrale Lehrkonferenz zu Wirtschaft und digitaler Transformation, war demnach damals nicht nur ein konsequenter Schritt, sondern ein echter Trendsetter. Jahre vor der Corona-Pandemie ging es um offene und anschlussfähige Formate, nicht nur für die Wissenschaftskommunikation. Im Digitalen gibt es keine Abgeschlossenheit und keine Unveränderlichkeit. Wir standen in einer andauernden Konversation. Texte, Videos und Audios wurden im Netz dokumentiert, sie wurden verbreitet und weitergenutzt, sie regten zum Dialog an, und wir konnten sie überarbeiten, fortschreiben und diskutieren. Das virtuelle Konzept der *NEOx* machte die Kultur der Beteiligung noch direkter, noch sichtbarer, noch echtzeitiger. Ob sich aus dem eigenen Tun im Netz bedeutungsschwere Diskurse, bahnbrechende Erkenntnisse, Zuspruch oder Ablehnung ergaben: Entscheidend waren nicht die Ergebnisse, sondern die reine Möglichkeit der Teilnahme, die es vor dem *Social Web* so nicht gab. Im Netz etablierten sich virtuelle Zufallsgemeinschaften mit begrenzter Dauer als informeller Versammlungstyp ohne feste Strukturen. Man kann es sogar mit der Salonkultur des 18. und 19. Jahrhunderts vergleichen – nur nicht elitär, sondern egalitär. Jeder konnte mitmachen. Und ein ganz wichtiger Punkt, der recht profan klingt, aber doch eine enorme Zukunftskraft entfaltet: die Kommunikation für Abwesende. Ich spreche zu einem zukünftigen Publikum. Das sei das »Phantastische und Exzentrische«, sagte der Schriftsteller Thomas Mann angesichts seiner ersten Tonfilmaufnahme im Januar 1929. Es geht um die Anwesenheit der Abwesenden in der vorausantizipierten Zukunft, um die Kommunikation für Abwesende.

LUTZ: Für die Studierenden war unser Experiment manchmal wirklich hart: ein neues Thema, ein neues Format, Zeitdruck, ein quasi-globales Publikum und ein Medium, das auch die Dinge festhält, die man eigentlich nicht so gerne festgehalten wissen möchte. Manchmal hatte ich ein schlechtes Gewissen, die Studierenden so ins kalte Wasser zu werfen. Aber sie sind daran unglaublich gewachsen. Nur wer an seine Grenzen stößt, kann seinen Horizont erweitern.

GUNNAR: Dieses Experiment war jedenfalls ein voller Erfolg. Und auch wenn es vielleicht am Ende nicht ganz die größte Konferenz der politischen Bildung aller Zeiten war, so war es doch vielleicht die erste, die komplett ohne Konferenzsäle, Bahnfahrten, Flüge und Hotelbuchungen auskam und trotzdem in Panels, Hintergrundgesprächen, Diskussionsrunden und Vorträgen Themen mit Tiefgang für ein interessiertes Publikum aufbereitet hat. Welche Variante auch immer favorisiert wird, mit Livestreaming erweiterte man den Werkzeugkoffer der Kommunikation. Ich glaube, wir dürfen sagen: Wir waren Pioniere.

LUTZ: Wenn wir über Weltverbesserungskompetenz reden, müssen wir vor allem über Partizipationskompetenz, die Fähigkeit mitzuwirken und mitzugestalten, sprechen. Organisierte Interaktion sowie vertrauensvoller und wechselseitiger Austausch sind der Kit, der die Gesellschaft zusammenhält. Das sind die grundlegenden Bedingungen – der Treibstoff, der die menschliche Evolution angetrieben hat. Es geht darum, Kommunikationen zum Fließen zu bringen. Digitale Medien haben das möglich gemacht. Heute wissen wir: Das Lernziel Weltverbesserungskompetenz lässt sich nicht von Medienkompetenz abkoppeln.

Prof. Dr. Lutz Becker ist Betriebswirt und Studiendekan des Masters »Sustainable Marketing & Leadership« an der Fresenius Hochschule in Köln.

Gunnar Sohn ist bloggender Wirtschaftspublizist und Organisator digitaler Konferenzen für die Lehre mit dem wirtschaftswissenschaftlichen Fachbereich der Fresenius Hochschule in Köln.

ZUKÜNFTEN ZUGEWANDT LERNEN

#PARTIZIPATION

»Eine vorsorgende Wirtschaftswissenschaft für eine Gesellschaft, in der alle gut leben können, braucht das Wissen der Vielen und die Kooperationen mit genau jenen Akteur*innen, die in ihrem Umfeld und aus ihren Nischen heraus versuchen, die jetzt notwendigen Veränderungen in Wirtschaft und Gesellschaft anzustoßen.«

Daniela Gottschlich

DAS WISSEN DER VIELEN

Partizipation in der Forschung

>»Wissenschaft, die Angst vor Widerspruch und Kritik hat, statt sich ihrer
mit wissenschaftlichen Methoden zu stellen, verharrt im Gestern,
statt ins Morgen zu schauen. Nur wer annimmt, dass wir in der besten
aller möglichen Welten leben, kann sich damit zufrieden geben.«
Daniél Kretschmar

Wer im *Lexikon der Wirtschaft*, das Grundlagenwissen für Schule und
Studium bereitstellen will, nach dem Stichwort »Partizipation« sucht,
wird nichts finden. Dieser Befund spiegelt das Verständnis weiter Teile
der Wirtschaftswissenschaft wider, die bislang keine Notwendigkeit
gesehen hat, gesellschaftliche Akteur*innen und ihre Erfahrungen am
Prozess der Wissensproduktion zu beteiligen. Sie folgen einem Wissenschaftsverständnis, das Expert*innen die Rolle zuschreibt, »richtiges«
und »relevantes« Wissen zu produzieren, das in der Folge nur noch
von politischer Seite umgesetzt werden müsse. Als »richtige« Ziele gibt
die herrschende Wirtschaftswissenschaft Gewinnakkumulation
und Wirtschaftswachstum an. Mit diesem Wissenschaftsverständnis
und dieser Zielbestimmung ist der Mainstream der Wirtschaftswissenschaft bisher grandios gescheitert, tragfähige Lösungen für die drängenden Probleme der Gegenwart zu erarbeiten. Mehr noch: Wirtschafts-

#PARTIZIPATION

wissenschaft in ihrer heutigen Verfasstheit ist damit selbst zu einem Teil des Problems geworden. Es wird Zeit, dass sich die Wirtschaftswissenschaft mit der Gestaltung von möglichen besseren Zukünften befasst und danach fragt, welche wirtschaftlichen Praktiken sinnvoll sind. Von der besten aller denkbar möglichen Welten sind wir derzeit weit entfernt. Schließlich vermag kaum jemand die Unvernunft des kapitalistischen Wachstumsmodells zu leugnen, die in der Zerstörung von sozialen und ökologischen Lebensgrundlagen längst unübersehbar geworden ist. Obwohl dies vor allem im Nachhaltigkeitsdiskurs diskutiert und kritisiert wird, existiert kaum ausgereiftes Wissen für die Transformation hin zu einer menschen- wie naturfreundlichen und damit nachhaltigen Ökonomie. Für die Welt, die erst noch gestaltet werden will, existiert nichts mit Gewissheit.

Aber auch wenn bei der Neugestaltung des Ökonomischen die heutigen Gesellschaften also einerseits mit viel Nichtwissen konfrontiert sind, ändert das andererseits nichts an der Notwendigkeit, sich auf Experimente einzulassen, ökonomische Fantasie zu entwickeln und Ausschau zu halten nach Akteur*innen, die alternative Wirtschaftsformen bereits heute praktizieren. Daraus folgt: Nicht nur die Wirtschaft, sondern auch die Wirtschaftswissenschaft, wie wir sie kennen, muss sich ändern. Ihr Credo, dass »der Markt« alles regeln wird und dass ohne permanente Profit- und Produktivitätssteigerung »alles nichts« sei, ist nicht länger tragfähig und eigentlich war sie es nie. Wer das gute Leben für alle will, braucht nicht nur vorsorgendes Wirtschaften, sondern auch, nach Ulrike Knobloch, eine Wirtschaftswissenschaft »des Vorsorgens«, die die jetzt notwendigen Veränderungen in Wirtschaft und Gesellschaft »für das Leben« anstößt, wie Lars Hochmann es ausdrückt.

Um zu solch einer Wissenschaft zu werden, muss es auch eine Auseinandersetzung darum geben, welches und wessen Wissen gebraucht wird – und wie dieses Wissen Teil der Forschung sein kann. *Economists4future* schließen hier an eine Debatte um Partizipation in der Forschung an, die deutlich älter ist als all diejenigen, vor allem jungen, Menschen, die derzeit für Klimagerechtigkeit auf die Straße gehen. Innovative Partizipationsformen nicht nur für politische, sondern auch für wissenschaftliche Prozesse werden seit mehr als 30 Jahren vermehrt und lautstark gefordert – aus sozialen Bewegungen heraus und von kritischen Wissenschaftler*innen. Die Forderungen wirken: Partizipative Forschungsstrategien lassen sich heute in unterschiedlicher Ausprägung und mit unterschiedlichen Funktionen in der Forschung finden – auch in der wirtschaftswissenschaftlichen. Seit geraumer Zeit sind partizipative Forschungen im Gewand transdisziplinärer Forschung zudem in Förder- und Rahmenprogrammen deutscher Bundesministerien angekommen. Insbesondere in der Nachhaltigkeits- und Transformationsforschung herrscht weitgehend Konsens, dass nur durch eine breite Beteiligung gesellschaftlicher Akteur*innen und durch eine Integration ihrer Perspektiven und ihres Wissens in die Forschung die vielzitierten »robusten« Lösungen für die Bewältigung der Krisen unserer Zeit erzielt werden können.

Doch mit der Öffnung der Forschung gegenüber außerwissenschaftlichen Perspektiven setzten gleich mehrere Debatten ein, die bis heute andauern, die miteinander verwoben und auch von Relevanz für eine zukunftsfähige partizipative Wirtschaftswissenschaft sind: So wird beispielsweise partizipativ erzeugtem Wissen von einigen Wissenschaftler*innen eine deutliche Skepsis entgegengebracht. In dem Streit über das Für und Wider zivilgesellschaftlicher Beteiligung geht es unter anderem um Fragen der Freiheit der Wissenschaft und darum, ob nicht die Gefahr bestehe, dass außerwissenschaftliche Akteure den Beteiligungsprozess für ihre eigenen Interessen missbrauchen. Und es geht um die Frage, ob es sich, wenn die Zweckfreiheit der Wissenschaft nicht von vornherein sichergestellt ist, überhaupt noch um Wissenschaft oder nicht vielmehr um Politik beziehungsweise politische Prozesse handle. Gleichzeitig haben genau diese Streitpunkte und diese Skepsis zu einer Qualitätssicherung beigetragen – zu einem Nachdenken darüber, wie partizipative Forschung gestaltet sein muss, damit sie nachvollziehbar, glaubwürdig und prinzipiell kritisierbar ist. Dies hat zu einer Entwicklung eigenständiger Qualitätsstandards und Evaluationskriterien geführt. Aktuell wird unter dem Stichwort »Institutionalisierung« diskutiert, wie transdisziplinäre und transformative Forschung dauerhaft zu einem Teil der Hochschulstrukturen werden kann und was dies für die Ausbildung des wissenschaftlichen Nachwuchses heißt.

WAS BEDEUTET PARTIZIPATION
IN DER FORSCHUNG?

Gehen wir noch einmal einen Schritt zurück: Bereits die Aktionsforschung forderte in den 1970er-Jahren parteiliche Forschung, die dazu beitragen sollte, ungerechte gesellschaftliche Verhältnisse zu verändern. »Betroffene« Akteur*innen sollten dafür an Forschungsprozessen beteiligt werden. Insbesondere von der feministisch geprägten Wissenschaftskritik wurde und wird die Trennung zwischen wissenschaftlichem und nichtwissenschaftlichem Wissen, zwischen Expert*innen und vermeintlich ahnungslosen Laien, zwischen Forschungssubjekten und Forschungsobjekten als Teil des Problems kritisiert. Denn durch diese Trennungen hat sich die Wissensproduktion zunehmend von der Lebenswelt entfernt. Statt in einen demokratischen Dialog zu treten und gesellschaftliche Lernprozesse anzustoßen und zu begleiten, wird vielfach auf technokratische Lösungen gesetzt. Alltags- und Erfahrungswissen werden ausgeblendet, die Rolle, die soziale Innovationen, wie Teilen und Kooperieren, spielen können, vernachlässigt, sodass sich die Weltferne verfestigt und oft zu Forschungsergebnissen führt, die keine ausreichenden Antworten auf die komplexen Gegenwartsprobleme bieten.

Um dieser Krise der Wissenschaft zu begegnen, braucht es in weiten Teilen eine Abkehr von der herkömmlichen, innerwissenschaftlichen Art der Wissensproduktion. Partizipative Forschung kann die Grenze zwischen Wissenschaft und Praxis überwinden, indem sie sich gegenüber nicht-wissenschaftlichen Akteur*innen samt deren Erfahrungen, Perspektiven, Positionen und Interessen öffnet. Partizipative Forschung, verstanden als transdisziplinäre Forschung, bietet allerdings mehr als (nur) die Teilhabe an Wissensproduktionsprozessen und an der Verbreitung wissenschaftlicher Erkenntnis. Ihre zentrale Funktion liegt in der Erarbeitung von Wissen, das zur Gestaltung einer gerechten Gesellschaft beiträgt, in der niemand mehr auf Kosten von Natur, anderen Menschen oder Gesellschaften und zukünftigen Generationen leben muss. Für diese neue Art des Forschens braucht es, wie Rico Defila und Antonietta Di Giulio herausstellen, neue Methoden und die Berücksichtigung von Gütekriterien bei der Aufbereitung, Wahl, Umsetzung, Dokumentation und Reflexion des methodischen Vorgehens. Denn um innovative Partizipationsprozesse in der Forschung zu ermöglichen, reicht es nicht aus, wie Ortwin Renn sehr richtig anmerkt, *»Stakeholder um einen runden Tisch zu versammeln und darauf zu hoffen, dass sich allein aus der Tatsache des gemeinsamen Gespräches ein Mehrwert ergeben würde. Es bedarf eines strukturierten und vor allem reflektierten Prozessvollzugs, der auf eigenem Prozesswissen über die Gelingensbedingungen von transdisziplinären Ansätzen beruht. Dies muss theoretisch fundiert, empirisch geprüft ...«* und, wie diese Diagnose von Ortwin Renn zu ergänzen wäre, für Dritte nachvollziehbar sein.

Partizipativ ausgerichtete Forschung bietet uns die Chance, Teil eines gemeinsamen Lernprozesses zu werden, wie Ulli Vilsmaier und Daniel Lang betonen. Denn sie eröffnet Räume für Verständigungsprozesse – beispielsweise über die Frage, welche Art von Landwirtschaft, Energiewirtschaft oder Waldwirtschaft als zukunftsweisend erachtet wird. Doch damit dies gelingt, ist es wichtig, für alle Beteiligten bereits bei der Forschungsplanung zu klären, wer wann in welcher Form und in welcher Rolle beteiligt ist – damit nicht Gestaltungsmacht vorgegaukelt wird, wo Partizipation lediglich der Informations- oder Akzeptanzbeschaffung dient. Mit anderen Worten: Der emanzipatorische Charakter von partizipativer Forschung lässt sich nicht zuletzt daran erkennen, welche Beteiligungsformen gewählt werden. Geht es um Informationsbeschaffung, Beratung oder Zusammenarbeit? Findet der Forschungsprozess auf Augenhöhe statt? Eröffnet er Möglichkeiten, Einfluss auf die Entwicklung der Forschung zu nehmen, einzuhaken und nachzujustieren? Geht es um Mitverantwortung von außerwissenschaftlichen Akteur*innen für den Projektverlauf und eine gleichberechtigte Rolle bei der Wissensproduktion – angefangen bei der Bestimmung des Problems bis hin zur Verbreitung der Ergebnisse?

In der Art der Forschung spiegeln sich auch Verständnisse des Politischen wider. Partizipation zielt auf Machtzuwachs und Ermächtigung in Prozessen und für Prozesse des Alltags und der eigenen unmittelbaren Lebensgestaltung. In dem gemeinsamen Anliegen, Wissen für die Transformation zu erzeugen, ermöglicht partizipative Forschung es zum einen, Kritik an bestehenden gesellschaftlichen Naturverhältnissen zu formulieren. Zum anderen lädt partizipative Forschung zum Mitmachen ein. Als transformative Forschung bietet sie die Möglichkeit, nicht nur die Bedingungen des erforderlichen gesellschaftlichen

Wandels in Richtung Nachhaltigkeit herauszuarbeiten, sondern auch dessen Umsetzungsprozesse zu begleiten. Transformative Forschung fordert Forschende dabei auch heraus, ihre Verantwortung, ihr eigenes »Involviert-Sein« für die Gestaltung einer besseren Welt anzuerkennen und anzunehmen, wie Irene Antoni-Komar, Marius Rommel und Corinna Vosse darlegen.

WIE GESTALTET SICH PARTIZIPATION IN DER FORSCHUNG?

Gerade die Wirtschaftswissenschaften, denen es um den Erhalt der sozialen und ökologischen Grundlagen und die Verbesserung der Lebensbedingungen geht, müssen partizipativer werden. Bereits in der Konzeption ihrer Forschung müssen sie darüber nachdenken, wie auch benachteiligte Gruppen gleichberechtigt an der Wissensproduktion teilhaben können – und welche Maßnahmen dies unterstützen. Mit anderen Worten: Wessen Stimme wird gehört oder kann überhaupt durch welches Erkenntnisinteresse, welchen Gegenstand, welche Methode und welchen Zugang hörbar gemacht werden?

Unerlässlich ist die Reflexion der Rahmenbedingungen – etwa der Vorgeschichte oder der Partizipationsgrundlage – und der Ressourcen: Welche Förderbedingungen gelten? Werden Akteur*innen mit oder ohne finanzielle Entschädigung einbezogen? Darüber hinaus gilt es, äußerst sensibel für die Beziehung zwischen Wissenschaftler*innen und Praxisakteur*innen sowie für die Machtstrukturen und möglichen Konflikte zwischen Akteur*innen zu sein.

Von zentraler Bedeutung ist es, einen geschützten Denk- und Handlungsraum zu schaffen, in dem, so Jarg Bergold und Stefan Thomas, die beteiligten Akteur*innen *»das Vertrauen haben können, dass ihre Äußerungen nicht gegen sie verwendet werden und ihnen keine Nachteile erwachsen, wenn sie auch kritische und abweichende Meinungen äußern. Dabei kann es nicht darum gehen, einen konfliktfreien Raum herzustellen, sondern es sollte sichergestellt werden, dass die offengelegten Konflikte gemeinsam diskutiert und je nachdem gelöst oder zumindest als unterschiedliche Positionen akzeptiert werden können und dass eine gewisse Konflikttoleranz entsteht«.*

Geschützte Räume und Vertrauen aufzubauen braucht jedoch Zeit. Um der Komplexität von transdisziplinärer Forschung und dem höheren

Kommunikationsaufwand in partizipativen Forschungsprozessen gerecht zu werden, muss Zeit als zentrale Ressource sowohl bei der Planung, Umsetzung und Nachbereitung von partizipativen Forschungsmethoden als auch bei der Ausschreibung von Forschungsprojekten berücksichtigt werden.

Soll Partizipation in der Forschung zu einem wichtigen Bestandteil werden, dann erfordert dies auch neue Wege in der Ausbildung des wissenschaftlichen Nachwuchses. Bislang gehört, wie Michael Schönhuth und Maja Tabea Jerrentrup betonen, emotionales Sich-Einlassen auf das Forschungsgegenüber nicht zum Repertoire wissenschaftlicher Ausbildung – zur Standardlehre schon gleich gar nicht. Vielmehr werden Emotionen aus der Forschung systematisch verdrängt. Dabei ist – folgt man erneut Michael Schönhuth und Maja Tabea Jerrentrup – das Kennenlernen und Reflektieren sowohl der eigenen Grenzen als auch der Grenzen der Forschungspartner*innen »die vielleicht anspruchsvollste Aufgabe einer partizipativen Forschungsunternehmung«. Wissen und Emotionen stellen keinen Gegensatz, sondern eine Einheit dar. Der Fähigkeit zur Empathie, zum Perspektivwechsel, zur Anerkennung des Gegenübers als gleichwertig kommt eine wesentliche Rolle für die Gestaltung einer besseren Gesellschaft zu – mit rein mathematischer Vernunft wird diese nicht gelingen. Gebraucht werden andere Rationalitätskonzepte und Menschenbilder, denn die Gestaltung anderer ökonomischer Realitäten beginnt bereits bei der Theorieentwicklung: Statt von sozial isolierten Individuen auszugehen, die ihre ökonomischen Entscheidungen an der Maximierung ihres Nutzens ausrichten, baut partizipative Forschung darauf, dass sich Menschen aktiv in Beziehung setzen können und kooperieren wollen.

PARTIZIPATION IN DEN WIRTSCHAFTS-WISSENSCHAFTEN UND IHRE GRENZEN

»Wo aber Gefahr ist, wächst das Rettende auch.«
Friedrich Hölderlin

Wenngleich die Menschen- und Weltbilder der etablierten Wirtschaftswissenschaften maßgeblich zur Krise der Wissenschaft beigetragen haben, lassen sich vereinzelt zukunftsweisende Ansätze einer

#PARTIZIPATION

transformativen Wissenschaft an einigen wirtschaftswissenschaftlichen Fakultäten, insbesondere aber in den außeruniversitären Instituten, etwa dem Institut für ökologische Wirtschaftsforschung (IÖW), finden. Mittlerweile sind beispielsweise im Rahmen des Förderschwerpunkts »Sozialökologische Forschung« zahlreiche transdisziplinäre Forschungsprojekte durchgeführt worden, in denen sowohl heterodoxe Wirtschaftswissenschaftler*innen als auch Unternehmen mitwirk(t)en. Daneben gibt es ganze Programme mit ökonomischer Ausrichtung, wie etwa die »Wissenschaftliche Koordination der Fördermaßnahme Nachhaltiges Wirtschaften« (NaWiKo). Ein Team des Ecologic Instituts koordinierte gemeinsam mit dem Fraunhofer-Institut für System- und Innovationsforschung (ISI) und dem Forschungszentrum für Umweltpolitik der FU Berlin (FFU) 30 vom Bundesministerium für Bildung und Forschung (BMBF) geförderte Projekte zum Thema nachhaltiges Wirtschaften. Zu den Anregungen der Begleitforschung gehörte erstens, Praxispartner*innen aus der Wirtschaft zukünftig deutlich häufiger einzubeziehen und zweitens, den Blick auf (neue) Formen des gemeinwohlorientierten Wirtschaftens zu richten. Genau dies leistet aktuell ein neues Verbundprojekt aus der derzeitigen Fördermaßnahme »StadtLandPlus« des BMBF. Dort stehen avantgardistische Akteur*innen aus der Wald-, Land- und Energiewirtschaft im Zentrum, die mit neuen Ansätzen der Land- und Ressourcennutzung auftreten, wie etwa die »Neulandgewinner*innen«, die »Nachhaltigkeitspioniere«, solidarische Landwirtschaftsbetriebe, Bürgerenergiegesellschaften oder der prozessorientiert wirtschaftende »Stadtwald Lübeck«. Diese Wirtschaftsakteur*innen nehmen eine Vermittlerfunktion zwischen Ansprüchen zur Landnutzung aus dem urbanen und dem ländlichen Bereich ein; von ihnen gehen wichtige Impulse aus, etwa wenn es darum geht, faire und resiliente Formen der Stadt-Land-Beziehungen herauszubilden und zu gestalten. Ihr Potenzial für Innovations- und Transformationsprozesse ist jedoch unzureichend in seiner Relevanz und Vielgestalt erkannt und soll im transdisziplinären Verbundprojekt »Vorsorgend handeln. Avantgardistische Brückenansätze für nachhaltige Regionalentwicklung« (VorAB) identifiziert und für gesellschaftliche Veränderungsprozesse in Stadt-Land-Verhältnissen in der Region Lübeck genutzt werden.

Die Erfahrungen (nicht nur) aus der ökonomischen Transformationsforschung zeigen gleichzeitig auch Grenzen und Herausforderungen auf, die mit partizipativer Forschung verbunden sind: Etwa wenn sich außerwissenschaftlichen Akteur*innen gar nicht am Forschungsprozess beteiligen wollen. Sind beispielsweise für eine Untersuchungsfrage relevante Akteur*innen nicht bereit, am partizipativen Forschungsprozess teilzunehmen, kann es zu Verzerrungen des Forschungsprozesses und der Ergebnisse kommen, was auch Jarg Bergold und Stefan Thomas betonen. Zu den Herausforderungen partizipativer Forschung gehört zudem, die Beziehungen der beteiligten Praxispartner*innen untereinander mit Blick auf Machtstrukturen und Ausschlussprozesse zu reflektieren, worauf Rico Defila und Antonietta Di Giulio hinweisen. Partizipative Forschung ist in vielerlei Hinsicht oft auch mühsam: Es müssen Rollen geklärt, Interessen transparent gemacht und immer wieder auch Grenzen gezogen werden. Die Gefahr der Überbeanspruchung in so komplexen und kommunikativ anspruchsvollen Settings, in denen das eigene Tun durch transparente Dokumentation für Dritte nachvollziehbar gemacht werden muss, ist groß. Und schließlich ist insbesondere transformative Wirtschaftswissenschaft mit einer Reihe von Widerständen konfrontiert, nicht zuletzt, so Irene Antoni-Komar, Marius Rommel und Corinna Vosse, weil sie »gegen die herrschenden Regeln, Erwartungen und Anreizsysteme arbeitet«: So sind trotz der oben genannten Programme die Förderquoten für partizipativ ausgerichtete Forschung niedrig und Veröffentlichungen, die lokale Projekte beschreiben und qualitativ arbeiten, in ökonomischen Fachjournalen kaum gefragt. Spezialisierung auf transformative Wirtschaftswissenschaft ist für den wissenschaftlichen Nachwuchs immer noch nicht karriereförderlich. Damit sich das ändert, gibt es in letzter Zeit vermehrt Anstrengungen, die entstandenen kooperativen Räumen des transdisziplinären Forschens institutionell abzusichern. *Economists4future* arbeiten daran.

INSTITUTIONALISIERUNG VON PARTIZIPATION IN DER FORSCHUNG

Wie partizipative Forschung in Form transdisziplinärer Forschung an Universitäten institutionell unterstützt werden kann, wird aktuell verstärkt von Akteur*innen, wie beispielsweise der Leuphana Universität

Lüneburg, dem Sozial-ökologischen Institut (ISOE) in Frankfurt und dem Zentrum Technik und Gesellschaft (ZTG) der Technischen Universität Berlin, diskutiert. Denn nach wie vor findet diese Art des Forschens quer zu den vorherrschenden disziplinären Strukturen statt. Es gibt bisher nur wenige Professuren in diesem Bereich, und auch die Anerkennung von transdisziplinär Forschenden, die einen Beitrag zur Demokratisierung von Wissenschaft leisten, ist ausbaufähig. Denkbar sind eine ganze Reihe von Unterstützungsmaßnahmen, um transdisziplinäre Forschung zu stärken und ihre Qualität zu sichern: Angefangen von Weiterbildungen und Sommerakademien zu den Methoden transdisziplinärer Forschung, über die Verzahnung von Begleitforschung und partizipativer Forschung bis dahin, dass die Leitungsebenen der Universität Anträge von inter- und transdisziplinären Forschungsgruppen gezielt anregen und beispielsweise vom Forschungsservice, den es an vielen Universitäten mittlerweile gibt, unterstützen lassen. Auch durch gezielte Berichterstattung, durch Ausstellungen zu transdisziplinären Projekten oder die Vergabe von Preisen für wissenschaftliche Abschlussarbeiten, die in partizipativ arbeitenden Forschungsprojekten entstanden sind, ließen sich Bekanntheit und Anerkennung erhöhen. Damit es gelingt, das Wissen der Vielen zusammenzubringen, ist es nicht zuletzt ausgesprochen wichtig, sich mit der Frage auseinanderzusetzen, welche Formate denn geeignet sind, um gesellschaftliche Akteur*innen zum Mitforschen einzuladen und damit gesellschaftliche Forschungsbedarfe aufgreifen und einbeziehen zu können. *Economists4future* wissen: Wer diese Art zu forschen inhaltlich stärken will, muss gezielt Strukturen dafür entwickeln – Anlaufstellen an Universitäten für außerwissenschaftliche Akteur*innen einzurichten, ist beispielsweise eine Idee.

PARTIZIPATIVE FORSCHUNG IN ZEITEN VON UND NACH CORONA

Die Chance, die verschiedenen Akteur*innen aus Wissenschaft, aus Bundes- und Landesministerien, Stiftungen, staatlichen und zivilgesellschaftlichen Institutionen zusammenzubringen, die ein Interesse haben (könnten), eine solche innovative und praxisnahe Forschung zu stärken, ist meines Erachtens, mit den Erfahrungen der Corona-Krise größer geworden. Denn die Maßnahmen zur Eindämmung des Virus zeigen, dass vieles möglich ist, das vor der Pandemie undenkbar schien – etwa, den Wachstumspfad zu verlassen. Noch vor wenigen Wochen schien das Anliegen, fossile Industrien für etwas mehr Klimagerechtigkeit massiv zurückzufahren, schwer durchsetzbar. Nun werden dieser Tage ökonomische Belange dem Ziel untergeordnet, Menschenleben zu retten. Gleichwohl hat der Lockdown unterschiedliche Folgen für die verschiedenen beteiligten Akteur*innen. Das Arbeiten in partizipativen drittmittelfinanzierten Forschungsprojekten beispielsweise bedeutet für die Wissenschaftler*innen zunächst »nur« eine Beschränkung auf Homeoffice, aber keine existenziellen Nöte. Obgleich die Bedingungen des Homeoffice nicht für alle gleich sind: Für Wissenschaftler*innen, die mit Kindern, kranken oder pflegebedürftigen Menschen zusammenleben und nun in Zeiten geschlossener Schulen und Kitas mehr Sorgearbeit als zuvor leisten (müssen), gestalten sie sich deutlich zeitintensiver und bisweilen auch anstrengender als für Wissenschaftler*innen ohne diese Verantwortung. Die Corona-Krise zeigt uns die Systemrelevanz von Sorgearbeiten. In Theorie und Praxis einer vorsorgenden Ökonomie für das gute Leben aller stehen diese Arbeiten im Zentrum der (Neu-)Gestaltung. Für die Kooperationspartner*innen aus der Praxis, für die transformativen Unternehmen, mit denen in transdisziplinären Forschungsprojekten zusammengearbeitet wird, ist hingegen vielfach nicht klar, wie lange sie – trotz bereitgestellter Überbrückungskredite und Kurzarbeitsgeld für Mitarbeiter*innen – noch »durchhalten«.

Stimmen aus der Zivilgesellschaft wie das »Konzeptwerk neue Ökonomie« oder die »feminism-and-degrowth-alliance« warnen davor, nach der Pandemie zu jener Normalität einer sozial ungerechten und ökologisch zerstörerischen Wachstumswirtschaft zurückzukehren. Die durch die Corona-Krise erzwungene Unterbrechung dieser Normalität eröffnet Möglichkeitsfenster zur Umgestaltung der Gesellschaft, die wir nutzen können und müssen.

Denn Anstöße für partizipative Forschung können sowohl von wissenschaftlichen wie von außerwissenschaftlichen Akteur*innen kommen.

DAS WISSEN DER VIELEN

#PARTIZIPATION

- Sie wollen in Ihrer Schule auf nachhaltige Schulverpflegung umstellen, die Bedarfe und Bedingungen dafür herausbekommen und den Prozess gemeinsam mit Caterer, Schulleitung, Ihren Schüler*innen und Wissenschaftler*innen gestalten? Einige Hochschulen wie die Leuphana Universität Lüneburg oder die Cusanus Hochschule für Gesellschaftsgestaltung haben Transferstellen eingerichtet, an die Sie sich mit Ihrer Idee wenden können.

- Sie sind begeistert vom Modell der Solidarischen Landwirtschaft und möchten nach diesem Vorbild anders gelagerte Unternehmen jenseits landwirtschaftlicher Versorgungsfelder gestalten und in einem Reallabor ausprobieren? Achten Sie auf Ausschreibungen zu Reallaboren, die mittlerweile von Bundes- und Landesministerien gefördert werden. Sie können sich auch an außeruniversitäre Institute wenden – ob groß (z.B. IÖW, ISOE) oder klein (zum Beispiel diversu – Institut für Diversity, Natur, Gender und Nachhaltigkeit).

- Sie möchten noch mehr über partizipative, transdisziplinäre und transformative Forschung lernen, Methoden dafür kennenlernen und sich mit anderen vernetzen? Dann werden Sie Teil der Community und registrieren sich auf der digitalen Plattform td-Academy für transdisziplinäre Forschung, die im Rahmen des Projektes TransImpact im Dialog mit Akteur*innen aus Wissenschaft, Gesellschaft und Forschungsförderung entstanden ist. Dort finden Sie Literatur und Methoden für die Themen »Problemkonstitution«, »Partizipation gesellschaftlicher Akteur*innen«, »Wissensintegration« und »Übertragbarkeit der Ergebnisse« und können mit transdisziplinär Forschenden in Kontakt treten.

Eine vorsorgende Wirtschaftswissenschaft für eine Gesellschaft, in der *alle* gut leben können, braucht das Wissen der Vielen und die Kooperationen mit genau jenen Akteur*innen, die in ihrem Umfeld und aus ihren Nischen heraus versuchen, die jetzt notwendigen Veränderungen in Wirtschaft und Gesellschaft anzustoßen. Ihr Wissen wird in der

Forschung gebraucht, ihre Formen des gemeinwohlorientierten, solidarischen Wirtschaftens gilt es auch durch Forschung zu verteidigen, auszubauen und institutionell zu stärken. *Economists4future* laden Sie ein, werden Sie Teil davon.

Dr. Daniela Gottschlich ist inter- und transdisziplinär arbeitende Nachhaltigkeits- und Politikwissenschaftlerin und forscht bei diversu – Institut für Diversity, Natur, Gender und Nachhaltigkeit in Lüneburg zu Transformationsthemen wie der Demokratisierung gesellschaftlicher Naturverhältnisse.

#PARTIZIPATION

DAS WISSEN DER VIELEN

»Economists4future, die einen Beitrag zur nötigen Transformation leisten möchten, durchbrechen daher eine Abschottung in doppelter Hinsicht: einerseits gegenüber anderen Disziplinen und andererseits gegenüber der Gesellschaft.«

Steffen Lange
Matthias Schmelzer
Helen Sharp

RAUS AUS DEM ELFENBEINTURM!

Mit der »Third Mission« zur Wachstumsunabhängigkeit

ÖKONOMIE ALS SOZIALÖKOLOGISCHE GESTALTUNGSAUFGABE

Die Befunde des IPCC zur Klimakrise sind spätestens seit 2018 dramatisch: Es braucht »schnelle und weitreichende Veränderungen« in allen wichtigen Sektoren der Weltwirtschaft – und zwar in »beispiellosem Ausmaß«. Weltweit müssen die Emissionen von Treibhausgasen im Jahr 2040, spätestens aber im Jahr 2050 auf Netto-Null reduziert werden, um die globale Erwärmung auf 1,5 Grad Celsius zu begrenzen. Die deutsche Wirtschaft muss dieses Ziel bereits 2035 erreichen – zumindest, wenn man davon ausgeht, dass allen Menschen auf der Welt das gleiche CO_2-Budget zusteht, wie Stefan Rahmstorf ausführt). Die realen Entwicklungen – wenigstens bis zur Corona-Krise – weisen in die entgegengesetzte Richtung.

Solange die Wirtschaft wächst, ist es kaum möglich, den Umweltverbrauch – also Emissionen, Ressourcen- und Flächenverbrauch – schnell genug zu reduzieren. Auch wenn einige klimapolitisch notwendige Maßnahmen das Wachstum auf manchen Gebieten zunächst ankurbeln – beispielsweise in Sachen Gebäudedämmung oder beim Ausbau des

#PARTIZIPATION

ÖPNV – gibt es weit mehr Bereiche, in denen aus ökologischer
Sicht Produktion und Konsum, insbesondere im globalen Norden,
reduziert werden müssen: Man denke zum Beispiel an den Flugverkehr, (Wohn-)Flächenbau, Fleischkonsum oder den Verbrauch von
Kleidung, Elektronik und anderen materiellen Gütern. Ein klimakonse-
quenter Umbau der Wirtschaft würde nicht zu einem neuen Wachs-
tumsschub führen, sondern die ohnehin niedrigen Wachstumsraten
weiter verringern, wie auch Matthias Schmelzer und Andrea Vetter
darlegen.

Geringes Wachstum oder gar eine Schrumpfung des Bruttoinlandsprodukts (BIP) stellen unsere Gesellschaft jedoch vor große Herausforderungen. Viele Bereiche in Wirtschaft und Gesellschaft funktionieren
nur, wenn das BIP stetig wächst – sie sind vom Wachstum abhängig.
Dies betrifft etwa die Sozialversicherungssysteme, Arbeitsplätze und
damit Einkommen vieler Menschen, aber auch der Staat sichert seine
Finanzierung über Wachstum, wie Ulrich Petschow und seine Kolleg*innen 2018 beschrieben haben.

Wachstum ist daher nicht nur ökologisch relevant, sondern betrifft
die zentralen Strukturen gesellschaftlicher Organisation. Was umwelt-
politisch erforderlich wäre, wird damit zu einer sozialen Frage, auf
die es neue Antworten und Konzepte für die Gestaltung einer Wirtschaft
und Gesellschaft jenseits des Wachstums braucht.

Die Rolle, die Wissenschaft dabei spielen kann, wird unter dem
Begriff »Third Mission« diskutiert. Neben Forschung und Lehre (»First«
und »Second Mission«) wird es zur dritten Aufgabe von Wissenschaft,
gesellschaftliche Verantwortung zu übernehmen. Vor dem Hintergrund
sozialökologischer Krisen sollten die Hochschulen laut Uwe Schneidewind sogar die »Third Mission« zur »First Mission« erheben. Zentrale
Merkmale dieser »Wissenschaft for Future« sind neben einer interdis-
ziplinären Herangehensweise auch Ansätze der transdisziplinären
Forschung. Ihr Ausgangspunkt ist, dass gesellschaftliche Probleme
Wissenschaft motivieren. Im Fokus stehen das Systemwissen (»Was und
in welchem Kontext?«), das Zielwissen (»Wohin?«) und das Transformationswissen (»Wie?«). Transdisziplinäre Forschung geht davon aus,
dass diese drei Wissenstypen nur in der Zusammenarbeit mit gesellschaftlichen Akteur*innen entstehen. Partizipation in der »Third

Mission« wird zu einem unbedingten Erfordernis, und *economists4future* wissen darum. Gemeinsam mit anderen Disziplinen bieten sie ein hilfreiches Instrumentarium für die Bewältigung der drängenden Krisen. Sie beschäftigen sich mit zentralen Fragen des nachhaltigen Wirtschaftens: Wodurch wird die Höhe des Wirtschaftswachstums bestimmt? Wie hängen Wachstum und Umweltverbrauch zusammen? Wie und warum transformiert sich eine Gesellschaft samt Ökonomie über Jahrzehnte und Jahrhunderte hinweg? Für all dies bieten empirische Arbeiten, ökonomische Modelle, theoretische Diskussionen und vieles mehr aus den Wirtschaftswissenschaften wichtige Impulse. Auch zuletzt vernachlässigte Fächer müssen wieder stärker in den Vordergrund rücken: Wirtschaftsgeschichte etwa ist wichtig, um langfristige Transformationsmechanismen zu begreifen und zu verstehen, wie und auf welcher Basis heutige ökonomische Modelle entstanden sind. Bislang an den Rand gedrängte plurale Ansätze sind erforderlich, um die Bandbreite relevanter Aspekte einer sozialökologischen Transformation in den Blick nehmen zu können. Darüber hinaus bedarf es aber auch der Zusammenarbeit mit anderen Disziplinen: Wo es um die tieferliegende Transformation gesellschaftlicher Organisation geht, braucht es ebenso psychologische, soziologische, philosophische, technische und viele weitere Perspektiven im Dialog.

Economists4future, die einen Beitrag zur nötigen Transformation leisten möchten, durchbrechen daher eine Abschottung in doppelter Hinsicht: einerseits gegenüber anderen Disziplinen und andererseits gegenüber der Gesellschaft. Tiefgreifende gesellschaftliche Veränderungsprozesse jenseits des Wachstums erfordern eine dialogische Verzahnung aus wirtschaftswissenschaftlichen Konzepten und Analysen sowie gesellschaftlichen Gruppen und Interessen.

Im Folgenden wollen wir in diesem Sinne nachzeichnen, was *economists4future* aus der Geschichte über die Entstehung wirtschaftlicher Paradigmen lernen können, welche neueren Konzepte bereits Anknüpfungspunkte für alternative Entwicklungspfade bieten und welche Hindernisse, aber auch Potenziale sich aus den bestehenden Logiken gesellschaftlicher Systeme (sowohl in der Wissenschaft als auch in der nichtwissenschaftlichen Akteurslandschaft) für *economists4future* ergeben.

WIE WACHSTUM
ZUM POLITIKZIEL WURDE

Wirtschaftswachstum erscheint heutzutage so selbstverständlich, dass leicht vergessen wird, dass nicht nur die Realität ökonomischer Expansion, sondern auch Wachstumsdiskurse erstaunlich junge Phänomene sind. Relevante Wachstumsraten gab es erst seit der Industrialisierung im 18. Jahrhundert. Wachstumsdiskurse und eine explizite Wachstumspolitik setzten sich sogar erst in der Mitte des 20. Jahrhunderts durch. Bis in die 1940er-Jahre gab es keinen anerkannten Maßstab, wie sich »die Wirtschaft« messen ließe. Die Kennzahlen, die uns heute wie selbstverständlich den Takt des Lebens angeben – BIP, Nachfrage, Inflation oder Produktivität – mussten erst als mathematisch vergleichbare Konzepte entwickelt, international standardisiert und gesellschaftspolitisch durchgesetzt werden. Dabei spielten Regierungen und Wirtschafts- beziehungsweise Kriegsministerien eine Schlüsselrolle.

So entwickelte der amerikanische Ökonom Simon Kuznets in den 1930er-Jahren für den US-Kongress einen Indikator zur Messung der Wirtschaftsproduktion. In Zeiten des »New Deal« wollten die Politiker*innen wissen: Greifen die neuen Instrumente? Gelingt es, aus der im Jahr 1929 begonnenen Weltwirtschaftskrise zu entfliehen? Die volkswirtschaftliche Gesamtrechnung wurde darauf basierend während des Zweiten Weltkriegs in amerikanischen und britischen Kriegsministerien entwickelt. Diese interessierten sich dafür, wie die Kriegsproduktion und die Rüstungsausgaben gesteigert werden konnten, ohne einen Rückgang des normalen Konsums zu erzeugen, wie auch bei Philipp Lepenies nachzulesen.

Das Bruttosozialprodukt (später BIP) wurde als ein Instrument der Kriegsplanung erfunden – in enger Zusammenarbeit von Ökonom*innen und Ministerien. Es ließ die bis dahin unscharfe Sphäre »der Wirtschaft« zu einem technischen Objekt mit klar definierten Inhalten und Grenzen kondensieren: eine in sich geschlossene Gesamtheit von Geldströmen, welche die Beziehungen zwischen Produktion, Verteilung und Konsum von Gütern und Dienstleistungen innerhalb nationalstaatlich organisierter Grenzen regeln, so beschreibt diese auch Timothy Mitchell.

Nach der Erfindung dieses neuen Statistikinstruments musste es erst noch international standardisiert und wiederum politisch durchgesetzt werden. Dabei geriet die Wirtschaftswissenschaft in eine defensive Rolle. Interessanterweise sprachen sich in der Mitte des 20. Jahrhunderts die Mehrheit der Ökonom*innen dagegen aus, das BSP als Maßstab für den Wohlstand der Nationen und für internationale Vergleiche zu nutzen. Es gab viele nationale Traditionen sowie grundsätzliche innerwissenschaftliche Kontroversen zu dieser Messmethode – Stichworte dieser Diskussion waren Externalitäten, unbezahlte Hausarbeit und Subsistenz. Doch Regierungen und internationale Organisationen pochten auf die Einführung der vergleichenden Statistiken, um Mitgliedsbeiträge und internationale Hilfszahlungen zu verwalten. Sie unterbrachen die akademischen Debatten und glichen die Ansätze durch Standardisierung an. Nicht der wissenschaftliche Konsens oder die Überzeugung von Ökonom*innen, sondern vor allem die politische Nützlichkeit marktorientierter Einkommensstatistiken war also, so auch Daniel Speich Chassé, entscheidend, um den Vorläufer des BIP in einen universellen Maßstab zu verwandeln.

Die Idee einer vergleichbaren Kennzahl bildete somit eine wichtige Voraussetzung dafür, das Wachstum zum zentralen Ziel der Wirtschaftspolitik zu erklären. Wieder war die Politik die treibende Kraft. Ökonom*innen hatten in den 1940er- und 1950er-Jahren noch keine ausgearbeitete Wachstumstheorie, und frühe Wachstumspolitiken basierten weniger auf wissenschaftlichen Konzepten als auf politischen Notwendigkeiten, was sich im Laufe der 1950er-Jahre rasant änderte. Wachstum wurde zum zentralen Politikziel, weil Regierungen in Europa, den USA und zunehmend auch im Rest der Welt hofften, so die zentralen gesellschaftlichen Herausforderungen der Zeit zu bewältigen: Wiederaufbau, Kalter Krieg, Dekolonialisierung, sozialer Ausgleich, Finanzierung des Wohlfahrtsstaates, wie Matthias Schmelzer (2016) nur einige neben vielen anderen Aufgaben nennt. Doch dazu brauchte es mehr ökonomisches Wissen. Und so beförderte die Durchsetzung von Wachstum als Politikziel den Aufstieg einer wachstumsorientierten Wirtschaftswissenschaft zu einer gesellschaftlichen Leitwissenschaft, die Wirtschaftsexpert*innen (auch heute) in einflussreiche Regierungsämter entsendet.

Auch wenn die Wirtschaftswissenschaften also fraglos mit dabei waren, Wachstum zum wichtigsten Politikziel zu machen, waren die entscheidenden Triebkräfte staatliche Institutionen, Regierungen und internationale Organisationen, die, noch dazu, aus Eigeninteresse handelten. *Economists4future* lernen aus dieser Geschichte. Weder lassen sie sich instrumentalisieren, noch schreiben sie den Pfad des Wachstums fort, der offensichtlich verantwortlich ist für die Klimakrise und weitere drängende Herausforderungen zu Beginn des 21. Jahrhunderts. Dem Ansatz der »Third Mission« folgend arbeiten *economists4future* gemeinsam mit außeruniversitären Akteur*innen an einer klimagerechten Gesellschaft jenseits des Wachstums. Aber die Zusammenarbeit mit staatlichen Akteur*innen reicht heute, wenn es um Konzepte der Wachstumsunabhängigkeit geht, die sich eben nicht auf staatliches Neutralität verlassen können, nicht mehr aus. Mit gesellschaftlichen Organisationen und Bewegungen zu kooperieren, wird zunehmend wichtiger.

KONZEPTE FÜR EINE WIRTSCHAFT OHNE WACHSTUM

Der Fokus von *economists4future* richtet sich auf die gemeinsame partizipative Entwicklung und Erprobung von Konzepten einer Wirtschaft ohne Wachstum. Innerhalb der Debatte um eine »Entkopplung« von Wirtschaftswachstum und Umweltverbrauch wird zwischen relativer, absoluter und hinreichender Entkopplung unterschieden:

Eine relative Entkopplung bedeutet beispielsweise, dass der Umweltverbrauch weniger stark steigt als das BIP. Dies lässt sich in den letzten Jahrzehnten weltweit beobachten. Bei einer absoluten Entkopplung sinkt der Umweltverbrauch trotz Wirtschaftswachstum. Eine absolute Entkopplung lässt sich bei Treibhausgasen weltweit bisher nicht beobachten, aber immerhin in Deutschland für das Jahr 2019. Eine hinreichende Entkopplung bedeutet, dass die Emissionen trotz Wirtschaftswachstum schnell genug sinken, um ökologische Ziele zu erreichen – beispielsweise, um die 1,5-Grad-Grenze einzuhalten. Dies wurde im Klimabereich noch nie erreicht, konstatieren auch Timothée Parrique und seine Kolleg*innen. Alles, was wir in der Vergangenheit erlebt haben, ist weit entfernt von dieser hinreichenden Entkopplung. Auch für die nächsten Jahrzehnte ist sie, so Tim Jackson, selbst bei ambitionierter Klimapolitik und gleichzeitiger Weiterentwicklung von technologischen Innovationen sehr unwahrscheinlich. Aus ökologischer Sicht kommt hinzu, dass sich andere Umweltprobleme verstärken würden, wenn der Klimakrise Maßnahmen entgegengesetzt würden, aber gleichzeitig am Wirtschaftswachstum festgehalten würde. Beispielsweise sind erneuerbare Energien in großem Umfang nicht ohne einen enormen Ressourcen- und Flächenverbrauch zu haben.

Wachstum stößt aber nicht nur an ökologische Grenzen. Auch aus sozialer Sicht ist weiteres Wirtschaftswachstum – zumindest im globalen Norden – strittig. Die Glücksforschung zeigt, dass weiteres materielles Wachstum für das subjektive Wohlbefinden keinen Nutzen stiftet, zum Beispiel führen das Richard Easterlin und seine Kolleg*innen aus. Die Zunahme psychischer Erkrankungen verdeutlicht außerdem, dass Entwicklungen, die in Zusammenhang mit Wirtschaftswachstum stehen – wie Beschleunigung, Leistungsdruck und Arbeitsbelastung – gesundheitsschädlich sind. Darüber hinaus wird es in Hocheinkommensländern immer schwieriger, überhaupt Wachstum zu erzeugen: Die Wachstumsraten sinken, und es gibt die Tendenz einer säkularen – also langfristigen – Stagnation, wie bei Steffen Lange und seinen Kollge*innen nachzulesen ist. Angesichts der Corona-Pandemie und der damit einhergehenden globalen Wirtschaftskrise ist es für viele Länder auch schon in den nächsten Jahren unklar, ob das BIP wachsen wird. Vor diesem Hintergrund stellt sich die Frage, wie in Ökonomien, die stagnieren, das Wohlergehen für alle gesichert werden kann.

In den letzten Jahrzehnten haben sich Konzepte für Ökonomien jenseits des BIP-Wachstums unter den Schlagworten »Degrowth«, »Postwachstum« und jüngst »Wachstumsunabhängigkeit« entwickelt, wobei das erstgenannte die grundsätzlichste Kritik und radikaleren Forderungen vertritt. Der Begriff »Degrowth« (ursprünglich »décroissance«) tauchte zuerst in Frankreich in den frühen 1970er-Jahren auf. Er steht sowohl für das Zusammendenken unterschiedlicher Formen der Wachstumskritik als auch für eine politische Agenda und die damit verbundenen Akteure und Bewegungen. Degrowth beschreibt eine Gesellschaft, die ihre Wirtschaft in einem demokratischen Transformationsprozess so umbaut und auf ein global gerechtes Maß reduziert, dass sie nachhaltig ist. Sie stärkt soziale Gerechtigkeit und Selbstbestimmung und gestaltet ihre

Institutionen und Infrastrukturen so um, dass diese für ihr Funktionieren nicht auf Wachstum und Steigerung angewiesen sind, wie Matthias Schmelzer und Andrea Vetter beschreiben.

»Postwachstum« ist im deutschsprachigen Bereich ein Sammelbegriff, der eine große Bandbreite an Konzepten beinhaltet. Die Pole rangieren von radikalen Ansätzen, die eine grundlegende Umgestaltung der Wirtschaft vorschlagen, bis hin zu beinahe indifferenten Perspektiven, die keine eindeutige Haltung bezüglich der Frage einnehmen, ob Wachstum stattfinden sollte oder nicht.

Eine politisch interessante Position hat sich als» Wachstumsunabhängigkeit« entwickelt: Sie geht vom Gedanken aus, dass nicht sicher gewusst werden kann, ob konsequente Umweltpolitik zu weiterem Wachstum oder Schrumpfung »der Wirtschaft« führt. Aus zwei Gründen müssen gerade deshalb jene Bereiche, deren Funktionalität von Wirtschaftswachstum abhängt, wachstumsunabhängig gestaltet werden: Erstens muss aufgrund des Vorsorgeprinzips sichergestellt werden, dass diese Bereiche weiter funktionieren, falls die Wirtschaft (doch) schrumpft, wie Ulrich Petschow und seine Kolleg*innen 2018 ebenfalls vorschlagen. Nur wenn diese Bereiche wachstumsunabhängig gestaltet werden, lässt sich zweitens konsequente Umweltpolitik durchführen, da diese sonst, so Irmi Seidl und Angelika Zahrnt, nur vorangetrieben werden würde, wenn sie das Wirtschaftswachstum nicht gefährdet.

Alle drei wachstumskritischen Konzepte waren in der Vergangenheit besonders dann erfolgreich, wenn sie mit weiteren gesellschaftlichen Akteur*innen gemeinsam entwickelt und vorangebracht wurden. Zum Beispiel haben sich die europäischen Debatten zu *Degrowth* in den letzten Jahren in einer engen Verbindung aus politischen Aktivist*innen und Wissenschaftler*innen entwickelt, wie Matthias Schmelzer und Andrea Vetter ausführen. Auch das Konzept der Wachstumsunabhängigkeit wurde – so Irmi Seidl und Angelika Zahrnt – transdisziplinär mit Umweltverbänden zusammen entwickelt. In jüngerer Zeit hat mit dem Umweltbundesamt auch eine staatliche Institution Interesse an dieser Position entwickelt (Petschow et al., 2018).

DIE »THIRD MISSION«
ZUR »FIRST MISSION« MACHEN

Die Geschichte zeigt, dass der gesellschaftliche Kontext und (politische) Interessen eine wesentliche Rolle dabei gespielt haben, die Messung des BIP-Wachstums zu einem zentralen Politikziel zu machen. Ansätze, die solche Konzepte jenseits des Wachstums vorschlagen, waren ebenfalls dann (verhältnismässig) erfolgreich, wenn sie mit gesellschaftlichen Akteur*innen zusammen entwickelt und vorangetrieben wurden. *Economists4future* nehmen sich diese Erkenntnisse zu Herzen: Um verantwortungsvoll wirksam zu werden, ist der Blick hinaus aus dem Elfenbeinturm von zentraler Bedeutung: Transdisziplinäre Reflexion sowie gesellschaftliche Zusammenarbeit sind Dreh- und Angelpunkte für eine »Wirtschaftswissenschaft *for Future*«.

Economists4future machen daher die »Third Mission« zur »First Mission«. Dabei stellen sich zwei Herausforderungen: Die erste betrifft die Frage, wie *economists4future* langfristig in der Wissenschaft tätig sein können. Denn um dauerhaft und langfristig wirken zu können, müssen sie Zeit für ihre wissenschaftlichen Arbeiten haben. Es bedarf langfristig sichergestellter Stellen für diese Tätigkeiten – in Hochschulen, Forschungsinstituten oder anderswo. Dafür braucht es neue Kriterien zur Beurteilung der Stellenvergabe. Wer sich heute auf eine Stelle bewirbt – als Doktorand*in, Post-Doc*in oder Professor*in – wird in der Regel auf Grundlage von Publikationen und Drittmitteleinwerbung bewertet. Die Referenz auf Zusammenarbeit mit gesellschaftlichen Akteur*innen hat dabei meist wenig bis gar keine Relevanz. Bislang ist es strukturell mehr oder weniger garantiert, dass Ökonom*innen, die eng mit der Gesellschaft zusammenarbeiten, die Wissenschaft mittelfristig entweder verlassen oder sich von der Gesellschaft abwenden, um wieder in der Entrücktheit im Elfenbeinturm vor sich hin zu forschen. Damit die »Third Mission« zur »First Mission« wird, muss die dialogische Zusammenarbeit mit gesellschaftlichen Akteur*innen zu einem relevanten Kriterium auf allen Karrierestufen der Wissenschaft werden. Die Förderlandschaft sowie die Drittmittelvergabe müssen entsprechend angepasst werden. Der Bereich der sozialökologischen Forschung geht hier bereits mit gutem Beispiel voran – andere Bereiche sollten nachziehen.

RAUS AUS DEM ELFENBEINTURM!

#PARTIZIPATION

Die zweite Frage betrifft die Bedingungen, unter denen gesellschaftliche Akteure bereit sind, an wissenschaftlicher Forschung mitzuwirken: Zum Beispiel erschweren bestehende Wachstumsabhängigkeiten eine Öffnung der politischen Parteien für dieses Thema. Wirtschaftswachstum ist in allen größeren Parteien dominant. Solange davon ausgegangen wird, dass ein gutes Leben an einen Arbeitsplatz geknüpft ist und nur Wachstum Arbeitsplätze sicherstellen kann, ist es für Politiker*innen schwierig, Wachstum infrage zu stellen.

Economists4future müssen Konzepte wie »Wachstumsunabhängigkeit« in die Parteien und breitere Öffentlichkeit tragen, sie gesellschaftlich zur Diskussion stellen. Der Erfolg hängt von überzeugenden Konzepten und einer gesellschaftlichen Akzeptanz ab. Eine intensive Zusammenarbeit mit anderen gesellschaftlichen Akteur*innen kann dafür sorgen.

So vielfältig die Gesellschaft ist, so heterogen sind auch die Kooperationsmöglichkeiten für *economists4future*. Wachstumskritische Ansätze blicken besonders auf Kooperationen mit Aktivist*innen, sozialen Bewegungen und NGOs. Diese und andere »verfasste Interessenvertretungen«, wie Gewerkschaften, Sozial-, Wohlfahrts-, Umwelt-, Entwicklungs- und Verbraucherschutzverbände, sind, so auch Ulrich Petschow und seine Kolleg*innen 2019 – wichtige Bündnispartner für die Entwicklung alternativer wirtschaftlicher und gesellschaftlicher Ansätze. Soziale Bewegungen können gesellschaftliche Dynamiken zeitnah aufgreifen und verstärken. Sie können damit neue Themen setzen, Diskurse vorantreiben oder soziale Auseinandersetzungen über Proteste zuspitzen. Kaum eine Bewegung zeigt dies so deutlich wie Fridays for Future. NGOs und Verbände sind hingegen zwar weniger dynamisch, besitzen jedoch oft mehr und längerfristig aufgebaute Expertise, vertreten Teile der Bevölkerung mit hohem Legitimitätsanspruch und haben über Kampagnen und politische (Lobby-)Arbeit auch gesellschaftliche Gestaltungsmöglichkeiten. Insbesondere mit Blick auf die zentralen wachstumsabhängigen Bereiche der Sozialversicherungssysteme, sowie, damit zusammenhängend, der Organisation von Arbeit und Verteilung von Erwerbseinkommen wird deutlich, dass die Sozial- und Wohlfahrtsverbände, aber auch die Gewerkschaften bei der Entwicklung von Alternativen im Sinne einer Wachstumsunabhängigkeit beteiligt sein müssen.

Allerdings gibt es nach wie vor Aspekte, die eine solche Öffnung erschweren. Zum einen sind die genannten Akteur*innen in gewissem Sinne oftmals selbst wachstumsabhängig. Die jeweiligen Finanzierungen über Spenden, die Mitgliederanzahl oder einen prozentualen Beitrag, der vom Lohn abgezogen wird, sind an Wirtschaftswachstum geknüpft. Zum anderen fokussieren sich viele Organisationen auf ganz bestimmte Handlungsfelder (Umweltpolitik, Sozialpolitik, Entwicklungszusammenarbeit, Wirtschaftspolitik und dergleichen mehr). Während Wachstumsabhängigkeit ein Querschnittthema ist, sind die Themen, die Arbeitsweisen, die politischen Einflusskanäle und Entscheidungsstrukturen der gesellschaftlichen Organisationen überwiegend entlang dieser Schwerpunktfelder organisiert. Somit fällt es vielen solcher Organisationen schwer, sich mit gesamtgesellschaftlichen Fragen, wie einer sozialökologischen Transformation oder der Wachstumsunabhängigkeit, zu beschäftigen und zu positionieren. Darüber hinaus fehlt es an übergreifenden Austausch- und Abstimmungsstrukturen zwischen den Organisationen. All dies macht eine gemeinsame Entwicklung von Konzepten für alternative Wirtschafts- und Gesellschaftsmodelle schwierig.

Gleichzeitig ist – und dies konstatieren ebenfalls Ulrich Petschow und seine Kolleg*innen 2019 – bei den verfassten Interessenvertretungen in jüngerer Zeit eine Öffnung zu wachstumskritischen Ansätzen zu verzeichnen. Denn diese Organisationen – und insbesondere jene mit vielen Mitgliedern – geraten aktuell zunehmend unter Druck: Aufgrund veränderter Milieustrukturen verzeichnen sie Mitgliederverluste, haben Probleme, Neumitglieder zu mobilisieren und bemerken immer deutlicher, dass sich die eigenen Interessen immer schwerer in den tradierten Strukturen von Politikfeldern und über die vertrauten Kanäle vertreten lassen. Zu groß sind die Wechselwirkungen mit anderen Politikfeldern – woraufhin sich fragile Möglichkeitsräume in den Organisationen öffnen und diese zwischen den strategischen Polen eines defensiven Rückzugs auf Kernkompetenzen und grundlegender Neuausrichtung hin- und herpendeln. *Economists4future* können diese fragilen Möglichkeitsräume füllen und mithelfen, das Pendel in die Richtung eines strategischen Neuausrichtungsprozesses ausschlagen zu lassen, flankiert mit einer engen Kooperation.

ECONOMISTS4FUTURE –
WIR BRAUCHEN EUCH ALLE!

Economists4future können mindestens in drei Bereichen aktiv werden, um eine konsequente Klima- und Umweltpolitik zu ermöglichen: Sie können in Parteien für Konzepte ohne BIP-Wachstum werben. Sie können gemeinsam mit Bewegungen, NGOs, Gewerkschaften und Verbänden an solchen Konzepten arbeiten. Und sie können in der (Wirtschafts-)Wissenschaft für Strukturen sorgen, die es nicht nur ihnen selbst, sondern auch dem wissenschaftlichen Nachwuchs ermöglichen, die »Third Mission« ernst zu nehmen – oder sie gar zur »First Mission« zu machen. Damit dies gelingt, braucht es viele mutige *economists4future* – unter den Studierenden, den wissenschaftlichen Mitarbeiter*innen und den Professor*innen, aber auch bei den Hochschulleitungen und zuständigen Ministerien.

In allen Bereichen setzen *economists4future* dort an, wo sie sich bereits bewegen, und tragen dazu bei, neue Ansätze voranzubringen, überkommene Paradigmen zu durchbrechen, neue Debatten zu stärken und Diskurse zu verschieben. Gemeinsam mit Medien, Unternehmen, öffentlicher Verwaltung und vielen weiteren Akteur*innen wird klar: Die klimagerechte wachstumsunabhängige Gesellschaft kommt nur im Dialog vereinter Kräfte zustande. Wir brauchen euch alle!

———————————

Dr. Steffen Lange ist Postwachstumsökonom am Institut für ökologische Wirtschaftsforschung (IÖW) und arbeitet in partizipativen Forschungsprojekten zur Gesellschaftsgestaltung.

Dr. Matthias Schmelzer, Wirtschaftshistoriker, arbeitet beim Konzeptwerk Neue Ökonomie und an der Friedrich-Schiller-Universität Jena.

Helen Sharp ist wissenschaftliche Mitarbeiterin am Institut für ökologische Wirtschaftsforschung (IÖW) im Forschungsfeld »Umweltökonomie und Umweltpolitik«, ihre Schwerpunkte liegen auf gesellschaftlicher Transformation und alternativem Wirtschaften.

»Wenn also Wirtschaften nicht Selbstzweck sein soll, worin liegt der Sinn des Wirtschaftens dann? Auf diese Weise kann der geistige Raum geöffnet werden für Optionen, in denen ›Wirtschaft‹ abseits der modernen Ökonomik möglich wird. Economists4future geht es in der Bildung und Lehre um eine Ökonomik als befähigende Möglichkeitswissenschaft!«

Sebastian Thieme

 EINE BESSERE GESELLSCHAFT AUSRECHNEN?

Zum Umgang mit Werten in der Ökonomik

Wer heute Ökonomik studiert, wird die Wissenschaft von »der Wirtschaft« als eine kennenlernen, die empirisch arbeitet. Es geht um Fakten und ökonomische Gesetzmäßigkeiten, mit denen versucht wird, »die Wirtschaft« zu verstehen, sie zu beschreiben, Aussagen über die Zukunft zu formulieren oder zu erklären, welche Konsequenzen die Änderung einer Variablen in einem bestimmten ökonomischen Modell hat.

Alle diese Dinge würden zu wissenschaftlichen Tatsachenaussagen führen, lernen die Studierenden. Das sind Aussagen, die belegt oder widerlegt werden können. Deshalb greift diese Ökonomik auf Mathematik und Statistik als (vermeintlich) »eindeutige« und naturwissenschaftliche Hilfs- und Ausdrucksmittel zurück. Eine solche positive Ökonomik sei wertneutral, frei von Ideologie und nicht (politisch) korrumpierbar.

Die Existenz einer normativen Ökonomik wird dagegen gerade noch so eingestanden. Sie drehe sich um Fragen, wie die Wirtschaft sein soll. Dort ginge es aber weniger um Fakten, sondern um Werte und Werturteile. Werte sind hier zu verstehen als Ideale, Verhaltensmaßstäbe oder Grundsätze, die als erstrebenswert gelten. Vereinzelt werden Werte mit persönlichen Einstellungen und Meinungen gleichgesetzt. Werte und Werturteile seien aber nicht »objektiv« zu begründen. Deshalb sei eine normative Ökonomik im Grunde auch nicht wissenschaftlich.

Wer dagegen »richtige« Ökonomik betreiben wolle, solle im Feld der positiven Ökonomik und mit mathematisch-formalen Modellen arbeiten – mit Werten einzig verstanden als Zahlenergebnisse, Indizes oder Messwerte.

So oder so ähnlich sieht das Bild aus, das viele Lehrbücher, wie zum Beispiel die immerhin 16. Auflage von Artur Wolls *Volkswirtschaftslehre*, von der Ökonomik vermitteln. Zunehmend kommt eine Diskussion um Werte und Werturteile auch gar nicht erst auf: Denn als »moderne Wissenschaft« arbeite »die Ökonomik« evidenzbasiert und mit modernen empirischen Methoden, weshalb sie selbstverständlich politisch und ideologisch völlig unverdächtig sei. Zwar wird gerne der Anspruch erhoben, die Welt »besser« zu machen, was aber nur auf Messwertkategorien wie »Effizienz« oder »Produktivität« abzielt. Wirtschaft als Selbstzweck. Ganz ohne Leitbilder, Lebensprinzipien oder Werte eben.

Wer sich jetzt fragt, ob das ernst gemeint ist oder Satire, liegt mit »Realsatire« sicher richtig. Allerdings hat dieser »Spaß« weniger erfreuliche Konsequenzen für die Frage nach der Ermöglichung einer »besseren« Gesellschaft, in der Wirtschaft eben nicht Selbstzweck sein soll. Denn in der modernen Ökonomik besteht gar keine Veranlassung, sich mit Werten zu befassen. Das, was als Wertbezug im Rahmen etwa einer Transformativen Wirtschaftswissenschaft, wie sie Reinhard Pfriem und seine Kolleg*innen beschreiben, oder in der *Pluralen Ökonomik* gefordert wird, hat dort keinen Platz und trifft auf teils völliges Unverständnis.

SAG MIR, WO DIE WERTE SIND...

Worin soll eine »bessere Gesellschaft« bestehen? Dazu ist es notwendig, Werte und Wertbezüge zu reflektieren. Doch die moderne Ökonomik muss dafür erst sensibilisiert werden. Zum Beispiel über die folgende Kritik an ihrem Selbstverständnis als vermeintlich »wertneutral«. Die wichtigsten drei Kritikpunkte sind:

Erstens werden im Wissenschaftsprozess selbst Entscheidungen getroffen, die sich nicht »objektiv« begründen lassen. Wer hartnäckig genug eine Begründung für eine wissenschaftliche Annahme oder Methode sucht, wird an argumentative Endpunkte gelangen, sogenannte »archimedische Punkte«. Dort muss geglaubt, vertraut und eine nicht

weiter begründbare Annahme, eine selbsteinsichtige Annahme oder
»der gesunde Menschenverstand« behauptet werden. Genau in diesen
Annahmen kommen die Vorstellungen über die »reale« Welt und die
Beziehung zwischen der Wissenschaft zu dieser Welt zum Ausdruck.
Dies wirkt sich auf die konkrete Wissenschaftspraxis aus, zum Beispiel
auf die Wahl des Gegenstands der Analysen, der Methoden und Begriffe.

Zweitens sind auch Wissenschaftler*innen Menschen und somit
Gesellschaftswesen. Dadurch ist eine soziale und kulturelle Prägung
bedingt, die Adelheid Biesecker und Stefan Kesting eine »*preanalytic
vision*« (also eine »voranalytischen Vision«) nennen: Wissenschaftler*innen gehen mit einem kulturspezifischen und historischen Vorverständ-
nis an ihre Analysen heran und treffen diesen Analysen vorgelagerte
Annahmen. Dies prägt den Gegenstand und die Fragestellungen. Auch
die moderne Ökonomik hat eine »*preanalytic vision*«, die sich nicht
von der eigentlichen wissenschaftlichen Betrachtung abtrennen lässt.
Adelheid Biesecker und Stefan Kesting zielen mit ihren Ausführungen
vor allem auf das zugrunde liegende Menschenbild, die damit verbundene Philosophie und das entsprechende Verständnis von Rationalität ab.
In ähnlicher Weise ließe sich die feministische Kritik heranziehen,
welche die moderne Ökonomik für ein einseitig männliches Weltbild
und die Dominanz maskuliner Basiswerte (Homo oeconomicus, Konkur-
renzdenken und dergleichen mehr) kritisiert.

Drittens wird die sich als »wertfrei« wähnende moderne Ökonomik
aus dem Bereich der Wirtschaftsethik heraus schon sehr lange für
ihren normativen Charakter kritisiert, Peter Ulrich tut dies zum Beispiel.
So sei die »Wertfreiheit« selbst ein normatives Postulat. Die Normativität
muss indes auch nicht immer sichtbar sein, was als implizite Normativität bezeichnet wird: In Lehrbüchern werden teils Beispiele konstruiert, die besonders lebens- und praxisnah sein sollen, etwa wenn es um
den Wohnungsmarkt geht. Diese Praxisbeispiele dienen dann dazu,
die verschiedenen Annahmen nicht zu hinterfragen, sondern sie als
natürlich sinnvoll und »gut« zu akzeptieren. Dazu gehören markt-
wirtschaftliche Kategorien, wie zum Beispiel Effizienz, Verwertbarkeit,
ökonomische Rationalität, das ständige Streben nach Besserstellung
(Nutzenmaximierung), starke Arbeitsteilung, intensiver Wettbewerb
sowie die Akzeptanz einer Arbeits- und Marktgesellschaft. Letztgenannte

bedeutet, dass die Lebens(er)haltung im Wesentlichen durch Marktein-kommen in Form von Lohnarbeit möglich sein soll.

Mit diesem letzten Punkt wird deutlich, dass es in modernen ökono-mischen Analysen nicht allein darauf ankommt, Werte und Wertbezüge zu berücksichtigen, sondern darüber hinaus auch die impliziten Werte, Wertebezüge und Wertkonflikte herauszuarbeiten.

DIE MARGINALANALYSE ALS BESONDERES PROBLEM FÜR ECONOMISTS4FUTURE

Neben vielen Problemen der impliziten Normativität findet sich ein Sonderproblem für *economists4future* in der sogenannten Marginal-analyse. Worin diese Problemlage besteht, das lässt sich am standard-ökonomischen Umgang mit Umweltfragen illustrieren: Umweltschäden werden dort als »negative Externalitäten« behandelt, also als unbeabsich-tigte negative Folgen wirtschaftlichen Handelns. Soll wirtschaftliches Handeln im ökologischen Sinne nachhaltig sein, sind diese negativen Externalitäten als »Kosten« zu berücksichtigen: Sie werden »eingepreist«. Dies, so die Hoffnung, sorgt dann für *ökonomische* Anreize, um das Verhalten am Umweltschutz auszurichten.

Die Marginalanalyse bietet nun einen Weg, um die negativen Externa-litäten ins ökonomische Kalkül einzubeziehen: Dabei werden der zusätz-liche gesellschaftliche Nutzen (Grenznutzen) und die zusätzlichen gesellschaftlichen Kosten (Grenzkosten) der Herstellung eines weiteren Produkts miteinander verglichen. Ziel ist es, den optimalen Verschmut-zungsgrad zu ermitteln, also – in den Worten Paul Krugmans und Robin Wells – das »Belastungsniveau, für das sich die Gesellschaft unter Berücksichtigung sämtlicher Kosten und Nutzen der Umweltverschmut-zung entscheiden würde«.

Dieses Vorgehen ist allerdings mit einem Trick erkauft: Es wird unterstellt, dass Wirtschaft immer Umweltschäden verursacht. Demnach wäre es gar nicht möglich, ohne Umweltschäden zu wirtschaften. Damit ginge es lediglich darum, wie viel Umweltschutz als nützlich oder rentabel erscheint. Auf diese Weise wird die Frage nach dem ange-messenen Umgang mit der Natur auf Fragen zum (rentablen) Umwelt-schutz reduziert und so der Marginalanalyse zugänglich gemacht.

Problematisch ist schon, dass allein die Idee, ohne Umweltschädigung zu produzieren, aus der Welt der modernen Ökonomik verbannt wird. Mehr noch, sie wird als unmöglich stigmatisiert: Keine Umweltschäden zu verursachen, würde bedeuten, die Produktion stillzulegen und erhebliche Wohlfahrtsverluste in Kauf zu nehmen. Ziele, wie eine CO_2-freie Stromerzeugung oder Personenbeförderung, stehen damit grundsätzlich unter Hirngespinstverdacht. Darüber hinaus lassen sich Umweltschäden auch nicht immer einpreisen. Und selbst wenn doch: Wäre das überhaupt erstrebenswert? Ist Natur als gemeinsames Gut aller Menschen eine Ware, die »verdinglicht« beziehungsweise »ökonomisiert« werden darf?

Diese Problemlage rückt vor allem dort ins Zentrum, wo Umweltfragen auch Gesundheitsfragen sind und damit auf die Menschenwürde als Grundrecht stoßen. Klaus Deimer, Martin Pätzold und Volker Tolkmitt weisen in ihrem Lehrbuch darauf hin, dass die Bestimmung eines Verschmutzungsoptimums nur theoretisch möglich sei: Während sich die moderne Ökonomik auf eine »effiziente« Verteilung der Kosten des Umweltschutzes beschränkt, müsse dieses Ziel im realen Lebensalltag zurückstehen, wenn es um Gesundheit und Leben geht. Die Marginalanalyse ist dann schlicht fehl am Platz. Denn während die ökonomische Marginalanalyse die Fiktion nährt, es gäbe einen einzigen, für alle Menschen optimalen Verschmutzungsgrad, können Umweltschäden individuell ganz verschiedene Gesundheitsgefahren darstellen. Zum Beispiel mag die Menge eines Schadstoffs, die für einen gesunden erwachsenen Mensch (noch) verkraftbar ist, für Säuglinge, alte oder geschwächte Menschen sehr schwerwiegende Schäden nach sich ziehen oder sogar zum Tod führen. Wieder ist zu berücksichtigen, dass die Annahme, es gäbe den einen repräsentativen Modellmenschen, auf einem Werturteil beruht. Genauso ein Werturteil liegt in der (unausgesprochenen) Folgeannahme, dass es zu akzeptieren sei, jene Menschen in existenzielle Gefahr zu bringen, die von dieser Norm abweichen.

Auf diese Weise stehen jene, die eine Berücksichtigung von Werten in der ökonomischen Analyse fordern, vor dem Problem, dass mit standard-ökonomischen Instrumenten, wie etwa der Marginalanalyse, nicht-marktwirtschaftliche Werte ausgehöhlt werden: Die moderne Ökonomik nimmt sich dann zwar der entsprechenden Probleme – zum

#BEFÄHIGUNG

Beispiel der Umweltverschmutzung – an, untergräbt aber mit der Marginalanalyse absolut geltende Werte, wie Gesundheit oder Menschenwürde.

Die hier beschriebene »Schadschöpfung« – als sprachlicher Gegenpart zur »Wertschöpfung« – beschränkt sich auf reine und direkte Schäden, die der Mensch zu tragen hat. Tatsächlich geht sie aber weit darüber hinaus und steht für die Vernichtung von Pflanzensorten und die Abtötung von Tierarten. Was in der modernen Ökonomik als »optimaler Verschmutzungsgrad« bezeichnet wird, ist nur eine Beschönigung, denn eigentlich geht es dort um die Kalkulation »optimaler Zerstörung«. Womit wir wieder bei der Realsatire landen: Kann Beschmutzung beziehungsweise Zerstörung »optimal« sein? »Optimal« für wen? Welchen Beitrag soll so eine »optimale Zerstörung« zu einer »besseren« Gesellschaft leisten können?

NOCHMAL ZURÜCK AUF LOS!

Natürlich hat Wirtschaft mit Werten und Wertbezügen zu tun. Ein tagtäglich erfahrbares Wirtschaftsmotiv besteht zum Beispiel darin, sich selbst zu erhalten. Darauf ist später noch einmal zurückzukommen. Auch Freude, Erhalt und Reproduktion von Ressourcen oder Sorge um Mitmenschen und / oder Natur können Werte der konkreten Wirtschaftspraxis sein.

Die Vernachlässigung dieser Motive in den Analysen der modernen Ökonomik muss nicht sein. Das zeigt sich, wenn man einen Blick in die Vergangenheit oder die Randbereiche der Ökonomik, zu anderen Disziplinen – Ethnologie, Soziologie und dergleichen – oder auf alternative Wirtschaftspraktiken wagt.

So stellt man fest, dass natürlich wissenschaftliche Konzepte existieren, die ganz allgemein Werte und Wertbezüge als Teil der wirtschaftlichen Praxis berücksichtigen. Ein prominentes Beispiel ist die *Sozialökonomik* im Sinne von Gertraude Mikl-Horke, wo ethische Momente selbstverständlicher Bestandteil einer ökonomischen Analyse sind. Als konkretes Beispiel für eine Sozialökonomik lässt sich die französische Konventionenökonomie (*économie des conventions*) anführen, die verschiedene wirtschaftliche Sphären (Ökologie, Handel, Industrie, Markt) mit unterschiedlichen Orientierungen und Übereinkünften betrachtet, nachzulesen etwa bei Rainer Diaz-Bone. Auch das Wirtschaftsstildenken von Arthur Spiethoff (1873–1957) könnte dazugezählt werden, denn dieses kennt verschiedene sittliche Zweckeinstellungen und seelische Antriebe zum wirtschaftlichen Handeln, was ich an anderer Stelle ausgeführt habe (2018).

Darüber hinaus ließe sich nach wissenschaftlichen Konzepten fragen, die sich ganz bewusst an bestimmten Werten ausrichten. Mit Blick auf eine »bessere« Gesellschaft und darauf, wie Menschen zur Ermöglichung derselben befähigt werden können, sticht als besonderes Beispiel das Konzept des »Vorsorgenden Wirtschaftens« ins Auge, wie es unter anderem von Adelheid Biesecker und von ihr gemeinsam mit Sabine Hofmeister beschrieben wird: Dieses orientiert sich an den drei normativen Prinzipien Vorsorge, Kooperation und gutes Leben für alle. Hinzu treten Aspekte wie etwa die Zentralkategorie der »(Re)Produktivität«, womit gemeint ist, dass alle Produktionsprozesse in der Gesellschaft und der Natur als einen gemeinsamen Prozess zu betrachten sind sowie Produktion und Wiederherstellung (Reproduktion) zusammengedacht werden müssen. Ein weiteres Beispiel wertebezogenen Wirtschaftens findet sich in der »Sozialen Marktwirtschaft« von Alfred Müller-Armack: Diese orientiert sich an den beiden großen sittlichen Zielen Freiheit und soziale Gerechtigkeit. Dazu kommen Ergänzungen, wie beispielsweise die Bedarfsdeckung und eine Anti-Monopolpolitik, um Machtmissbrauch zu vermeiden. Freilich müsste eine tiefergehende Reflexion darüber ansetzen, was zum Beispiel mit »gutem Leben«, »Freiheit« und »sozialer Gerechtigkeit« gemeint und wie dies einzuordnen ist. Das kann für die Lehre ein guter Ansatz sein, um weiterführendes Nachdenken und den Einbezug anderer Konzepte anzuregen. Hauptsächlich aber müssen endlich wissenschaftliche Konzepte vorgestellt werden, die – ganz im Gegensatz zur modernen Ökonomik – überhaupt Werte und Wertbezüge berücksichtigen.

In ähnlicher Weise kann auch nach wirtschaftlichen Praktiken gefragt werden, die bewusst Werte und Wertbezüge aufweisen. Und ja, auch diese existieren. Beispielsweise solidarische Wirtschaftsformen: Dazu gehören im Allgemeinen Genossenschaften, Sozialwirtschaft und *Commons* (Allmende); spezifische Praxisformen sind Ordensgemeinschaften, Belegschaftsbetriebe, Hausprojekte, *Food-Coops* oder Tausch-

#BEFÄHIGUNG

ringe. Elisabeth Voß hat dazu verschiedene Leitbilder herausgearbeitet, zum Beispiel orientieren sich diese Formen an der Idee einer globalen solidarischen Welt, in der alle Menschen den Anspruch auf menschwürdige Teilhabe, Existenz und gutes Leben haben; an der Idee der Selbstermächtigung und Selbstwirksamkeit, was bedeutet, dass die Welt als veränderbar wahrgenommen wird; und nicht zuletzt an der Vorstellung des Menschen als Gemeinschaftswesen (»Resonanz«).

Dies wird ergänzt um beispielsweise alternative (gemeinschaftliche) Eigentumsformen abseits von Privateigentum und die Orientierung an Gebrauchswerten. Auch dazu kann sich eine kritische Reflexion dieser Werte, Leitbilder und dergleichen anschließen. Von zentraler Bedeutung sind solche wirtschaftlichen Praktiken, weil sie Alternativen darstellen zu rein marktwirtschaftlich verstandenen Wirtschaftsformen der modernen Ökonomik.

Für *economists4future* ist die Reflexion von Wertbezügen natürlicher Bestandteil eines jeden Nachdenkens über »Wirtschaft«. Die Befähigung zur Ermöglichung einer »besseren« Gesellschaft muss nicht bei null anfangen, sondern kann – das sollte dieser Abschnitt zeigen – auf einen reichhaltigen Fundus an Theorien, Konzepten und Praktiken zurückgreifen.

SELBSTERHALTUNG ALS LEBENSPRAKTISCHE VORAUSSETZUNG

Die Selbsterhaltung ist – wie weiter vorn angedeutet – für viele Menschen ein zentrales Wirtschaftsmotiv. Das gilt unabhängig von der Wirtschaftsform, aber ganz besonders für eine Marktgesellschaft, in der die Menschen absolut abhängig vom Erwerbslohn sein sollen. Erschreckend deshalb, dass die »marktverliebte« moderne Ökonomik mit der Selbsterhaltung (Subsistenz) im Grunde so gar nichts anzufangen weiß. Selbsterhaltung taucht weder in Nutzenfunktionen auf noch bei Fragen des Arbeitsmarktes. Der ökonomische Modellmensch, der Homo oeconomicus, scheint in seiner Selbstsucht seltsam *selbst-los* zu sein.

Das ist natürlich absurd. Abseits der modernen Ökonomik existieren dagegen sehr wohl verschiedene wissenschaftliche Zugänge, die der Selbsterhaltung Rechnung getragen, was ich 2017 beschrieben habe. Zum Beispiel tauchte die Selbsterhaltung in den alten Theorien zum

Gesellschaftsvertrag von Thomas Hobbes und John Locke auf oder als »Subsistenzlohn« bei Johann Heinrich von Thünen (1783–1850). Jüngeren Datums ist die *Moral Economy* von James C. Scott, in der er verschiedene Begriffe der Selbsterhaltung (Subsistenz) einführt und unter anderem das *safety-first principle* vorstellt. Es beschreibt Strategien bäuerlicher Gesellschaften in Südostasien, die auf Existenzsicherung abzielen. Nachfolgende Tabelle liefert einen Überblick zu ausgewählten Beispielen mit ihrer theoretischen Verortung.

Tabelle 1: Ausgewählte Beispiele zur Berücksichtigung der Selbsterhaltung. Quelle: eigene Darstellung

Konzepte / Ansätze	Theoretische Verortung	Ausgewählte Aspekte der Selbsterhaltung
Gesellschaftsvertrag nach Thomas Hobbes und John Locke	Ökonomische / Politische Theoriegeschichte	Recht auf Widerstand bei Gefahr für Leib und Leben
Naturgemäßer Lohn nach Johann Heinrich von Thünen	Ökonomische Theoriegeschichte	Subsistenzlohn im »naturgemäßen Lohn«; Arbeit muss Existenz sichernd sein
Bielefelder Subsistenzansatz	Soziologie / Feministische Ökonomik	Subsistenz, Reproduktion, Versorgung, »gutes Leben«, Gebrauchswerte
Konzept »Vorsorgendes Wirtschaften«	Feministische Ökonomik	(Re)Produktion, »gutes Leben«, Leben als Ziel, Gebrauchswerte
The Moral Economy von James C. Scott	Ethnologie / Politikwissenschaften	Subsistenzstrategie, safety-first-principle, minimum disaster level, Zone der Subsistenzkrise

#BEFÄHIGUNG

Die Selbsterhaltung bildet hier das Fundament, das zu einer »besseren« Gesellschaft befähigen soll. Denn natürlich muss auch jede Form einer »besseren« Gesellschaft die »Selbsterhaltung« garantieren, sonst wäre sie mit Akzeptanz- und (ethischen) Legitimitätsproblemen konfrontiert. Aufgrund ihrer Vernachlässigung in der modernen Ökonomik wird der Weg zu einer »besseren« Gesellschaft sicher erst einmal einer (Wieder-)Wertschätzung der Selbsterhaltung bedürfen – gerade auch im globalen Kontext. Mit Blick auf ein sozialökologisches Transformationspotenzial kommt hinzu, dass eine ökonomische Perspektive, welche die Selbsterhaltung nicht kennt, Schwierigkeiten haben wird, die existenziellen Gefahren, etwa durch die Klimakrise, zu erkennen und anzuerkennen.

LEHRE ALS BEFÄHIGUNG ZUR ERMÖGLICHUNG EINER »BESSEREN« GESELLSCHAFT

Die vorangegangenen Abschnitte zeigen: Die moderne Ökonomik ist keineswegs »wertfrei«. Doch es gibt auch ein breites Feld an Theorien und wissenschaftlichen Konzepten, die Werte und Wertbezüge berücksichtigen und über eine kritische Reflexion und Praxis zur Ermöglichung einer »besseren« Gesellschaft befähigen können. *Economists4future* sehen in diesem Missverhältnis eine besondere Herausforderung, ziehen daraus aber auch konkrete Schlussfolgerungen für die akademische und schulische Lehre:

Mehr ideengeschichtliche und wirtschaftsethische Reflexion!

Es existiert eine hauptsächlich durch Studierende getragene Pluralismusbewegung (in Deutschland vor allem durch das auch in anderen Texten dieses Bandes genannte *Netzwerk Plurale Ökonomik e. V.*). Diese fordert schon lange, die Inhalte der *ökonomischen Ideengeschichte und Wirtschaftsethik* in der akademischen Ausbildung zu verstärken. Gemessen an der wirtschaftsethischen Kritik an der »Wertfreiheit« der modernen Ökonomik, liegt die Sinnhaftigkeit dieser Forderung auf der Hand. Gleiches gilt für die ökonomische Ideengeschichte, wo grundverschiedene Theorien und Konzepte kennengelernt werden könnten. Mutig schlagen die Studierenden von PEPS-Économie eine Lehrveranstaltung

Ideengeschichte pro Bachelor-Semester vor. Das mag viel erscheinen. Klar ist aber auf der anderen Seite, dass zum Beispiel ökonomische Ideengeschichte nur ungenügend behandelt werden kann, wenn sie sich auf eine einzige Lehrveranstaltung pro Studium beschränkt. Grundsätzlich ist es auch möglich, in Einführungs- und Grundlagenveranstaltungen verstärkt ideengeschichtliche und wirtschaftsethische Elemente zu berücksichtigen. Zum Beispiel nach dem Schema: moderne Ökonomik, Kritik und alternative Perspektiven. Dabei sollten ideengeschichtliche Elemente und Wirtschaftsethik im jeweils wissenschafts- und erkenntnistheoretischen sowie wissenschaftssoziologischen und kulturhistorischen Kontext behandelt werden.

Mehr sozialwissenschaftliche Pluralität! Damit ist gemeint, auch das Feld der Pluralen Ökonomik breiter zu fassen. Dies ist deswegen wichtig, weil auch dieser Bereich von formal-mathematischen Konzepten dominiert wird (etwa Post-Keynesianismus, Komplexitätsökonomik, Evolutorische Ökonomik). Im Vergleich zu anderen, alternativen Herangehensweisen sind diese nur beschränkt dabei hilfreich, Werte und Wertbezüge angemessen zu behandeln. Sinnvoller ist es, Ansätze aus der sozialwissenschaftlichen Ökonomik zu stärken, die zum Teil Wertekritik an der modernen Ökonomik leisten. Teils weisen sie selbst explizit Werte als Orientierung aus oder sind in der Lage, Werte zu behandeln. Dazu gehören Konzepte oder Bereiche, wie die Wirtschaftskulturforschung, das Wirtschaftsstildenken, altinstitutionelle feministische Ökonomiken und die Konventionenökonomik. Eine besondere Hilfestellung bietet das Lehrbuch von Adelheid Biesecker und Stefan Kesting: Dort werden nicht nur ideengeschichtliche Inhalte vermittelt, sondern auch die Menschenbilder, Philosophien und unterschiedlichen Rationalitätskonzepte diskutiert, die hinter den Ansätzen der modernen Ökonomik und ihrer weniger formalen Alternativen stehen.

Erwägen als Stichwort eines angemessenen Umgangs mit Vielfalt! Das Paderborner Erwägungskonzept, das Bettina Blanck beschreibt, bietet einen Weg an, die Vielfalt wissenschaftlicher Zugänge handhabbar zu machen: Dieses ermuntert dazu, einen großen Denkraum an kontroversen Möglichkeiten zu entwerfen, in dem alle Perspektiven, Theorien

#BEFÄHIGUNG

und dergleichen dem konkreten Problem gegenüber angemessen zu
würdigen und gewählte Problemlösungen zu begründen sind. Dazu
werden verschiedene am Dialog orientierte Lehrmethoden vorge-
schlagen, zum Beispiel Pyramidendiskussionen, in denen verschiedene
Gruppen unter wechselnder Zusammensetzung diskutieren. Ähnlich
wirkt die Arbeit mit Tabellen (Erwägungssynopsen). Kombinatorische
Erwägungstafeln wiederum loten systematisch Denkmöglichkeiten
aus und können dazu anhalten, auch zu (vermeintlich) sinnlosen Perspektiven Stellung zu nehmen.

Normativ dekonstruieren! Als Forschungs- und Lehrtechnik bietet sich
die normative Dekonstruktion wissenschaftlicher Konzepte an, womit
die normativen Elemente systematisch offengelegt werden. Kritisch zu
durchleuchten ist, wo und wie in gängigen sowie in alternativen Konzepten (implizite) Wertungen verborgen liegen. Dazu ist es notwendig, die
Frage nach der Rechtfertigung von bestimmten Annahmen bis zu jenen
Endpunkten zu stellen, an denen Annahmen behauptet werden. Dies
ermöglicht es einerseits, die zugrunde liegenden Werte, Wertbezüge und
Weltsichten systematisch zu erfassen und darzustellen, andererseits
wird es so auch möglich, systematisch die Gemeinsamkeiten und Widersprüche zwischen unterschiedlichen Perspektiven zu zeigen. So ließe
sich ebenso das fruchtbare Potenzial einer Symbiose verschiedener
Perspektiven freilegen. Allerdings braucht es den Freiraum zum angemessenen Training dieser normativen Dekonstruktion. Massenveran-
staltungen sind hierfür nicht hilfreich.

Diese vier Punkte genügen, um zu skizzieren, welche inhaltlichen und
didaktischen Aufgaben noch zu bewerkstelligen sind, um Werte
und Wertbezüge angemessen in die Lehre der Ökonomik zu integrieren.
Ihre Berücksichtigung ermöglicht eine sachliche Diskussion darüber,
welche der Vorschläge der modernen Ökonomik nur Scheinlösungen
und Abwehrstrategien darstellen. Es kann dann sachlich darauf hingewiesen werden, wo die vermeintliche »Wertneutralität« und das
marktfundamentalistische Denken in der modernen Ökonomik Hindernisse für ökosoziale Problemlösungen darstellen. Neben dieser Kritik
ließe sich unter Bezugnahme auf Werte und Wertbezüge zeigen, wo und

warum welche Vorschläge tatsächlich Alternativen zur modernen Ökonomik bieten. Wenn also Wirtschaften nicht Selbstzweck sein soll, worin liegt der Sinn des Wirtschaftens dann? Auf diese Weise kann der geistige Raum geöffnet werden für Optionen, in denen »Wirtschaft« abseits der modernen Ökonomik möglich wird. *Economists4future* geht es in der Bildung und Lehre um eine Ökonomik als befähigende Möglichkeitswissenschaft!

Dr. Sebastian Thieme ist integrativ-interdisziplinär arbeitender Ökonom, war unter anderem Vertretungsprofessor an der Hochschule Harz und arbeitet zu Subsistenz/Selbsterhaltung, ökonomischer Misanthropie und Sozialökonomik.

EINE BESSERE GESELLSCHAFT AUSRECHNEN?

»Economists4future wissen, dass die effizientere Praxis nicht prinzipiell die bessere ist. Sie begreifen es daher nicht länger als Aufgabe ökonomischer Forschung, herauszufinden, wie effizient oder rentabel eine Praxis ist, sondern herauszufinden, inwiefern sie dazu beiträgt, drängende gesellschaftliche Probleme zu überwinden.«

Reinhard Pfriem
Lars Hochmann

DER SINN VON WISSENSCHAFT IST BEFÄHIGUNG

Wie Forscher*innen die eigene Forschung verantworten

Die thermische Zerstörung der Biosphäre, zunehmende soziale und kulturelle Verwerfungen sowie anhaltende ökonomische Krisenerscheinungen belegen die Notwendigkeit grundlegender gesellschaftlicher Veränderungen. Die moderne Ökonomik nimmt davon keine Notiz. Als wissenschaftliche Begleitung, Begründung und Beförderung des kapitalistischen Entwicklungsmodells transportiert sie munter dessen Glauben daran, dass die permanente Steigerung der rentabilitätsorientierten Produktion von materiellen Gütern und Dienstleistungen die ebenfalls permanente Steigerung von Lebenszufriedenheit und menschlichem Wohl zur Folge habe. Dabei stehen sich in der heutigen Welt jedoch Armut, Hunger und (unter anderem kriegsbedingtes) Elend und die Vernichtung und Nichtnutzung von Lebensmitteln sowie anderer Produkte krasser denn je gegenüber.

In *Die Unvernunft der ökonomischen Vernunft* hat Serge Latouche schon zu Beginn des Jahrhunderts eben jene kritisiert:

- **Verwechslung von Zweck und Mittel:** Wenn Zufriedenheit und Glück von Menschen auf die Ausstattung mit materiellen Gütern reduziert werden, sind Zweck und Mittel vertauscht.

- **Entleerung der Ziele:** Mit dem Kriterium der Effizienz werden Ziele bedeutungslos. Menschliches Wohlbefinden hängt jedoch gerade von zielbezogenen Bedürfnissen, Wünschen und Sehnsüchten ab, deren Sinnhaftigkeit sich keineswegs auf das Materielle richtet.

- **Überformung des Lebens:** Die ökonomische Dominanz von Kalkül und Quantifizierung richtet sich gegen die natürlichen Anlagen des Menschen: Kann es, so fragt Latouche, für körperliche Sinnesfreuden, Herzensangelegeneheiten oder geistige Bedürfnisbefriedigung ein gemeinsames ökonomisches Maß geben?

- **Entsinnlichung der Menschen:** Im Gegensatz zu diesen Dimensionen menschlichen Lebens werden Menschen in der modernen Ökonomik zu völlig verkopften Wesen, zu körperlosen und emotionslos kalkulierenden Rechenmaschinen verkrüppelt.

- **Homogenisierung der Triebkräfte:** Die Vielfalt menschlicher Leidenschaften wird schlussendlich auf die unstillbare Gier reduziert, möglichst reich zu werden – ohne Rücksicht auf Verluste und gegen alle anderen.

Offenkundig ist eine neue Wirtschaftswissenschaft erforderlich. In den letzten Jahrzehnten gab es unterschiedliche theoretische Anpassungen, wie die »Neue Institutionenökonomik« und die »Verhaltensökonomik«, die gegenüber solchen Problematisierungen wiederholt in Stellung gebracht und in mehreren Beiträgen dieses Bandes bereits genannt wurden. Aus den Angeln gehoben haben sie dieses Grundgerüst jedoch nicht: Am Primat, individuelle materielle Vorteile zu erlangen, hat sich grundlegend gar nichts geändert, nur die Bedingungen des Kalküls dafür werden inzwischen etwas realistischer gesehen. Individueller Vorteil als Eigennutz wird weiterhin zentral und absolut gestellt. Dieser Glaube findet seine Entsprechung im marktradikalen Modell – dem wirtschaftlich idealisierten, von allen politischen Interventionen freien Ablauf ökonomischer Transaktionen über Preise. Vielfältigstem Widerspruch zum Trotz wird es weiter als Optimum gesellschaftlicher Regulierung behauptet. Damit werden alle Tätigkeiten diskriminiert, die nicht marktförmig als Lohnarbeit organisiert sind, sondern Werte schaffen, wie etwa die noch immer vor allem von Frauen geleisteten Arbeiten der Haushaltsführung, die Pflege von Angehörigen, die Kindererziehung.

Die sozial wie ökologisch zerstörerische kapitalistische Steigerungsspirale wird von der vermeintlich modernen Ökonomik nicht nur nicht infrage gestellt. Sie wird sogar vorausgesetzt und damit normalisiert – vorgetragen mit dem entschiedenen Pathos, man urteile objektiv, wertfrei und gänzlich politisch neutral. Wer normalisiert, also auf eine Norm hinarbeitet, agiert freilich normativ. Und der Erhalt des Status quo ist ebenso rechtfertigungsbedürftig wie seine Veränderung. Es wird damit zu einer Frage wissenschaftlicher Redlichkeit, die eigene Rolle im Forschungsprozess zu hinterfragen und sich ihr offen zu stellen. Dafür wiederum müssen die normativen Bezüge wirtschaftswissenschaftlicher Forschung transparent gemacht, begründet und reflektiert werden. Sie zeigen sich auf fünf Ebenen:

- Wird dieser oder ein anderer **Gegenstand** in den Blick genommen?

- Wird von diesem oder einem anderen **Erkenntnisinteresse** her geforscht?

- Wird dieser oder ein anderer **Zugang** gewählt?

- Wird diese oder eine andere **Methode** eingesetzt?

- Werden diese oder andere **Wirkungen** erzeugt?

Solche Debatten wurden in den Gesellschaftswissenschaften des 20. Jahrhunderts wiederholt als Methoden- oder Werturteilsstreitigkeiten geführt. Doch sie sind mehr als das: Sie stellen die Frage gesellschaftlicher Verantwortung von Wissenschaft. Weil Forschung – wie Ivan Boldyrev und Ekaterina Svetlova es ausdrücken – gesellschaftlich so oder so wirkt, tragen Forscher*innen Verantwortung dafür, ob sie sich auf allen fünf

Ebenen so oder anders entscheiden. Über ihre Verantwortung konstituiert sich das besondere Tun der Forscher*innen. Oder mit den Worten Zygmunt Baumans: »Pflichten machen Menschen tendenziell gleich; Verantwortung macht sie zu Individuen.«

In Abgrenzung zum Hauptstrom der Wirtschaftswissenschaften insistieren wir darauf: Es ist *nicht* egal, welche Fragen gestellt, welche Methoden verwendet oder welche Theorien herangezogen werden. Der Anbau von Nahrungsmitteln in Monokultur ist beispielsweise abgeleitet aus der standardökonomischen Annahme, homogene Güter brächten Vorteile mit sich. Und das in den Wirtschaftswissenschaften weit verbreitete, geistlose Abarbeiten an gesellschaftlich randständigen Problemen muss die Frage erlauben, welche Ökonom*innen je ihr Brot mit Tränen aßen.

Wirtschaftswissenschaftler*innen tragen Verantwortung dafür, wenn gesellschaftlichen Problemen und Krisen fantasielos nur mit veränderten Preissetzungen begegnet wird. Wenn zur Bewältigung der Klimakrise lediglich auf CO_2-Bepreisung und Zertifikatslösungen gesetzt wird, verfehlen die Wirtschaftswissenschaften und eine dazu passende Politik die gesellschaftliche Beschaffenheit und Komplexität der damit verbundenen Probleme fundamental. Damit ist nicht gesagt, dass CO_2-Zertifikate wirkungslos seien. Das Versagen liegt in der inhaltlichen Unbestimmtheit, die offenlässt, wie die bessere Gesellschaft mit Netto-Null-Emissionen auf der Ebene konkreter Lebensführungen aussieht: Welche Mobilität, welches Zusammenleben und -wohnen, welche Ernährungskulturen und so weiter sind mit dieser Forderung vereinbar?

Die notwendigen Veränderungen in Wissenschaft wie Gesellschaft lassen sich nicht beweisen oder formal herleiten. Um Not wirklich zu wenden, hilft es wenig, sie nur zu beziffern. Die Gestaltung einer besseren Zukunft kann mehr oder weniger überzeugend begründet sein, erfordert jedoch nicht allein Vernunft und Einsicht, sondern zuerst und vor allem eine veränderte Praxis. An diesem Prüfstein muss sich auch zukunftsfähige wirtschaftswissenschaftliche Politik- wie Organisationsberatung messen lassen. Statt große Worte von links nach rechts und zurückzuschieben, also im Glauben zu verharren, mit der Forderung nach »Mehr Markt!« oder »Mehr Staat!« oder »Mehr Gewinn!« sei alles gesagt, wenden sich *economists4future* in befähigender Absicht den

wirklichen Problemen der wirklichen Menschen in der wirklichen
Welt zu.

DEN WIRKLICHEN
PROBLEMEN FOLGEN

Economists4future wissen, dass die effizientere Praxis nicht prinzipiell
die bessere ist. Sie begreifen es daher nicht länger als Aufgabe ökonomischer Forschung, herauszufinden, wie effizient oder rentabel eine
Praxis ist, sondern herauszufinden, inwiefern sie dazu beiträgt, drängende gesellschaftliche Probleme zu überwinden. Den vielerorts strapa-
zierten Begriff der »Nachhaltigkeit« möchten wir darum erhalten und
vor Missbrauch schützen. Denn er fordert einen integrierenden Blick auf
die ökologischen und sozialen Probleme der Welt. Damit liefert er
wichtige Orientierungspunkte, in welchen Richtungen die Suche nach
Wirtschaftsformen, die eine bessere Gesellschaft ermöglichen, besonders
ergiebig zu sein verspricht.

Wenn die Veränderung relativer Preise offenkundig völlig unzureichend ist, um in dem inzwischen erreichten Stadium planetarer
Zerstörungen hinreichende Korrekturen herbeizuführen, müssen sich
die Wirtschaftswissenschaften sachlich und methodisch der Untersuchung jener Faktoren öffnen, die für die heutigen Zustände vor allem
verantwortlich sind. Es braucht Forschung dazu, wie der als unendlich
gedachten Weiterführung der technischen und industriellen Steigerungsspirale ein Riegel vorgeschoben werden kann, das heißt, wie eine
wirtschaftliche Entwicklung von Wohlfahrt und Stabilität möglich ist,
an der alle teilhaben und welche die ökologischen Grenzen des Planeten
Erde nicht mehr länger überfordert.

Ungleichheit und gesellschaftliche Ungerechtigkeit sind nicht Ergebnis irgendwelcher Naturgesetze, sondern historisch entstanden,
politisch geduldet beziehungsweise mitverursacht, ideologisch verklärt
und von Teilen der modernen Gesellschaften eben auch gewollt. Es
existieren tatsächlich Interessen an Armut, an Naturbeherrschung,
an imperialer Abhängigkeit und so weiter. Und die Normalität dieser
Zu- und Missstände trügt: Ob Leiharbeit, Börsenkurse oder *Coffee to
go* – die scheinbaren Selbstverständlichkeiten unserer Zeit verstehen
sich keineswegs von selbst. Sie wurden vorgestellt und hergestellt –

und können ebenso wieder abgestellt werden. Sich für mehr Nachhaltigkeit einzumischen, wird, mit den Worten Kwame Anthony Appiahs, zu einer »Frage der Ehre«. Kaum etwas in der jüngeren Vergangenheit zeigt dies so deutlich wie die Corona-Pandemie, die, zeitgleich zum Entstehen dieser Publikation, Normalität und Chaos verschmelzen lässt.

Die Herausforderungen solcher »Forschungen *for Future*« beginnen mit ihren Grundlegungen. *Economists4future* wissen: Wer Auskunft über und Hinweise für die Gestaltung der wirklichen – statt der modellhaften – Welt geben möchte, muss auch die Bestimmungsmerkmale der wirklichen – statt der modellhaften Welt – zum Ausgangspunkt des Denkens machen. Die forschungspraktische Perspektive, die Reinhard Pfriem schon 2016 zugrunde legt, lautet: »Ökonomie als Gemengelage kultureller Praktiken«. Zur ersten dahin gehenden Orientierung schlagen wir vier Daumenregeln vor, die zum ökonomischen Hauptstrom nahezu gegenläufig sind:

- **Offenheit**: Die gesellschaftliche Entwicklung ist nicht vorherbestimmt, sondern zumeist das Ergebnis veränderbarer Gestaltung.

- **Materialität**: Die gesellschaftliche Wirklichkeit ist nicht abstrakt, sondern zumeist eine körperlich gegebene Gemengelage aus Stoffen und Gestalten.

- **Verschiedenheit**: Die gesellschaftlichen Akteur*innen bilden keine homogene Masse, sondern sind zumeist bezüglich Wünschen, Bedingungen und Möglichkeiten divers.

- **Widersprüchlichkeit**: Das gesellschaftliche Leben verläuft nicht harmonisch, sondern als Kakofonie von gegenläufigen Wirkungen und in Teilen unvereinbaren Interessen.

Die darin zum Ausdruck gebrachte Kritik an den herrschenden Wirtschaftswissenschaften ist sowohl prinzipiell als auch konkret. Unbestritten sind Vereinfachungen und Modelle wichtig, um die reale Komplexität der betrachteten Phänomene auf ein handhabbares Maß zu bringen. Doch müssen sie, anders als bislang, die Offenheit, Materialität, Verschiedenheit und Widersprüchlichkeit der realen gesellschaftlichen Verhältnisse zum Ausgangspunkt nehmen. In der Geschichte des Faches bedeutet das eine grundlegende Umkehr.

DAS RINGEN UM
RICHTUNGEN KULTIVIEREN

Die Geburt der modernen Wirtschaftswissenschaft ereignete sich als Erfindung von Begriffen: In Gestalt der Vorstellung, Eigennutz sei das höchste Ziel menschlichen Strebens, trat das Ökonomische in die Welt. Nach vorangegangenen Geschichtsepochen, die durch starre hierarchische gesellschaftliche Ordnungen und zugehörige klerikale oder andere weltanschauliche Rechtfertigungen fremdbestimmt waren, verhieß die ideologische Konstruktion der Ökonomie als Gesellschaftssystem die endlich erhoffte Befreiung. Die neben die politische gesetzte wirtschaftliche Freiheit als handlungssteuernde Macht versprach den Weg zu einer fortschreitenden Besserung des Menschengeschlechts. Das uneingeschränkte Fortschrittsversprechen der Aufklärung fiel kurz vor Mitte des 18. Jahrhunderts in Teilen Europas und der USA mit einer gesellschaftlichen Entwicklung zusammen, die daran zunächst wenig Zweifel aufkommen ließ: Ideen, wie »Effizienz« und »Eigennutz«, ermöglichten mehr Chancengleichheit, mehr Wohlstand und mehr Wohlbefinden für mehr Menschen als bislang. Das Ökonomische war geboren und mit ihm eine Wissenschaft, die überlieferte und vorgefundene Begriffe zur Wahrheit (v)erklärte, als unveränderbar behauptete, sie schließlich absolut stellte.

Erst die Erfindung dieser Ideen hat es möglich gemacht, eine beliebige gesellschaftliche Sache als eine ökonomische Sache zu betrachten. Aus der im 18. und 19. Jahrhundert zunächst noch politisch verstandenen Ökonomie wurde von Léon Walras über Alfred Marshall ins 20. Jahrhundert hinein eine auf Mathematisierung gerichtete Wissenschaft. Angefangen bei Soziologie, Politologie und Psychologie separierte sie sich von allen anderen Gesellschaftswissenschaften auf beispiellose Art und Weise. Bis in die Gegenwart hinein versteht die moderne Ökonomik ihren Charakter als Gesellschaftswissenschaft als offene Frage. Auf sämtlichen Ebenen akademischer Betätigung wähnt sie sich mehrheitlich als Naturwissenschaft.

Inhaltlich ist das folgenreich. Die Welt wird als mechanisches Räderwerk vorgestellt und Wirtschaft als Abfolge von Sachzwängen und Zwangsgesetzen behandelt. Die Vorstellung von Wirtschaft als Naturgesetz ist kein wissenschaftliches Problem, das nur im Elfenbeinturm für

Kontroversen sorgt. Tagein, tagaus wird dieses Problem weitertranspor-
tiert, wenn etwa Abertausende Studierende in Deutschland und anderswo jedes Semester erneut Angebots- und Nachfragekurven berechnen
und sie nach dem Muster »Wenn dies, dann jenes« im Koordinatenkreuz
verschieben. Weder die Kategorien von »Angebot«, »Nachfrage« oder
– in ihrem Schnittpunkt – »Markt« noch der unterstellte zwangsläufige
Zusammenhang werden jemals in Frage gestellt. Es wird im Rahmen von
Begriffen gedacht, die Begriffe selbst werden niemals hinterfragt. Das hat
desaströse Folgen, sobald es um praktische Fragen der Gestaltung geht.
Denn das Spektrum an daraus abgeleiteten Handlungsmöglichkeiten
bleibt im Gewohnten – und reproduziert damit in der Symptombehand-
lung nur die Ursachen.

Wer indessen von der wirklichen Welt her denkt, kann keine »optimalen Zerstörungsgrade« (oder andere Verharmlosungen) berechnen und
sie als Wahrheiten deklarieren. Die fünffache Überwindung der, ein-
gangs kritisierten, Unvernunft ist nicht nur notwendig. Sie ist auch
möglich: Ausgehend von den in Abschnitt eins markierten fünf Daumenregeln sowie im Wissen um die vier grundierenden Dimensionen aus
Abschnitt zwei liegt die Verantwortung von *economists4future* darin,
die Ermöglichungsbedingungen einer besseren Gesellschaft zu analysieren und zu katalysieren. In diesem Sinne bohren *economists4future* dicke
Bretter. Denn die Idee von »Gewinnmaximierung« ist kein Naturgesetz,
das nur endlich entdeckt werden musste. Sie ist, in den Worten von
Cornelius Castoriadis, eine »imaginäre Bedeutung«, wie überhaupt
unsere Vorstellung von Wirtschaft und darüber, was wirtschaftlich ist.
Diese keimte vor bald drei Jahrhunderten in den Köpfen sehr weniger
Menschen in einer fundamental anderen Gesellschaft als der unseren.
Die gesellschaftliche Vorstellung, dass Unternehmen natürlich ihre
Gewinne maximieren, ist genauso offen und veränderbar wie die Kulturtechnik des Handschlags zur Begrüßung – was wir derzeit Corona-be-
dingt erleben. Es ist eine Frage der Kultivierung, in welche Richtungen
sich Gesellschaften entwickeln, denn Gesellschaft ist gestaltbar.

Die bessere Gesellschaft ist gleichwohl keine Tatsache. Sie lässt
sich nicht beweisen und sie entsteht auch nicht automatisch. Sie ist das
Ergebnis einer veränderten gesellschaftlichen Praxis. Das heißt, sie
resultiert daraus, dass wir als Menschen anders miteinander und

beisammen sind. Was das konkret bedeutet, welche Versorgung mit welchen Gütern und Dienstleistungen es dafür inwiefern und für wen braucht, sind offene Fragen. Die Antworten darauf können niemals eindeutig und objektiv ausfallen. Sie sind so divers und widerspruchsreich wie die Leben, um die es dabei geht – menschliche, aber auch nichtmenschliche, was wir 2017 bereits deutlich gemacht haben.

Die (Wirtschafts-)Wissenschaften, und all ihre Institutionen, müssen dafür der neuzeitlichen Wissenschaftsideologie von Eindeutigkeit, Optimierung und Distanznahme eine klare Absage erteilen. Sie müssen den auf Verständigung zielenden Streit, der in der Sache statt der Person geführt wird, wieder als neue Normalität kultivieren, wie Lars Hochmann an anderer Stelle fordert. Hochschulen müssen als gesellschaftliche Akteurinnen zu einer Agora werden, auf der unterschiedliche gesellschaftliche Zukünfte auf ihre Substanz hin geprüft werden, um Anerkennung ringen. Wirtschaftswissenschaften können dabei helfen, wenn sie der Fantasie Futter geben und fragen, was, warum, wann, wie, wo, für wen (heute noch) möglich ist.

EINE BESSERE GESELLSCHAFT ERMÖGLICHEN

Economists4future – mit diesem Namen drücken wir den Anspruch aus, diese Welt besser und lebensfreundlicher zu gestalten, dazu etwas beitragen zu wollen und auch zu können. Gerade in den Wirtschaftswissenschaften ist das herausfordernd, weil die Bedingungen für eine akademische Laufbahn in jüngerer Zeit eher in die umgekehrte Richtung weisen: Der Druck steigt, in Zeitschriften zu publizieren, die nur von wenigen Menschen auf dieser Erde gelesen werden, dazu noch mit Texten, die meistenteils keine praktischen Folgen haben. Immer den Erfolg vor Augen passen sich Forscher*innen an den gutachterlichen Mainstream an, hangeln sich im Alltag von einem zum anderen Drittmittelprojekt, infolge hoher beruflicher Unsicherheit häufig ohne hinreichende fachliche Neigung oder gar Kompetenz. Unter solchen Bedingungen rückt die sorgfältige Beschäftigung mit wirklichen gesellschaftlichen Problemen immer mehr in den Hintergrund.

Wir brauchen aber mehr denn je eine Wirtschaftswissenschaft, die sich in enger Kommunikation und auch Zusammenarbeit mit anderen gesellschaftlichen Akteur*innen gründlich engagiert und intensiv um eben jene Probleme und Herausforderungen kümmert:

- Wie kann der weiteren Steigerung von Verschwendungsproduktionen Einhalt geboten werden? Ganz praktisch: Wie können Wege in der Richtung gestärkt werden, dass die »glückliche Gesellschaft«, wie Peter R.G. Layard sie imaginiert, nicht auf einem »Immer mehr« an materiellen Gütern beruht?

- Wie lassen sich Unternehmensstrategien als – in den Worten Niko Paechs – »Befreiung vom Überfluss« entwickeln, die durch kluge Beratungs-, Dienstleistungs- und Reparaturangebote ökonomisch erfolgreich sind, ohne auf Produktion und Absatz wachsender Gütermengen angewiesen zu sein?

- Wie lässt sich eine gesellschaftliche Organisation der Arbeit gestalten, die ohne steigenden Anteil von »*Bullshit-Job*s« auskommt, wie David Graeber diese nennt?

- Wenn niemand widerspricht, dass im reichen Deutschland jedes fünfte Kind arm oder von Armut bedroht ist: Wie kann – natürlich nicht nur in Deutschland, sondern auch anderswo – eine Wirtschafts-, Steuer- und Sozialpolitik auf den Weg gebracht werden, welche die Zunahme gesellschaftlicher Ungleichheiten umkehrt, wie auch Thomas Piketty fragt?

- Wie können die frühindustrialisierten reichen Länder, deren Reichtum nicht zuletzt auf der (früheren) Ausplünderung anderer Erdteile aufbaut, ökonomisch und insgesamt mehr internationale Gerechtigkeit schaffen?

- Wie können wirtschaftliche Aktivitäten zur Förderung und Bewahrung biologischer Diversität beitragen, statt wie bisher, vor allem in den letzten beiden Jahrhunderten, alles an nichtmenschlicher Natur zu zerstören?

- Wie kann eine Umgestaltung der ungerechten Eigentums-, Einkommens- und Vermögensverhältnisse aussehen, welche die zentralistischen und diktatorischen Irrwege des real existiert

habenden Kommunismus vermeidet und dagegen urdemo-
kratischen Grundideen gemeinschaftsorientierten Wirtschaftens
entspricht?

Solche Fragen orientieren sich an der globalen Perspektive einer nachhaltigen Entwicklung, wie dies vor allem seit der UN-Konferenz für
Umwelt und Entwicklung 1992 in Rio de Janeiro als weltweites Leitziel
formuliert worden ist. Als *Transformative Wirtschaftswissenschaft im
Kontext nachhaltiger Entwicklung* haben wir in den vergangenen Jahren
selbst Vorschläge dafür entwickelt. Eine solche transformative Wirtschaftswissenschaft nennen wir *Möglichkeitswissenschaft* in dem Sinne,
dass es um die Bedingungen und Hemmnisse, aber eben vor allem auch
die Möglichkeiten ökonomischer Akteur*innen geht, Beiträge zu einer
besseren Welt zu leisten.

Methodisch ergeben sich für die ökonomische Forschung daraus zwei
Konsequenzen:

Erstens hinsichtlich einer **Einheit der Gesellschaftswissenschaften:**
Die noch junge fachliche Überspezialisierung, mit der sich die Wirt-
schaftswissenschaften gegenüber anderen Sozial- sowie Geistes- und
Kulturwissenschaften separiert haben, ist aktiv und dringend zu
überwinden, erst recht die nochmalige Aufspaltung in Volks- und
Betriebswirtschaftslehre. Fächerübergreifende Zusammenarbeit mit
unterschiedlichen und gerade dadurch produktiven Blicken auf
Probleme und Herausforderungen ist angesagt.

Die zweite Konsequenz betrifft die **Einheit der Wissensbestände:**
Der modernen wissenschaftstheoretischen Position, um der »Reinheit«
von Forschungsergebnissen willen müsse zwischen den Subjekten und
den Objekten strikt getrennt werden, ist aktiv und dringend zu widersprechen. Mit den nicht zum Wissenschaftssystem gehörenden Akteur*innen, um deren transformative Fähigkeiten es in Forschungen und
Forschungsprojekten geht, ist unter Berücksichtigung und Kultivierung
der Rollenunterschiede auf gleicher Augenhöhe zusammenzuarbeiten:
Wissenschaftliches Wissen und Erfahrungswissen sind prinzipiell
gleichwertig und gleich wichtig.

Wir wollen mit diesem Text und mit dem Buch insgesamt sowohl
inhaltliche Anregungen wie praktische Impulse dafür geben, dass sich

economists4future besser vernetzen und im Gesamtfeld wirtschaftswissenschaftlicher Forschung besser zur Geltung kommen. Damit knüpfen wir an bestehende Entwicklungen an und sprechen ausdrücklich die Einladung aus, in die gleiche Richtung zielende Kräfte gemeinsam zu bündeln:

Seit Jahrzehnten gab und gibt es immer wieder Versuche, kritische Alternativen und damit auch einen wirklichen Pluralismus im *Verein für Socialpolitik* (der akademischen Vereinigung der Volkswirt*innen) sowie im *Verband der Hochschullehrer für Betriebswirtschaftslehre* (der akademischen Vereinigung der Betriebswirt*innen) zu verankern. In Gestalt von Konferenzorganisationen, Vorträgen und Publikationsbeteiligungen haben solche Anläufe immer wieder zu einzelnen Erfolgen geführt, das Beharren auf dem Mainstream und dem Mangel an Pluralismus konnten sie aber nicht erschüttern.

Auf der anderen Seite haben sich – angefangen vom Freiburger Öko-Institut und vom Berliner Institut für ökologische Wirtschaftsforschung (IÖW) – seit Jahrzehnten außeruniversitäre Institute gebildet, die von der Seite der Problembearbeitung herkommen und durchaus erfolgreich arbeiten, aber kaum eindringen in die etablierte akademische Welt.

Ausgehend vor allem von Studierenden und deren Protest gegen die immer größere Kluft zwischen real existierender Wirtschaftswissenschaft an den Hochschulen und dem, was eigentlich notwendig wäre, hat sich in den vergangenen Jahren mit inzwischen vielfältigen Aktivitäten das – ebenfalls bereits in vorherigen Texten angesprochene – *Netzwerk Plurale Ökonomik* gebildet, dem es an (allerdings bisher nur) einzelnen Stellen gelungen ist, den akademischen Betrieb zu irritieren und zu verändern.

Dennoch: Kaum etwas ist stärker als eine Idee, deren Zeit gekommen ist. Dass die Zeit reif ist für einen grundlegenden Kurswechsel wirtschaftswissenschaftlicher Forschung, dafür hat es vielleicht noch nie so viele Stimmen gegeben wie heute. Nutzen wir unsere Möglichkeiten dazu!

Prof. Dr. Lars Hochmann ist Wirtschaftswissenschaftler und arbeitet zu sozialökologischem Unternehmer*innentum sowie ökonomischen Natur- und Weltverhältnissen an der Cusanus Hochschule für Gesellschaftsgestaltung.

Prof. Dr. Reinhard Pfriem war 1985 Initiator des Berliner Instituts für ökologische Wirtschaftsforschung (IÖW), lehrte und forschte bis 2017 an der Universität Oldenburg und publiziert auch weiterhin zur Theorie der Unternehmung, Nachhaltigkeit und zukunftsfähiger Gesellschaftskritik.

#BEFÄHIGUNG

DER SINN VON WISSENSCHAFT IST BEFÄHIGUNG

»Hochschulen stärken das nationale und globale Immunsystem, indem sie Verantwortlichkeit realisieren, Verantwortung tragen und sozialökologisches Engagement zeigen.«

Marlen Gabriele Arnold
Katja Beyer

FORTSCHRITT
ALS KREISLAUF

Wie nachhaltigkeitsorientierte Wirtschaftswissenschaften die »Third Mission« neu aufstellen

Die heutigen dominierenden Gesellschafts- und Wirtschaftsaktivitäten sind auf Innovation(en) fokussiert. Auch im Rahmen der »Third Mission« für Hochschulen werden Neuerungen und Innovationen zunehmend bedeutender, was sich etwa bei Patentanmeldungen und Ausgründungen im Rahmen von Zielvereinbarungen zeigt. Die herausragende Stellung von Innovationen und Konsum als Kern der Ökonomie galt jedoch nicht immer so uneingeschränkt wie heute. Bis ins Mittelalter hinein hatten Innovationen weder den persönlichen noch den gesellschaftlichen Stellenwert, den sie heute besitzen – und sie waren nicht per se positiv assoziiert. Erst im ausgehenden Mittelalter wurden sie mit Fortschritt, positiver Veränderung und linear aufsteigenden Prozessen sowie mit technischen Entwicklungen in Verbindung gebracht, wie Reinhard Meiners beschreibt. Neuzeitlich betrachtet hängen Fortschritt und Nachhaltigkeit dann vor allem mit Technologie zusammen, da vornehmlich die Herausbildung der industrialisierten Gesellschaften eng mit der Technikentwicklung und der (Natur-)Wissenschaftsgeschichte einhergeht. Im Mittelalter wurden Innovation und Zukunft

#BEFÄHIGUNG

unterbewertet, heute werden sie ökonomisch überbewertet – Problemlösungen werden quasi fortwährend ins Morgen verschoben, immer
mit dem Verweis, die richtige (technische) Innovation bringe die richtige
Lösung schon noch mit sich. Über alternative Zukünfte wird kaum
konstruktiv nachgedacht, ein globaler Austausch darüber findet ebenso
selten statt, geschweige denn der proaktive Impuls, den angemessenen
Handlungsrahmen dafür zu entwickeln und durchzusetzen.

Doch was genau bedeutet nachhaltiger Fortschritt? Neuerungen als
solche sind – vor allem im wissenschaftlichen Rahmen – zuerst einmal
wertneutral und sollten auch so betrachtet werden. Stellt man jedoch
die Frage nach der gesellschaftlichen Entwicklung hin zu mehr Nachhaltigkeit, kommt man nun nicht mehr darum herum, Neuerungen in
ihrem dahingehenden Fortschrittspotenzial zu bewerten. Hier kann auch
die wirtschaftswissenschaftliche Forschung ansetzen und Antworten
liefern – am besten interdisziplinär, um der Vielfalt, den Gleichzeitigkei-
ten und möglichen Widersprüchen in unserer Gesellschaft gerecht zu
werden. Natürlich agiert eine solche Wirtschaftswissenschaft im Sinne
eines transformativen Wissenschaftsverständnisses, nach welchem
Hochschulen die Aufgaben innehaben, Fragen von gesellschaftlicher
Relevanz, Inter- und Transdisziplinarität, Stakeholder-Ausrichtung
und aktiver Mitgestaltung konkret zu adressieren. Darunter fällt auch,
Hochschulen auf erforderliche Transformationsprozesse auszurichten,
etwa bei akut auftretenden globalen Ressourcen- und Senkenkrisen (zum
Beispiel Erdöl, Erdgas, Phosphor, Klimakrise, Trinkwasservergiftungen,
um nur einige zu nennen). Wenn eine solche Transformation der Gesellschaft sowie der gegenwärtigen Ökonomie im Sinne einer nachhaltigen
Entwicklung gelingen soll, sollten die Wirtschaftswissenschaften insbesondere auch im Rahmen der »Third Mission« von Hochschulen
aufzeigen, was es gesellschaftlich bedeutet, wenn sich die Ökonomie in
diese oder jene Richtung weiterentwickelt beziehungsweise wenn sich
die Konsumierenden so und nicht anders verhalten. Sie sollten aufdecken, welche Dynamiken ökonomische Strukturen und Verhaltensweisen von Marktteilnehmer*innen mit Blick auf soziale Entwicklungen
und ökologische Beeinträchtigungen hervorbringen – ob diese tragfähig
im Sinne einer nachhaltigen Entwicklung sind, welche Rebound-Effekte
auftreten und was alternative Verhaltensweisen und Interaktionen

bewirken könn(t)en. In diesem Kontext könnten die Wirtschaftswissenschaften wichtige Impulse setzen, um nachhaltige Handlungsoptionen zu entwerfen, oder transformative Sinn- und Legitimationsprozesse zu erarbeiten, wie auch Uwe Schneidewind und Reinhard Pfriem beschreiben. Dazu braucht es jedoch ein neues Selbstverständnis der Disziplin der Wirtschaftswissenschaft, um als Plattform für kritischen Diskurs, sowie verantwortungsvolle und ethische Reflexion zu dienen und damit entsprechende Befähigungen für eine gesellschaftliche Mitgestaltung herausbilden und stärken zu können. Hinsichtlich der »Third Mission« von Hochschulen – im Sinne eines Forschungstransfers, eines Engagements für Gesellschaft und Natur sowie lebenslangen Lernens – gelingt dies insbesondere unter Einbindung außerhochschulischer Akteur*innen. Im Kontext gesellschaftlicher Transformationsprozesse im Sinne einer nachhaltigen Entwicklung sollte eine wichtige Aufgabe der Wirtschaftswissenschaften darin bestehen, Methoden, Visualisierungen, Entscheidungshilfen, Ideen und Konzepte zu entwickeln und bereitzustellen, die der Komplexität dieses Themas gerecht werden und sich lösen vom strengen Innovationsglauben. Transformativ gedachte Wirtschaftswissenschaften könnten Menschen helfen mit der Nachhaltigkeitsherausforderung positive Gefühle der Bewältigung zu verknüpfen, sie könnten Menschen über ihr eigenes Konsumverhalten aufklären und sie sodann befähigen, Ideen einer nachhaltigen Zukunft zu entwerfen.

Die Entwicklung zur Nachhaltigkeit verlangt uns eine neue Ganzheitlichkeit ab und damit eine Neubewertung sowie eine Transformation des Innovations(selbst)verständnisses. Transformativ ausgerichtete Wirtschaftswissenschaften sollten sowohl innerhalb ihrer eigenen Disziplin als auch disziplinenübergreifend forschen und zukunftsfähige Möglichkeitsräume aufzeigen. Diese Möglichkeitsräume können individuell erlebt sein (»Möchte ich so eine Zukunft oder nicht?«) und gemeinschaftlich diskutiert und ausgehandelt werden. Das beinhaltet zugleich die konsequente Ausrichtung von Hochschulen auf ganzheitliche Sozial- und Ökosysteme sowie die Überwindung eines Wissenschaftsverständnisses, das nur menschliches Leben zentral stellt. Die ökonomische Realität greift längst auf allen Ebenen des ökologischen Systems ein und beeinflusst die Sinne und Lebenswelten von Tieren, die weit über menschliche Wahrnehmungen hinausgehen – und daher meist nicht vorab bedacht werden. In die Gesamtbewertung ökonomischer Prozesse, Produkte und Dienstleistungen sind auch andere, insbesondere nutzungsunabhängige und soziokulturelle Werte umfassender zu berücksichtigen, indem Eigenwerte und Genügsamkeit stärker anerkannt und die einseitige Reduzierung auf Effizienzaspekte umgangen werden. In gleichem Maße gilt es, eine gewisse Demut und Würdigung der Natur und allen Lebens in ihr in ökonomische Prinzipien zu integrieren. Die Wirtschaftswissenschaften könnten so auf ein neues Innovationsverständnis hinwirken und sich proaktiv in die Beforschung und Mitgestaltung nachhaltigkeitsausgerichteter Geschäftsmodelle hineinbewegen. Hochschule im Kontext der »Third Mission« regt institutionelle, organisationale und strukturelle Innovationen an, die neben technologischen Innovationen hin zu einer tatsächlichen Kreislaufwirtschaft führen könnten. Die Beförderung sozialer – statt allein technischer – Innovationen leistet einen enormen Beitrag sowohl für eine nachhaltigkeitsausgerichtete, (eigen-)verantwortliche und reflexive, individuelle Lebensgestaltung wie auch für einen kulturellen Wandel, hin zu Spielräumen, in denen Ermöglichung und Gestaltung groß geschrieben werden. Das impliziert eine hohe Wechselwirkung sowie einen partizipativen Austausch zwischen Forscher*innen und außerhochschulischen Akteur*innen – auch hinsichtlich dessen, was jeweils als Fortschritt gilt.

Konrad Lotter formuliert nachhaltigen Fortschritt folgendermaßen:

»Die wirkliche Antithese zum Fortschritt ist nicht, wie man annehmen könnte, die Stagnation oder der Rückschritt (der ebenfalls ein ›Fortschritt‹, nur eben zum Schlechteren, ist), sondern der Kreislauf. Als kreisläufige Bewegungen gelten, da Veränderungen nur in sehr großen Zeitspannen stattfinden, vor allem Naturprozesse. Nachhaltig wäre ein Fortschritt dann, wenn die Verbesserungen des Lebens weder zu Lasten der natürlichen Lebensbedingungen noch zu Lasten künftiger Generationen gingen, wenn sich also, auf erweiterter Stufenleiter, eine immer neue Synthese von Fortschritt und Kreislauf herstellen ließe. Das Symbol der geraden Linie (für den Fortschritt) verbände sich mit dem Kreis zum Symbol der Spirale. Die Frage, ob ein solcher spiralförmiger Fortschritt unbegrenzt ist, ist freilich offen. Plausibler erscheint die Annahme, dass dem Fortschritt entweder durch die negativen Nebenwirkungen, die seine Vorteile

aufwiegen, oder aber durch die Endlichkeit der natürlichen Ressourcen prinzipielle objektive Grenzen gesetzt sind.«

Um diese Grenzen zu wahren, um planetare Grenzen zu schützen und irdische Ökosysteme in ihrer Angleichung, Pufferung und Regenerationsfähigkeit zu erhalten, brauchen Innovationen einen neuen Kontext sowie die (Aus-)Gestaltung einer neuen Interpretation. Ein Weniger an Innovationen – zum Beispiel an neu gekauften iPhones pro Jahr – beziehungsweise ein Hin zu modularen Innovationen im Sinne der Nutzungsvielfalt und -intensität ist erstrebenswert. Zugleich gilt es, Wege aufzuzeigen, welche Alternativen zu reiner Technik- und Wachstumsgläubigkeit sind. Hierzu müssen die Wirtschaftswissenschaften genauso einen Beitrag leisten wie hinsichtlich der Bemühungen, Stoffstromkreisläufe zu schließen.

VERANTWORTLICHKEIT UND VERANTWORTUNGSBEWUSSTSEIN DER WIRTSCHAFTSWISSENSCHAFTEN

»Unsere Wirtschaftsform ist das Ergebnis massiver gesellschaftlicher Veränderungen innerhalb weniger Jahrhunderte. Kapitalismus entsteht im Kopf: nicht als Instinkt, sondern als Idee. Unter anderem durch Gelehrte, die auch die moderne Wirtschaftswissenschaft entwickelt haben.« Sabine Frerichs betont die Gewordenheit unseres Wirtschaftssystems, welches wir heute, angesichts massiver Naturschäden, auf den Prüfstein stellen müssen. Die Notwendigkeit für einen Paradigmenwechsel, das heißt eine Veränderung der Lebenseinstellungen, der grundlegenden Werte sowie die Transformation lebensweltlicher und fachlicher Zusammenhänge hin zu mehr Integration und Ganzheitlichkeit sind essenziell. Unter Ganzheitlichkeit verstehen wir – jenseits inflationär genutzter Projektionen dieses Begriffs – eine Betrachtungsweise, die zumindest den Anspruch hat, Raum und Zeit sowie soziale wie ökologische Faktoren und Wechselwirkungen und zudem die verschiedenen Sinneswahrnehmungen von Mensch *und* Tier *und* deren Lebensräume in ökonomische Betrachtungen einzubeziehen. Die Umwelt- und Ressourcenökonomie sowie die Nachhaltigkeitswissenschaften integrieren verschiedene Dimensionen bereits seit Jahrzehnten. Die bereits in anderen Beiträgen zitierte Ökonomin Kate Raworth plädiert dafür, alle Ökonomielehrbücher neu zu schreiben, und zwar mit neuem Fokus auf sozialökologische Bedingungen wirtschaftlicher Prozesse. Die Verinnerlichung dieser natur- und gesellschaftswissenschaftlichen Voraussetzungen ökonomischer Wertschöpfungsprozesse ist ein zentraler Erfolgsfaktor für eine zukunftsfähige Wirtschaft und eine transformative Wirtschaftswissenschaft.

Die Freiheit, »jederzeit alles konsumieren« zu können, gehört auf den Prüfstand – genauso wie lokale, nationale und globale Produktionsketten, die auf Kosten von Menschen und Ökologie arbeiten. Denn diese Konsumfreiheit und rein ökonomisch ausgerichteten Wertschöpfungsprozesse haben ihren Preis: Sie verursachen nicht nur gewaltige ökologische und soziale Kosten, die als solche häufig nicht eingepreist sind, sondern übertragen diese Kosten gedankenlos – oder wissentlich, was noch schlimmer wäre – auf kommende Generationen. Hinzu kommt, dass die Freiheit des Konsums in wohlhabenden Ländern in großen Teilen auf neuzeitlichen, technischen und ökonomischen Errungenschaften basiert, die eng mit Ausbeutung, Ungleichheiten und Menschenrechtsverletzungen verbunden sind. In diesem Kontext braucht es Wirtschaftswissenschaften, die für Verantwortlichkeit einstehen, sie beforschen, vorantreiben und ihre Umsetzung begünstigen. Zur Verantwortlichkeit gehören sowohl ein Verantwortlichsein und ein Verantwortungsbewusstsein, also ein Gefühl dafür, Verantwortung zu tragen – gerade mit Blick auf die Folgen individueller oder kollektiver Handlungen oder Handlungsketten. Verantwortlichkeit entsteht durch und ist gebunden an Sinn, Moralvorstellungen, soziale Bindungen und Gruppen, Wertesysteme, Rechtssysteme, Zukunftsvisionen und dergleichen mehr. Für die Entwicklung von Verantwortlichkeit braucht es an Hochschulen mehr Formate der Partizipation und der umfassenden und kontinuierlichen Einbindung gesellschaftlicher Akteur*innen, die über die Gruppe der Studierenden hinausgehen. Denn für die Entstehung von Verantwortungsbewusstsein müssen vor allem soziale Kompetenzen gefördert werden, die sich in Achtung, Einfühlungsvermögen und Toleranz gegenüber anderen Individuen und Gegenständen sowie dem Leben und der Erde an sich zeigen. Durch die Verzahnung von Hochschule und Gesellschaft, etwa durch verstetigte Kooperationen mit Schulen, Reallaboren, Agenda-21-

Prozessen und dergleichen, kann Gesellschaft insgesamt befähigt werden, Verantwortung zu übernehmen.

Problematisch dagegen sind Zuschreibungen, nach denen die alleinige Verantwortung für Konsum, und insbesondere einen nicht-nachhaltigen Konsum, bei den Individuen zu suchen sei. Die aktuelle Komplexität von Herstellungsprozessen und Dienstleistungen sowie die globalen – teils undurchsichtigen – Wertschöpfungsketten ermöglichen den Konsumierenden nur in begrenztem Umfang oder auch gar nicht, nachhaltigkeitsbezogene Entscheidungen zu treffen – von den damit einhergehenden Zielkonflikten und Widersprüchen einmal ganz abgesehen. Wenn bereits unklar ist, ob Konsumierende sinnvoller in Plastik verpacktes Biofleisch (von dem unter Umständen unklar ist, woher es kommt) im nächstgelegenen Supermarkt kaufen, den sie zu Fuß erreichen oder 25 Kilometer mit dem Autor zum nächsten Demeter-Hof fahren sollten, um dort papierverpacktes Fleisch nach Demeter-Standard zu bekommen – wie sollen sie dann die Nachhaltigkeitsrelevanz eines E-Autos im Vergleich zu Verbrennungsmotoren, ÖPNV oder Fahrradmobilität überblicken? Zumal Automobile heute aus mehr als 10 000 Einzelteilen bestehen. Ein Liberalismus, der diese Mündigkeit voraussetzt, funktioniert in der heutigen Welt nicht. Den Individuen im Namen der »Freiheit« die Verantwortung für alles zuzuschieben, frei nach dem Motto »Die Nutzung dieser vegetarischen und veganen Angebote sollte nach unserem Selbstverständnis jedoch auch weiterhin in der individuellen Entscheidung der Gäste liegen« stößt nicht nur an ökologische, sondern auch an soziale Grenzen. Ebenso werden wirtschaftsethische Grenzen fortwährend überschritten. Zur Wahrung der planetaren Grenzen braucht es daher eine Abkehr von jenem Liberalismus, der offenlässt, welche Freiheit jeweils gemeint ist. Die Ausrichtung auf ökologische Grenzen, kritische Kapazitäten in Ökologie und Gesellschaft bedingt gegenwärtig auch eine neue Beschränkung im Konsum – jedoch nicht primär aus individueller Entscheidung heraus, sondern abgeleitet aus gesetzten und gesteuerten Begrenzungen auf höherer Ebene. Da Algorithmen musterbildende Strukturen schneller und umfassender analysieren können als Menschen, kann hier gezielte Kooperation hinsichtlich der Mensch-Maschine-Interaktion angestrebt werden, um planetare Grenzen einzuhalten. Gleichwohl stellt sich die Frage, welchen

Einfluss solch ausdifferenziertes Spezialwissen dann auf politische und gesellschaftliche Entscheidungsprozesse hat – losgelöst von Machtstrukturen und Lobbyinteressen. Die Hochschulen haben somit – ganz im Sinne einer neu gedachten »Third Mission« – eine zentrale Rolle hinsichtlich der Verbreitung neuen Wissens in die breite Gesellschaft hinein. Dies gilt auch für die nachhaltigkeitsausgerichteten Wirtschaftswissenschaften, welche interdisziplinäre, ganzheitliche, problem- und projektorientierte Themen und Fragestellungen insbesondere aus Sicht der ökologischen und sozialen Nachhaltigkeit aufgreifen und Lösungsansätze hierfür entwickeln müssen.

Die Wirtschaftswissenschaften brauchen eine Pluralität der Forschungen, welche global wirkende Verantwortlichkeiten, Verbindlichkeiten und Sanktionen anstoßen sowie neue Werte und eine Veränderung des Innovationsverständnisses initiieren und diesen Prozess wissenschaftlich begleiten. Dies steht ganz im Einklang mit der Forderung, nach der Hochschulen System-, Ziel- und Transformationswissen für eine nachhaltige Entwicklung generieren sollen, wie dies Colin Bien und seine Kolleg*innen formulieren. Sie kommen in dieser aktuellen sozialen Dynamik nicht umhin, sich als strukturpolitische Akteur*innen zu engagieren. Dies umfasst sowohl die Kommunikation eigener Erfolge und neuer wissenschaftlicher Erkenntnisse sowie die Diskussion mit interessierten Stakeholder*innen, die Entwicklung weiterer eigener sowie disziplinenübergreifender Wissenschaftszweige und die Verknüpfung mit Fortschritt als auch die von Bien und seinen Kolleg*innen aufgezeigten verschiedenen Konzepte auf dem Weg hin zu transformativen Hochschulen: handlungsweisende Interaktionsmuster, lokale oder regionale Netzwerkgestaltungen, Stabilisierungsstrategien für unerwartete Nebenfolgen des Fortschritts, angewandte Problemlösungen sowie Erwartungen seitens der Stakeholder*innen. Diese beeinflussen in erheblichem Maße nicht nur Forschungsthemen und Lehrgestaltung, sondern auch die Transferausrichtung von Hochschulen.

Ein solcher Umbau beinhaltet auch die erforderlichen inhaltlichen und strukturellen Neuausrichtungen, die sozialen Rollenverständnisse von Hochschulen sowie die gesellschaftliche Wahrnehmung und Akzeptanz nachhaltigkeitsausgerichteter Notwendigkeiten. Die oft beanstandete Randständigkeit der »Third Mission« gegenüber hochschulischen

Forschungs- und Lehraktivitäten könnte infolge dessen überwunden werden. Wenn Nachhaltigkeitsorientierung und Verantwortungsethik in den Wirtschaftswissenschaften sowie deren Einbindung in Transferformate stärker berücksichtigt werden würden, könnte das zu steigender Legitimität und Wertschätzung führen. Neben institutionellen Anpassungen in der praktischen Umsetzung von Transfer und transformativem Wissenschaftsverständnis, wie Justus Henke und seine Kolleg*innen betonen, bedarf es hierfür eines verbindlichen Wertekanons, eines hochschulweiten und gesamtgesellschaftlichen Dialogs sowie eine grundlegende Offenheit und Bereitschaft für Konsenslösungen bezüglich der notwendigen Integration von Nachhaltigkeit einerseits in die Wirtschaftswissenschaften und andererseits über die Hochschulgrenzen hinaus. Geeignete Strategien, Konzepte sowie inter- und transdisziplinäre Herangehensweisen, welche Aspekte, wie (Selbst-)Reflexivität und gesellschaftliche Relevanz, Ganzheitlichkeit und Kontextualisierung, Legitimitätssicherung sowie Dilemmakompetenz und De-Ökonomisierung, aufgreifen, können Gegenstand weiterer kritischer Diskurse an Hochschulen und in den nachhaltigkeitsorientierten Wirtschaftswissenschaften sein. Diese Prozesse finden in kleinen Teilen bereits an Hochschulen statt. Um die Dringlichkeit und Wichtigkeit von Nachhaltigkeit, Transfer und einer neu gedachten »Third Mission« dauerhaft in Hochschulen zu verankern, braucht es jedoch verstärkt politischen Willen, Engagement von Studierenden und Professor*innen sowie gesellschaftspolitische Partizipation sowie geeignete strukturelle, auf Kontinuität und Langfristigkeit ausgerichtete Rahmenbedingungen. Die Verantwortung hierfür liegt sowohl bei den Hochschulleitungen, den Fachbereichen, den Professor*innen und Wissenschaftler*innen, den Studierenden als auch bei den zuständigen Ministerien.

NACHHALTIGKEITSORIENTIERTE WIRTSCHAFTSWISSENSCHAFTEN FÜR EINE NEUE »THIRD MISSION«

Die Wirtschaftswissenschaften benötigen eine kopernikanische Wende: Sie benötigen eine Abkehr von zentrischen Weltbildern und Handlungsmaximen, in denen sich alles nur um Menschen, deren Konsum und technische Innovation dreht. Die heutige Ökonomie muss

#BEFÄHIGUNG

die Natur wieder in ihre Betrachtungen einbeziehen, in welcher die Menschen zwar eine, jedoch nicht die alleinherrschende Position einnehmen. Der Homo sapiens muss als Zahnrad im Uhrwerk, im Kreislauf der Natur verstanden werden, und er muss für seine Aktivitäten, neue Strategien und Handlungsweisen finden, welche die Biosphäre schützen. Es liegen hinreichende Forschungsergebnisse vor, die aufzeigen, dass andere Lebewesen über ähnliche neuronale Voraussetzungen verfügen wie die Menschen. Als fühlendes und empfindungsfähiges Lebewesen muss der Mensch eine verstärkte Akzeptanz und Wertschätzung dieser anderen Lebewesen juristisch, ökonomisch und praktisch verankern. Neuseeland ist beispielsweise die Tierrechte betreffend ein Vorreiterstaat. Europa muss dahingehend noch viel lernen und realisieren – andere Kontinente und Länder ebenso. Die Zuschreibung dieser Rechte für naturnahe und alle sonstigen Lebensformen sind in ökonomische Betrachtungsweisen zu integrieren. Für den Erhalt der natürlichen und sozialen Lebensbedingungen sind dies essenzielle Voraussetzungen.

Wenn Yuval Noah Harari in seinem Buch *Homo Deus* festhält, dass die Menschen seit Generationen keine neuen Werte geschaffen haben, aber jetzt mit dem »Dataismus« eine neue Werthaltigkeit und Signifikanz schaffen, dann kann bei all den schwirrenden Dystopien damit ebenso ein Übergang zu mehr Nachhaltigkeit geschaffen werden und eine Rückeingliederung der Menschen in das Ökosystem erfolgen. Diese Möglichkeiten aufzuzeigen und aktiv zu gestalten, sollte Teilaufgabe der Wirtschaftswissenschaften sein und werden. Algorithmen können die Vielfalt der Informationen – und zwar alle Ökosysteminformationen und nicht allein menschzentrierte – deutlich schneller und umfassender analysieren, Dynamiken, Wechselwirkungen und *Trade-offs* erfassen und abbilden sowie mögliche Konsequenzen und Szenarien aufzeigen, als dies ein Mensch könnte. Diese Form der Kooperation kann, richtig eingesetzt, Nachhaltigkeit stärken. Aber auch hier müssen so viele Akteur*innen einer Gesellschaft wie möglich einbezogen werden. Zentrale Aufgabe von Hochschulen ist dann, neben den Forschungsaktivitäten, die Bereitstellung von Kommunikationsinstrumenten für alle Bürger*innen eines Landes. Akademischer Wissens- und Nachhaltigkeitstransfer bietet zugleich eine handlungsleitende Orientierung für individuelle Entscheidungen in einem immer komplexer werdenden gesellschaftlichen Umfeld. Finnland macht es im Bereich der Digitalisierung vor: Forscher*innen um Teemu Roos haben den Online-Kurs »Elements of AI« für alle Bürger*innen des Landes entwickelt, der ihnen ein Erlernen digitaler Grundlagen und weitreichender Zusammenhänge ermöglicht – Begründung: »Wie soll Demokratie funktionieren, wenn irgendjemand da oben die Regeln festsetzt und die Bevölkerung nicht weiß, wovon die Rede ist? Damit die Leute auch von der Entwicklung profitieren können, müssen sie Bescheid wissen – und zwar auch ohne Abitur.«

Neben digitalen Lern- und Transferformaten werden systemische Lern- und Transferformate immer wichtiger. Die steigende Komplexität des Alltags, des weltlichen und digitalen Geschehens sowie der globalen Wertschöpfung führen zu einer steten Ausdifferenzierung von Wissen, Kenntnissen und Kompetenzen. Insbesondere die aktuellen Debatten um die Klimakrise zeigen auf, wie viel Falschwissen und Uninformiertheit sowie fehlendes Verständnis und mangelnde (Eigen-)Verantwortung bei vielen Menschen vorhanden sind. Konkrete Szenarienarbeit, die Menschen spüren lässt, wie sich Zukunft in positiver und negativer Ausprägung anfühlt, kann neue Möglichkeitsräume des eigenen Engagements und Einsatzes über die Wirkgrenzen der Hochschulen hinaus schaffen. Eine Studentin der TU Chemnitz formulierte ihre Erkenntnis nach einer Szenarienarbeit so: »Manchmal muss man(n)/frau in die Zukunft schauen, um die Gegenwart zu gestalten und zu ändern.« Mögliche Zukünfte spürbar und erlebbar zu gestalten, um eigenes Engagement in der Gegenwart auszulösen, ist Teil der hochschulischen Transferarbeit. Sie ist ebenso notwendig, um Partizipation über die Hochschulgrenzen hinaus zu initiieren und Ganzheitlichkeit erfahrbar zu gestalten sowie zu einem persönlichen Leben zu befähigen, das mündig und tragfähig gelingen kann.

Szenarienarbeit und weitere Methoden partizipativer Integration außerhochschulischer Akteur*innen können die wachsende Überforderung vieler Menschen aufgreifen, abfedern und neu rahmen. Nichtwissenschaftliche Empfehlungen zur Stabilisierung des eigenen Selbst – sei es durch andere Menschen, Ratgeberbücher oder Medien – und zum Erkunden des eigenen Innenlebens für mehr Zufriedenheit und Glück werden der globalen Realität mit ihren gegebenen aktuellen undurchsichtigen Strukturen, hartnäckigen Mustern und Mainstream-Pfaden nicht gerecht, sodass die gefühlte individuelle Überforderung eher zusatt abnimmt. Die alleinige Rückbesinnung und Vertiefung in sich selbst muss zudem nicht zwingend zu einer nachhaltigen Veränderung der Welt führen.

Ein Rückzug stabilisiert Trägheiten, Pfadabhängigkeiten und nicht-optimale Zustände eher noch. Mit der ausschließlichen Betrachtung der individuellen Ebene geraten außerdem gewachsene Prozesse und Strukturen sowie Netzwerke und Musterbildungen auf kultureller Ebene aus dem Blick. Diese lassen sich nicht (so einfach) ändern – nur weil individuelle Verhaltensänderungen stattfinden. Starrheit im System kann die Nicht-Nachhaltigkeit gerade stärken, auch wenn die Individuen nachhaltigkeitsausgerichtet handeln. Neben kooperativen Formaten, die außerhochschulische Akteur*innen integrieren sowie transformative Beiträge einer Wirtschaftswissenschaft leisten, kann auch hier der »Dataismus« einen angemessenen Umgang mit Komplexität ermöglichen und menschlich tragfähiges Verhalten und entsprechende Entscheidungen unterstützen.

Mit Blick auf systemische Grundprinzipien, die ebenso in modernen und zukunftsfähigen Hochschulen wirken und mit denen auf das Bild von Fortschritt als Kreislauf rekurriert werden kann, ist besonders die »Stärkung des Immunsystems« erwähnenswert: Langfristig orientierte Systeme entfalten Grundsätze und Aufgaben ähnlich dem Immunsystem. Diese stärken das organisationale Überleben und ermöglichen, auf Irritationen und Störungen adäquat zu reagieren. Zu den bestimmenden Aspekten einer Immunität sozialer Systeme zählen die Fähigkeit zu kommunizieren, Verantwortung zu tragen und Engagement zu zeigen. Je besser die Mitglieder eines Systems miteinander kommunizieren können, desto schneller können neue Informationen verarbeitet und verbreitet werden, wie auch Insa Sparrer beschreibt. Je engagierter die Organisationsmitglieder sind, desto besser können Zeiten der Krise überwunden werden. Da Hochschulen eine zentrale Rolle in der Gesellschaft einnehmen, muss sich die Immunität in der Kommunikationsfähigkeit der akademischen Ergebnisse widerspiegeln. Um Nachhaltigkeit und nachhaltigkeitsbezogenen Fortschritt in der Gesellschaft zu begünstigen, braucht es neue Wege und Formen der akademischen

Kommunikation und Verbreitung neuer Erkenntnisse aus der Hochschule heraus. Anderen Systemen zu dienen, stärkt wiederum die eigene Immunität und somit auch die gesamte Immunität einer Gesellschaft. Hochschulen stärken das nationale und globale Immunsystem, indem sie Verantwortlichkeit realisieren, Verantwortung tragen und sozialökologisches Engagement zeigen.

Um dazu beizutragen, die »Third Mission« von Hochschulen innovativ – und das heißt sozialökologisch – neu aufzustellen, sollten Forscher*innen sich auch einen Zugang zu den Medien erstreiten: Wenn lokale oder überregionale Pressevertretende Themen aus den Hochschulen als nicht interessant oder zu intellektuell abtun, müssen Hochschulen deutlich machen, welchen Wert ihre tradierten und neuen Erkenntnisse für die Öffentlichkeit (in einem breitem Medienspektrum) haben und müssen diese zielgruppengerecht aufbereiten. Hochschulen müssen Impulse geben, sie sollten Kooperationen mit Schulen eingehen, um so den Wissens- und Nachhaltigkeitstransfer zu beschleunigen, sie müssen Partnerschaften mit Städten, Kommunen und regionalen Institutionen eingehen, um gestaltend in gesellschaftliche Prozesse einzugreifen, sie sollten Entwicklungsprozesse in den eigenen Hochschulen initiieren, um so vor allem ein Vorbild mit Blick auf ökologische und soziale Belange zu sein. Zu diesen Maßnahmen hinzu kommt, dass es neuer Interaktionen und Muster bedarf, die neue Erkenntnisse zeitnah in praktische konkrete Realisierung und politische Handlungsrahmen bringen. Dazu kann ein hochschulischer Transfer beitragen – im Heute, Hier und Jetzt.

Prof. Dr. Marlen Arnold ist Betriebliche Umweltökonomin und forscht an der TU Chemnitz zu nachhaltigen Unternehmensstrategien.

Dr. Katja Beyer ist Energieökonomin und begleitet studentisch organisierte Nachhaltigkeitsberichte an der TU Chemnitz.

FORTSCHRITT ALS KREISLAUF

#BEFÄHIGUNG

»Wenn wir die Welt des 21. Jahrhunderts und das gute Leben mit acht bis zehn Milliarden Menschen auf dieser Erde neu denken wollen, dann heißt das zuallererst: Wirtschaft neu zu denken – und sie auch tatsächlich neu zu gestalten.«

Maja Göpel
Lars Hochmann
Uwe Schneidewind

WIRTSCHAFT NEU DENKEN

Über die Verantwortung von
economists4future

Die Fragilität der globalisierten Wirtschaft wurde und wird uns durch die
Corona-Pandemie im Jahr 2020 unübersehbar vor Augen geführt. Wie
sehr wir uns gesellschaftlich in ökonomische Abhängigkeiten begeben
haben und wie zerbrechlich diese Wirtschaft ist, wurde schonungslos
offengelegt. So erschütternd der Anlass gewesen ist, so erschüttert hat er
auch vorherige Selbstverständlichkeiten. Was vormals unmöglich schien,
als Utopie abgetan oder als Spinnerei belächelt wurde, wurde binnen
weniger Tage zu einer neuen Normalität: eine Welt nahezu ohne Flugverkehr, ganze Belegschaften im Homeoffice, milliarden- und zum Teil
millionenschwere Hilfsprogramme ohne Rücksicht auf bislang mantra-
artig wiederholte Sachzwänge. Die Corona-Pandemie hat gezeigt, dass
gesellschaftlich, politisch und ökonomisch weitaus mehr möglich ist als
das, was viele sich zuvor nicht einmal zu denken getraut hatten.

DIE WELT
NEU DENKEN
Selbstverständlich ist der Zustand im Krisenmodus kein Zielfoto
einer besseren Welt. Jedoch dürfen wir auch nicht im Denkgefängnis des
»Shutdowns« gefangen bleiben. Das Reden von Wirtschaft als ein

AUSBLICK

Computer, der herunter- und zu einer gegebenen Zeit wieder in denselben Betriebszustand hochgefahren wird, organisiert ein Schweigen über die notwendigen Veränderungen im Betriebssystem. Die Konsequenzen dieser medialen Metapher kündigen sich bereits an: Statt die Probleme an der Wurzel anzugehen und eine sozialökologische Transformation einzuläuten, zielen die Hilfsprogramme zu großen Teilen auf die Wiederherstellung jener Wirtschaft, welche maßgeblich zu den Krisen des 21. Jahrhunderts beigetragen hat. Dabei ist gerade die aktuelle Krise eine Einladung dazu, *die Welt neu zu denken.*

Wenn wir die Welt des 21. Jahrhunderts und das gute Leben mit acht bis zehn Milliarden Menschen auf dieser Erde neu denken wollen, dann heißt das zuallererst: Wirtschaft neu zu denken – und sie auch tatsächlich neu zu gestalten. Das 20. Jahrhundert war vielerorts eine Erfolgsgeschichte der modernen Wirtschaft, die um Eigennutz, Effizienz und Profitstreben kreist. Dieses Denken ist tief in die Gesellschaft, in unsere Institutionen des Zusammenlebens und in unsere Vorstellungen eines gelingenden Lebens eingedrungen. Es prägt – bewusst oder unbewusst – unser Denken, Fühlen und Handeln. Unbestritten konnte diese traditionelle Idee von Wirtschaft über die letzten drei Jahrhunderte hinweg Freiheit, Wohlstand und Wohlbefinden für viele Menschen verwirklichen. Doch führte sie auch zu Abhängigkeiten und Ungerechtigkeiten sowie zu irreparablen Zerstörungen von Kultur- und Lebensräumen.

Heute wissen wir darum. Wir wissen um die planetaren Belastungsgrenzen, um die Endlichkeit von Ressourcen, um die immer rasantere Vernichtung von immer mehr Tierarten und Pflanzensorten sowie darum, dass ein steigendes Bruttoinlandsprodukt irgendwann nur noch wenig mit Lebensglück, sozialer Sicherheit und Nachhaltigkeit zu tun hat. Wir wissen, dass diese Befunde ökonomische Ursachen haben. Und wir wissen, dass wir die Probleme verschärfen, wenn wir weiterhin die Ursache als Lösung inszenieren, indem wir immer schneller, höher, weiter die Welt und das Leben in ihr zur Ware machen. Bei allem Erfolg dieser Idee von Wirtschaft, auch heute noch, nehmen die Schattenseiten zunehmend überhand: Umweltkrise, Finanzkrise, Gerechtigkeitskrise, Demokratiekrise, Corona-Krise – eine Krise jagt die nächste.

WELCHE WIRTSCHAFT
WOLLEN WIR?

Eine neue Vision von Wirtschaft kann nicht im Spektrum des Gewohnten rangieren. Es ist offensichtlich geworden, dass die Bewältigung der Herausforderungen des 21. Jahrhunderts ein neues Paradigma voraussetzt. Doch wie können wir Wirtschaft anders denken? Wie sieht eine Ökonomie der Zukunft aus? Wie wollen wir uns als eine Gesellschaft, in der Entscheidungen über Werte und Wertschöpfung von den Bürger*innen statt von der finanziellen und technologischen Machbarkeit ausgehen soll, mit Nahrung, Energie und Mobilität versorgen? Wie wollen wir uns bilden und entwickeln, zusammenleben und organisieren? Welche Bedingungen sind notwendig, und wie können wir sie realisieren?

Gesellschaften, die sich sowohl souverän als auch sicher versorgen wollen, müssen hier und heute auf solche Fragen Antworten suchen und Antworten finden, um die jetzt notwendigen Veränderungen voranzutreiben. Von entscheidender Bedeutung für diese Transformation der Wirtschaft ist die Bündelung unterschiedlicher Kenntnisse und Kräfte von Personen, die mit Lust und Gestaltungsfreude neue Gewohnheiten und Institutionen ausprobieren und verstetigen helfen. Gewiss sind unsere Gestaltungsräume mal größer und mal kleiner, und doch können wir wählen:

- **Du bist Schüler*in, Student*in oder Elternteil** und fragst dich, worauf du oder deine Kinder bei der Wahl eines Wirtschaftsstudiums achten sollten?

- **Du bist Fachjournalist*in oder Blogger*in** und ergründest gern neue Welten von Wirtschaft und Gesellschaft?

- **Du bist Lehrer*in oder Dozent*in** und suchst nach Anregungen, wie du deinen Wirtschaftsunterricht zukunftsfähiger machen kannst?

- **Du bist Unternehmer*in oder Personaler*in** und interessierst dich für Hochschulkooperationen, die einen echten Unterschied machen?

AUSBLICK

- **Du bist Ökonom*in** und willst mit deiner Forschung zu einer besseren Gesellschaft und mehr Nachhaltigkeit beitragen?

- **Du bist Nachwuchswissenschaftler*in** und suchst nach neuen Wegen, Verantwortung für eine bessere Welt zu übernehmen?

- **Du bist Politiker*in oder Sympathisant*in** und möchtest Bildungsorte unterstützen, an denen gestaltet statt verwaltet wird?

… dann halte Ausschau nach *economists4future* und schließe dich ihnen an! Denn auch wenn die Wirtschaftswissenschaften bisher weniger innovations- und experimentierfreudig daherkommen als andere wissenschaftliche Disziplinen, ändert das nichts an der Tatsache, dass Wirtschaft auch ganz anders vor- und hergestellt werden kann. Was wir heute brauchen, sind Zukunftskünstler*innen, Menschen mit Möglichkeitssinn, die Zukunft als gestaltbar begreifen und ihr eine Gestalt geben. *Zukunftskunst* bedeutet die wissenschaftlich fundierte Bildung und die Organisation eines politischen Willens als Bestreben, eine Veränderung des Gegenwärtigen in Gang zu setzen, neue Kulturtechniken zu entwickeln, zu erproben und zu etablieren.

WIRTSCHAFT JETZT ERST RECHT NEU DENKEN!

Während der Corona-Pandemie wurde nicht nur die Gestaltbarkeit des gesellschaftlichen Zusammenlebens erfahrbar, es zeigte sich auch: In demokratischen Gesellschaften wird ein politischer Wille gebildet statt nur behauptet. Wissenschaft kann in den komplexen, widerspruchsvollen und oftmals unüberschaubaren Konstellationen der Gegenwart eine klärende und sortierende Rolle spielen, um zu einer reflektierten Selbstgestaltung der Gesellschaft zu befähigen. Diese Rolle legt Wissenschaftler*innen jedoch auch eine Verantwortung auf. Gerade in unsicheren Zeiten, in denen das Althergebrachte zu versagen beginnt, müssen sie für die Gesellschaft einen Horizont für Orientierung bieten, der nicht auf Beherrschung, sondern auf Befähigung zielt. Diese gesellschaftliche Verantwortung von Wissenschaft umfasst die Lehre, die Forschung und den gesellschaftlichen Dialog – sowie alle Versuche, diese Dimensionen zu verklammern.

Die besondere Herausforderung für *economists4future* liegt darin, dass der notwendigen Neuerfindung der Wirtschaftswissenschaften eine Fachgeschichte vorausgeht, die gerade der Lehre und dem Dialog wenig Anerkennung zugebilligt haben. In der Forschung stehen große Würfe auf neuen Feldern hinter der trügerischen Sicherheit des bekannten Instrumentariums zurück. *Economists4future* weiten den Möglichkeitsraum der Disziplin und ihres Angebots an die Gesellschaft auf fünf Ebenen aus:

- **Mehr Reflexivität!** *Economists4future* sind entwicklungsorientiert. Sie betonen die Selektivität von Modellen und arbeiten an ihren Begriffen und Konzepten. Sie suchen nach neuen Erkenntnisformen, reflektieren ihre Wirkungen und orientieren Forschung, Lehre und Dialog in wechselseitiger Resonanz an realen Utopien.

- **Mehr Transparenz!** *Economists4future* sind verständlich. Sie legen ihre normativen Orientierungen, Werturteile und Blickrichtungen offen. Sie begründen Standpunkte, sind sensibel im Umgang mit Methoden und Sprache, legen Annahmen frei und öffnen sich selbstkritisch nach innen und nachvollziehbar nach außen.

- **Mehr Diversität!** *Economists4future* sind aufgeschlossen. Sie arbeiten mit verschiedentlichen Methodiken, Didaktiken und Theorien. Sie interessieren sich für vielfältige Gegenstände und suchen Verständigung zwischen unterschiedlichen Ansätzen und Interessen.

- **Mehr Partizipation!** *Economists4future* sind empathisch. Sie suchen den Anschluss an gesellschaftliche Kontexte und schaffen Möglichkeiten zur Teilhabe. Sie kritisieren sich respektvoll und schaffen gemeinsam mit der Gesellschaft das zur Transformation erforderliche Wissen und Können.

- **Mehr Befähigung!** *Economists4future* sind sinngeleitet. Sie verstehen Wirtschaft als eine veränderbare Gestaltungskraft der Gesellschaft. Sie analysieren und verbessern die

Bedingungen zur ökonomischen Bewältigung von Krisen, übernehmen Verantwortung und mischen sich in öffentliche Debatten ein.

Wir verstehen daher auch dieses Buch als eine Einmischung. Und als eine Einladung, die wir an all diejenigen Menschen aussprechen, die einen Unterschied machen möchten: *Gemeinsam ist eine bessere Welt möglich. Lasst uns der alten Normalität den Rücken kehren.*

Prof. Dr. Maja Göpel ist Politökonomin, Transformationsforscherin sowie als Generalsekretärin des Wissenschaftlichen Beirats der Bundesregierung Globale Umweltveränderungen eine prominente Stimme der Scientists for Future.

Prof. Dr. Lars Hochmann ist Wirtschaftswissenschaftler und arbeitet zu sozialökologischem Unternehmer*innentum sowie ökonomischen Natur- und Weltverhältnissen an der Cusanus Hochschule für Gesellschaftsgestaltung.

Prof. Dr. Uwe Schneidewind ist bildungspolitisch arbeitender Nachhaltigkeitsökonom, Professor für Innovationsmanagement und Nachhaltigkeit an der Bergischen Universität Wuppertal und war Mitglied im Wissenschaftlichen Beirat der Bundesregierung Globale Umweltveränderungen.

Jetzt ist die Zeit für die Wirtschaftswissenschaften, Verantwortung für eine bessere Welt zu übernehmen.

Jetzt ist die Zeit, die notwendigen Veränderungen in Wirtschaft und Gesellschaft anzustoßen.

Jetzt ist die Zeit der economists4future!

Weiterdenken
www.economists4future.de

LITERATUR

Wie wir wirtschaften, so leben wir auch

Ivan Boldyrev, Ekaterina Svetlova: *Enacting Dismal Science. New Perspectives on the Performativity of Economics.* New York 2016.

Cornelius Castoriadis: *Gesellschaft als imaginäre Institution. Entwurf einer politischen Philosophie.* Frankfurt am Main 1990.

Michael Hampe: *Tunguska oder Das Ende der Natur.* München 2011, S. 250.

Lars Hochmann: *Vom Nutzen und Nachteil der Ökonomik für das Leben. Reflexionen aus einer schwierigen Wissenschaft.* Bielefeld 2018.

Chantal Mouffe: *Über das Politische. Wider die kosmopolitische Illusion.* 6. Aufl. Frankfurt am Main 2016, S. 16.

Reinhard Pfriem: *Ökonomie als Gemengelage kultureller Praktiken.* Marburg 2016.

Uwe Schneidewind, Reinhard Pfriem, Jonathan Barth, Thomas Beschorner, Mathias Binswanger, Hans Diefenbacher et al.: »Transformative Wirtschaftswissenschaft im Kontext nachhaltiger Entwicklung. Für einen neuen Vertrag zwischen Wirtschaftswissenschaft und Gesellschaft«, in: *Ökologisches Wirtschaften* 31 (2), S. 30–34.

Biodiversität des Erkennens

George Akerlof, Robert Shiller: *Phishing for Phools.* Princeton 2015.

Cornelius Castoriadis: *Gesellschaft als imaginäre Institution.* Frankfurt am Main 1984.

Silja Graupe: *Beeinflussung und Manipulation in der ökonomischen Bildung.* Düsseldorf 2017.

Daniel Kahnemann: *Schnelles Denken, langsames Denken.* München 2012.

N. Gregory Mankiw und Mark P. Taylor: *Economics.* Fort Worth 2014.

Elinor Ostrom, Roy Gardner und James Walter: *Rules, Games & Common-Pool Resources.* Michigan 1994.

Cass Sunstein, Richard Thaler: *Nudge.* London 2008.

Abbildungen: © privat

Zu den hier vorgestellten Ideen und Visionen liegt ein ausführliches *Working Paper* vor. Es ist auf der Homepage der Cusanus Hochschule für Gesellschaftsgestaltung (www.cusanus-hochschule.de) und der Homepage von Silja Graupe (www.silja-graupe.de) abrufbar.

Das doppelte Reflexionsproblem

Bayrische Landesanstalt für Landwirtschaft: *Agrarmärkte 2016.* Schriftenreihe Nr. 7 (2016), S. 128 – 129.

Michael Bönte: » ›Ohne Mindeststandards der Krankheit schutzlos ausgeliefert‹. Kossen verurteilt den Umgang mit Arbeitsmigranten in der Corona-Krise«, in: *Kirche + Leben,* 02.03.2020. URL: https://www.kirche-und-leben.de/artikel/kossen-verurteilt-den-umgang-mit-arbeitsmigranten-in-der-corona-krise/

Anthony Giddens: *Die Konstitution der Gesellschaft: Grundzüge einer Theorie der Strukturierung.* Frankfurt am Main 1997, S. 338.

Friedrich von Hayek: *Die Anmaßung von Wissen.* Tübingen 2001.

Thomas Kohlmann: »Corona: Verstaatlichung von Unternehmen als letztes Mittel?«, in: *Deutsche Welle,* 19.03.2020. URL: https://www.dw.com/de/corona-verstaatlichung-von-unternehmen-als-letztes-mittel/a-52825967

Paul Krugman, Robin Wells: *Economics.* New York 2015, S. 2 – 3.

Walter Nicoletti: »La rivolta del sud, Viminale e 007 avvertono«, in: *Voce Spettacolo,* 28.03.2020. URL: https://www.vocespettacolo.com/la-rivolta-del-sud-viminale-e-007-avvertono/

Reinhard Pirker: *Märkte als Regulierungsformen sozialen Lebens.* Marburg 2004.

Paul A. Samuelson, William D. Nordhaus: *Volkswirtschaftslehre.* New York 2007, S. 20.

Paul A. Samuelson, William D. Nordhaus: *Volkswirtschaftslehre.* New York 2016, S. 50.

Wolfgang Schäuble: »Rede von Bundesminister Dr. Wolfgang Schäuble an der London School of Economics am 18. Februar 2009 in London«, in: *Website Wolfgang Schäuble,* 18.02.2009. URL: https://www.wolfgang-schaeuble.de/rede-von-bundesminister-dr-wolfgang-schaeuble-an-der-london-school-of-economics-am-18-februar-2009-in-london/

Julia Schürer: »Corona-Krise. Klöckner: Lage der Ernährungsbranche ›sehr angespannt‹.«, in: *agrar heute*, 26.03.2020. URL: https://www.agrarheute.com/politik/kloeckner-lage-ernaehrungsbranche-sehr-angespannt-566687

Hans-Werner Sinn: »Der Corona-Krieg.« in: *Project Syndicate*, 16.03.2020. URL: https://www.project-syndicate.org/commentary/coronavirus-good-and-bad-policy-response-by-hans-werner-sinn-2020-03/german (Übersetzung Katrin Hirte).

Adam Smith (Hg.): *Der Reichtum der Nationen*. München 1779/1978, S. 371.

Achim Spiller, Ludwig Theuvsen, Guido Recke, Birgit Schulze: *Sicherstellung der Wertschöpfung in der Schweineerzeugung: Perspektiven des Nordwestdeutschen Modells. Gutachten im Auftrag der Westfälischen Stiftung Landschaft*. Göttingen 2005, S. 2.

Irmgard Zündorf: *Der Preis der Marktwirtschaft. Staatliche Preispolitik und Lebensstandard in Westdeutschland 1948 bis 1963*. München 2006.

Hochschulen und die »Third Mission«

Ulrich Beck, Anthony Giddens, Scott Lash: *Reflexive Modernisierung. Eine Kontroverse*. Berlin 1996.

Ulrich Beck: *Risikogesellschaft. Auf dem Weg in eine andere Moderne*. Berlin 1986, S. 297.

Ottmar Edenhofer, Christoph M. Schmidt: »Eckpunkte einer CO_2-Preisreform. Gemeinsamer Vorschlag von Ottmar Edenhofer (PIK / MCC) und Christoph M. Schmidt (RWI)«, in: *RWI Positionen* 72 (2018) und URL: https://ideas.repec.org/p/zbw/rwipos/72.html

Reinhard Loske: »Die Universität in Zeiten des Klimawandels. Wie kann transformative Kompetenz für eine nachhaltige Entwicklung entstehen«, in: *UNIVERSITAS*, 74 (2019), Heft 3, S. 63–85.

Manfred Moldaschl: »Was ist Reflexivität?«, in: *Papers of the Department of Innovation Research and Sustainable Resource Management, Chemnitz University of Technology* 11 (2010).

Elinor Ostrom: *Governing the Commons. The Evolution of Institutions for Collective Action*. Cambridge 1990.

Werner Plumpe: *Das kalte Herz. Kapitalismus: Die Geschichte einer andauernden Revolution*. Hamburg 2019.

Uwe Schneidewind: »Die ›Third Mission‹ zur ›First Mission‹ machen?«, in: *die hochschule* 1 (2016), S. 14–22.

Peter Strohschneider: »Zur Politik der Transformativen Wissenschaft«, in: André Brodocz et al. (Hg.): *Die Verfassung des Politischen.* Wiesbaden 2014, S. 175–192.

Donald Worster: »Another Silent Spring. ›The people had done it themselves‹«, in: *Environment & Society Portal* 2020. URL http://www.environmentandsociety.org/exhibitions/another-silent-spring/people-had-done-it-themselves

Weitblick braucht Durchblick

Emmanuelle Auriol et al.: *Women in European Economics,* 2019. URL: https://women-economics.com/countries.html

Lukas Bäuerle: »Die ökonomische Lehrbuchwissenschaft. Zum disziplinären Selbstverständnis der Volkswirtschaftslehre«, in: *momentum quarterly* 6, Nr. 4 (2017) , S. 252–270.

Lukas Bäuerle et al.: » ›Ohne Effizienz geht es nicht.‹ Ergebnisse einer qualitativ-empirischen Erhebung unter Studierenden der Volkswirtschaftslehre«, in: *Neues ökonomisches Denken* 13 (2019), S. 69.

Amitai Etzioni: »The Moral Effects of Economic Teaching«, in: *Sociological Forum,* Band 30, Nr. 1 (2015), S. 228–233.

Silja Graupe: *Beeinflussung und Manipulation in ökonomischen Lehrbüchern. Hintergründe und Beispiele.* Düsseldorf 2017.

Silja Graupe, Theresa Steffestun: »›The market deals out profits and losses‹ – How Standard Economic Textbooks Promote Uncritical Thinking in Metaphors«, in: *Journal of Social Science Education,* Band 17, Nr. 3 (2018), S. 5–18.

Lars Hochmann et al.: *Möglichkeitswissenschaften. Ökonomie mit Möglichkeitssinn.* Marburg 2019. N. Gregory Mankiw und Mark P. Taylor: *Economics.* Andover 2014.

Walter Otto Ötsch: *Mythos Markt. Mythos Neoklassik. Das Elend des Marktfundamentalismus.* Marburg 2019.

Helge Peukert: *Mikroökonomische Lehrbücher. Wissenschaft oder Ideologie?* Marburg 2018.

Paul A. Samuelson: »Foreword«, in: Phillips Saunders und William Walstad (Hg.): *The principles of economics course.* New York 1990, S. IX (Übersetzung der Autor*innen).

Paul A. Samuelson, William D. Nordhaus: *Economics.* 19. Auflage. New York 2010, S. 3.

Mehr Transparenz?!

Peter Ellguth: »Die betriebliche Mitbestimmung verliert an Boden«, in: *IAB-Forum* 24. Mai 2018, URL https://www.iab-forum.de/die-betriebliche-mitbestimmung-verliert-an-boden/

Michel Foucault: *Die Ordnung des Diskurses*. Frankfurt am Main 1991, S. 11.

Jürgen Habermas: *Erkenntnis und Interesse*. Frankfurt am Main 1973.

Deirdre Nansen McCloskey: *The Rhetoric of Economics* Wisconsin 1998, S. 9.

Georg Simmel: *Soziologie. Untersuchungen über die Formen der Vergesellschaftung*. Frankfurt am Main 1992, S. 389 und S. 392.

Max Weber: *Gesammelte Aufsätze zur Wissenschaftslehre*. Tübingen 1985, S. 151.

Elke Weik: »Kritischer Rationalismus«, in: Elke Weik, Rainhart Lang (Hg.): Moderne Organisationstheorien 1. Handlungsorientierte Ansätze. Wiesbaden 2005, S. 1–29., hier S. 22.

Donald A. MacKenzie: *An Engine, Not a Camera: How Financial Models Shape Markets*. Cambridge 2006.

Open oder not Open?

Brian W. Arthur: *The Nature of Technology. What It Is and How It Evolves*. New York 2009.

Henry Chesbrough: *Open Innovation. The New Imperative for Creating and Profiting from Technology*. Boston 2006.

Robert Grant: »The Resource-based Theory of Competitive Advantage. Implications for Strategy Formulation«, in: *California Management Review* 33 (3), S. 3–23.

Reid Hoffmann / Chris Yeh: *Blitzscaling. The Lightning-fast Path to Building Massively Valuable Businesses*. New York 2018.

Alexandres Lazarow: *Out-Innovate. How Global Entrepreneurs – from Delhi to Detroit – Are Rewriting the Rules of Silicon Valley*. Boston 2020.

M. Mazzucato: *Wie kommt der Wert in die Welt? Von Schöpfern und Abschöpfern*. Frankfurt / Main 2019.

James McQuivey: *Digital Disruption. Unleashing the Next Wave of Innovation*. Las Vegas 2013.

Cecily A O'Regan / Jr. Patrick T. O'Regan: *Intellectual Property: Overview and Strategies for Entrepreneurs: A Silicon Valley Perspective*. Scotts Valley 2017.

Eric S. Raymond: *The Cathedral & The Bazaar. Musings on Linux and Open Source by an Accidental Revolutionary.* Sebastopol 1999.

Eric von Hippel: »*Democratizing Innovation*« Cambridge, Massachusetts 2006.

Miteinander und voneinander lernen

Lukas Bäuerle, Stephan Pühringer, Walter Otto Ötsch: » ›Ohne Effizienz geht es nicht.‹ Ergebnisse einer qualitativ-empirischen Erhebung unter Studierenden der Volkswirtschaftslehre«, in: Till van Treeck, Janina Urban (Hg.): *FGW-Studie. Neues ökonomisches Denken* 13 (2019). URL https://www.fgw-nrw.de/fileadmin/user_upload/FGW-Studie-NOED-13-Baeuerle-2019_02_18-komplett-web.pdf

Gary Becker: *The Economic Approach to Human Behaviour.* Chicago 1976.

Wilhelm Dilthey: *Einleitung in die Geisteswissenschaften. Versuch einer Grundlegung für das Studium der Gesellschaft und der Geschichte.* Leipzig 1922 [1883].

Silja Graupe: »Die Macht ökonomischer Bildung«, in: Ursula Frost, Markus Rieger-Ladich (Hg.): *Demokratie setzt aus. Gegen die sanfte Liquidation einer politischen Lebensform. Vierteljahresschrift zur wissenschaftlichen Pädagogik.* Sonderheft 2013.

Silja Graupe: »Beeinflussung und Manipulation in der ökonomischen Bildung. Hintergründe und Beispiele«, in: Till van Treeck, Janina Urban (Hg.): *FGW-Studie. Neues ökonomisches Denken* 5 (2017). URL https://www.fgw-nrw.de/fileadmin/user_upload/NOED-Studie-05-Graupe-A1-komplett-Web.pdf

Wilhelm von Humboldt: *Schriften zur Politik und zum Bildungswesen,* Werke Band 4, Darmstadt 2002.

Ludwig Fleck: *Entstehung und Entwicklung einer wissenschaftlichen Tatsache. Einführung in die Lehre vom Denkstil und Denkkollektiv.* Frankfurt am Main 1980.

Paul Feyerabend: *Erkenntnis für freie Menschen.* Berlin 1979.

Michel Foucault: *Die Hauptwerke.* Berlin 2008.

Thomas Kuhn: *The Structure of Scientific Revolutions.* Chicago 1962.

Plurale Ökonomik im Zeitalter der Ökokalypse

Herman Daly, Joshua Farley: *Ecological Economics*. Washington 2011.

Christian Felber: *This is not economy. Aufruf zur Revolution der Wirtschaftswissenschaft*. Wien 2019.

Christoph Gran: *Perspektiven einer Wirtschaft ohne Wachstum*. Marburg 2017.

Bruno Kern: *Das Märchen vom grünen Wachstum*. Zürich 2019.

Graeme Maxton: *Change! Warum wir eine radikale Wende brauchen*. Grünwald 2018.

William Mitchell et al.: *Macroeconomics*. Oxford 2019.

Carsten Müller: *Nachhaltige Ökonomie*. Berlin 2015.

David J. Petersen et al. (Hg.): *Perspektiven einer pluralen Ökonomik*. Wiesbaden 2019.

Helge Peukert: *Makroökonomische Lehrbücher. Wissenschaft oder Ideologie?* Marburg 2018.

Kate Raworth: *Die Donut-Ökonomie*. München 2018.

Jack Reardon et al.: *Introducing a New Economics*. London 2018.

Ernesto Screpanti, Stefano Zamagni: *An Outline of the History of Economic Thought*. Oxford 1995.

Kommunikative Substanz und substanzielle Kommunikation

Hannah Arendt: *Vita activa – oder Vom tätigen Leben*. Stuttgart 1960.

Stephanie Birkner: *Eindeutiger beraten? Umgang mit Mehrdeutigkeit als Handlungsfeld in Beratungsinterventionen*. Marburg 2013.

Gregor Hagedorn: »The concerns of the young protesters are justified. A statement by *Scientists for Future* concerning the protests for more climate protection«, in: *GAIA* 28/2 (2019), S. 79–87.

Gertrude Hirsch Hadorn, Holger Hoffmann-Riem, Susette Biber-Klemm, Walter Grossenbacher-Mansuy, Dominique Joye, Christian Pohl, Urs Wiesmann, Elisabeth Zemp (Hg.): *Handbook of Transdisciplinary Research*. Heidelberg, Berlin, Dodrecht 2008.

Lars Hochmann, Stephanie Birkner: »Angang braucht Zugang. Prolegomenon zu einem nomozentrischen Störenfried«, in: *Zeitschrift für Wirtschafts- und Unternehmensethik – Journal for Business, Economics & Ethics*, 19/2 (2018), S. 282-303, hier S. 303.

Daniel J. Lang, Arnim Wiek, Matthias Bergmann, Michael Stauffacher, Pim Martens, Peter Mol, Mark Swilling, Christopher J. Thomas: »Transdisciplinary research in sustainability science: practice, principles, and challenges«, in: *Sustainability Science,* 7 (Supplement 1) (2012), S. 25 – 43.

Fred Luks: *Hoffnung. Über Wandel, Wissen und politische Wunder.* Marburg 2020.

Uwe Schneidewind, Mandy Singer-Brodowski: *Transformative Wissenschaft. Klimawandel im deutschen Wissenschafts- und Hochschulsystem.* Marburg 2013.

Bernd Siebenhüner: »Changing demands at the science-policy interface: organizational learning in the IPCC«, in: Monika Ambrus, Karin Arts, Ellen Hey, Helena Raulus (Hg.): *The Role of »Experts« in International and European Decision-making Processes. Advisors, Decision Makers or Irrelevant Actors?* Cambridge 2014, S. 126 – 147.

Bernd Siebenhüner: »Conflicts in Transdisciplinary Research: Reviewing Literature and Analysing a Case of Climate Adaptation in Northwestern Germany«, in: *Ecological Economics, 154 (2018),* S. 117 – 127.

Ekaterina Svetlova: *Sinnstiftung in der Ökonomik. Wirtschaftliches Handeln aus sozialphilosophischer Sicht.* Bielefeld 2008, S. 67.

Zukünften zugewandt lernen

Lutz Becker: »Ob man den Umgang mit Innovation und Wandel wohl lernen kann? – Ein Erfahrungsbericht«, in: Carsten Kreklau, Josef Siegers (Hg.): *Handbuch der Aus- und Weiterbildung.* Neuwied 2014. Als Nachdruck ebenfalls in: Rainer Güttler (Hg.): *Grundlagen der Weiterbildung – Praxishilfen.* Neuwied 2015.

Martin Gerber, Heinz Gruner: »Flow Teams – Selbstorganisation in Arbeitsgruppen«, in: *Die Orientierung* 108 (1999).

Lars Hochmann, Silja Graupe, Thomas Korbun, Stephan Panther, Uwe Schneidewind (Hg.): *Möglichkeitswissenschaften. Ökonomie mit Möglichkeitssinn.* Marburg 2019.

Karsten Hurrelmann, Lutz Becker, Klaus Fichter, Mahammad Mahammadzadeh, Anne Seela (Hg.): *Klima-LO: Klimaanpassungsmanagement in Lernenden Organisationen.* Oldenburg, Köln 2018.

Jean-Pol Martin: »Für eine Übernahme von Lehrfunktionen durch Schüler«, in: *Praxis des neusprachlichen Unterrichts* 4 (1986), S. 395–40.

Next Economy Open: Die virtuelle und dezentrale Konferenz zu Wirtschaft und digitaler Transformation. URL www.nexteconomyopen.wordpress.com

Hannes Schleeh, Gunnar Sohn: *Live Streaming mit Hangout on Air. Techniken, Inhalte, Perspektiven für das kreative WebTV*. München 2014.

Gunnar Sohn: *Man hört, streamt und sieht sich. Direkt und ungeschminkt. Vom diskreten Charme des Livestreamings*. E-Book Kindle Edition (25.04.20): https://www.amazon.de/h%C3%B6rt-sieht-streamt-sich-Livestreamings-ebook/dp/B01LLZ77TE

Sonali Wavhal: »Visual Process Management at Siemens«, in: Lutz Becker, Walter Gora, Reinhard Wagner: *Erfolgreiches interkulturelles Projektmanagement*. Düsseldorf 2015.

Das Wissen der Vielen

Irene Antoni-Komar, Marius Rommel, Corinna Vosse: »Involviert-Sein: Oder wie transformative Wirtschaftswissenschaft die Praxis des Forschens verändert«, in: Reinhard Pfriem, Uwe Schneidewind, Jonathan Barth, Silja Graupe, Thomas Korbun (Hg.): *Transformative Wirtschaftswissenschaft im Kontext nachhaltiger Entwicklung*. Marburg 2017, S. 439–460.

Jarg Bergold, Stefan Thomas: »Partizipative Forschungsmethoden: Ein methodischer Ansatz in Bewegung«, in: *Forum Qualitative Sozialforschung*, Jg. 13, Nr. 1 (2012), URL https://nbn-resolving.org/urn:nbn:de:0114-fqs1201302

Das Lexikon der Wirtschaft. Duden Wirtschaft von A bis Z: Grundlagenwissen für Schule und Studium, Beruf und Alltag. 6. Aufl. Mannheim 2016. Lizenzausgabe Bonn: Bundeszentrale für politische Bildung. URL https://www.bpb.de/nachschlagen/lexika/lexikon-der-wirtschaft/

Rico Defila, Antonietta Di Giulio: »Partizipative Wissenserzeugung und Wissenschaftlichkeit – ein methodologischer Beitrag«, in: Dies. (Hg.): *Transdisziplinär und transformativ forschen. Eine Methodensammlung*. Wiesbaden 2018, S. 39–67.

Lars Hochmann: *Vom Nutzen und Nachteil der Ökonomik für das Leben. Reflexionen aus einer schwierigen Wissenschaft*. Bielefeld 2018.

Ulrike Knobloch (Hg.): *Ökonomie des Versorgens. Feministisch-kritische Wirtschaftstheorien im deutschsprachigen Raum.* Weinheim/Basel 2019.

Daniél Kretschmar: »Der Feind in deinem Hörsaal«, in: *taz*, 18.11.2019, S.13. URL https://taz.de/Meinungsfreiheit-an-Universitaeten/!5638144/

Ortwin Renn: »Geleitwort«, in: Rico Defila, Antonietta Di Giulio (Hg.): *Transdisziplinär und transformativ forschen. Band 2. Eine Methoden-sammlung.* Wiesbaden 2019, S. V – VII.

Michael Schönhuth, Maja Tabea Jerrentrup: *Partizipation und nachhaltige Entwicklung.* Wiesbaden 2019.

Ulli Vilsmaier, Daniel Lang: »Transdisziplinäre Forschung«, in: Harald Heinrichs, Gerd Michelsen (Hg.): *Nachhaltigkeitswissenschaften.* Berlin/Heidelberg 2014, S. 87 – 113.

Besonders empfehlenswert zum Weiterlesen und Stöbern ist die digitale Plattform td-Academy für transdisziplinäre Forschung des Projektes TransImpact, die Gestaltungspotenziale und Methoden für wirkungsvolle transdisziplinäre Forschung aufzeigt: www.td-academy.de

Raus aus dem Elfenbeinturm!

Daniel Speich Chassé: *Die Erfindung des Bruttosozialprodukts. Globale Ungleichheit in der Wissensgeschichte der Ökonomie* (Kritische Studien zur Geschichtswissenschaft 212). Göttingen 2013.

Richard A. Easterlin, Laura Angelescu McVey, Malgorzata Switek, Onnicha Sawangfa, and Jacqueline Smith Zweig: »The happiness-income paradox revisited«, in: *Proceedings of the National Academy of Sciences* 107/52 (2010), S. 22463 – 22468.

IPCC Report 2018: Global warming of 1.5°C. An IPCC Special Report on the impacts of global warming of 1.5°C above pre-industrial levels and related global greenhouse gas emission pathways, in the context of strengthening the global response to the threat of climate change, sustainable development, and efforts to eradicate poverty. URL: https://www.ipcc.ch/sr15/

Tim Jackson: *Prosperity without Growth. Economics for a Finite Planet.* London 2016.

Steffen Lange, Peter Pütz, Thomas Kopp: »Do Mature Economies Grow Exponentially?«, in: *Ecological Economics* 147 (2018), S. 123–133. URL https://doi.org/10.1016/j.ecolecon.2018.01.011

Philipp Lepenies: *Die Macht der einen Zahl. Eine politische Geschichte des Bruttoinlandsprodukts.* Berlin 2013.

Timothy Mitchell: *Carbon Democracy. Political Power in the Age of Oil.* London/New York 2011.

Timothée Parrique, Jonathan Barth, François Briens, Christian Kerschner, Alejo Kraus-Polk, Anna Kuokkanen, Joachim H. Spangenberg: *Decoupling debunked – Evidence and arguments against green growth as a sole strategy for sustainability.* European Environmental Bureau. Brüssel 2019. URL https://mk0eeborgicuypctuf7e.kinstacdn.com/wp-content/uploads/2019/07/Decoupling-Debunked.pdf

Ulrich Petschow, Steffen Lange, David Hofmann, Eugen Pissarskoi, Nils aus dem Moore, Thorben Korfhage, Annekathrin Schoofs, Hermann Ott: *Gesellschaftliches Wohlergehen innerhalb planetarer Grenzen. Der Ansatz einer vorsorgeorientierten Postwachstumsposition.* Studie des Umweltbundesamts. Dessau-Roßlau 2018. URL https://www.umweltbundesamt.de/sites/default/files/medien/1410/publikationen/uba_texte_89_2018_vorsorgeorientierte_postwachstumsposition.pdf

Ulrich Petschow, Pauline Riousset, Helen Sharp, Klaus Jacob, Anna-Lena Guske, Michael Schipperges, Hans-Jürgen Arlt: *Identifizierung neuer gesellschaftspolitischer Bündnispartner und Kooperationsstrategien für Umweltpolitik: Hypothesen zum Verhältnis von Umwelt- und Sozialpolitik – eine erste Bestandsaufnahme.* Studie des Umweltbundesamts. Dessau-Roßlau 2019. URL https://www.umweltbundesamt.de/en/publikationen/identifizierung-buendnispartner-umweltpolitik

Stefan Rahmstorf: »Wie viel CO_2 kann Deutschland noch ausstoßen?«, in: *Klimalounge* 28.03.2019. URL https://scilogs.spektrum.de/klimalounge/about-the-blog/

Matthias Schmelzer: *The Hegemony of Growth. The OECD and the Making of the Economic Growth Paradigm.* Cambridge 2016.

Matthias Schmelzer, Andrea Vetter: *Degrowth / Postwachstum zur Einführung.* Hamburg 2019.

Uwe Schneidewind: »Die ›Third Mission‹ zur ›First Mission‹ machen?«, in: *die hochschule* 1 (2016), S. 14–22.

Irmi Seidl, Angelika Zahrnt: »Argumente für einen Abschied vom Paradigma des Wirtschaftswachstums«, in Dies. (Hg.): *Postwachstumsgesellschaft: Konzepte für die Zukunft.* Marburg 2010, S. 22–36.

Eine bessere Gesellschaft ausrechnen?

Adelheid Biesecker: »Vorsorgendes Wirtschaften als Alternative«, in: Friedrich-Ebert-Stiftung (Hg.): *Antworten aus der feministischen Ökonomie auf die globale Wirtschafts- und Finanzkrise*. Bonn 2009, S. 32 – 48.

Adelheid Biesecker, Sabine Hofmeister: »Im Fokus: Das (Re)Produktive«, in: Christine Bauhardt, Gülay Çağlar (Hg.): *Gender and Economics*. Wiesbaden 2010, S. 51 – 80.

Adelheid Biesecker, Stefan Kesting: *Mikroökonomik. Eine Einführung aus sozial-ökologischer Perspektive*. Berlin / Boston 2003. Reprint 2014.

Bettina Blanck: *Erwägungsorientierung, Entscheidung und Didaktik*. Stuttgart 2012.

Klaus Deimer, Martin Pätzold, Volker Tolkmitt: *Ressourcenallokation, Wettbewerb und Umweltökonomie*. Berlin 2017.

Rainer Diaz-Bone: »Sozioökonomie und Économie des conventions«, in: Reinhold Hedtke (Hg.): *Was ist und wozu Sozioökonomie?* Wiesbaden 2015, S. 261 – 276.

Paul Krugman, Robin Wells: Volkswirtschaftslehre. 2. Auflage. Stuttgart 2017.

Gertraude Mikl-Horke: »Traditionen, Problemstellungen und Konstitutionsprobleme«, in: Reinhold Hedtke (Hg.): *Was ist und wozu Sozioökonomie?* Wiesbaden 2015, S. 95 – 123.

Alfred Müller-Armack: *Wirtschaftslenkung und Marktwirtschaft*. München 1946 (Neudruck 1990).

Alfred Müller-Armack: »Vorschläge zur Verwirklichung der Sozialen Marktwirtschaft«, in: Ernst Dürr (Hg.): *Genealogie der Sozialen Marktwirtschaft, Ausgewählte Werke von Alfred Müller-Armack*, Bern 1948 [1981], S. 90 – 109.

PEPS-Économie: »The case for pluralism: what French undergraduate economics teaching is all about and how it can be improved«, in: *International Journal of Pluralism and Economics Education* 5 / 4 (2004), S. 385 – 400.

Reinhard Pfriem, Uwe Schneidewind, Jonathan Barth, Silja Graupe und Thomas Korbun (Hg.): *Transformative Wirtschaftswissenschaft im Kontext nachhaltiger Entwicklung*. Marburg 2017.

James C. Scott: *The Moral Economy of the Peasant*. New Haven 1976.

Sebastian Thieme: *Menschengerechtes Wirtschaften?* Opladen, Berlin, Toronto 2017.

Sebastian Thieme: »Spiethoff's Economic Styles: a Pluralistic Approach?«, in: *Economic Thought* 7 / 1 (2018), S. 1–23.

Peter Ulrich: *Integrative Wirtschafts-ethik*. 4. Aufl. Bern, Stuttgart, Wien 2008.

Elisabeth Voß: *Wegweiser solidarische Ökonomie*. 2. Aufl. Neu-Ulm 2015.

Artur Woll: *Volkswirtschaftslehre*. 16. Aufl. München 2014.

Der Sinn von Wissenschaft ist Befähigung

Kwame Anthony Appiah: *Eine Frage der Ehre. Oder: Wie es zu moralischen Revolutionen kommt*. München 2011.

Zygmunt Bauman: *Postmoderne Ethik*. Hamburg 1995, S. 87.

Ivan Boldyrev, Ekaterina Svetlova: *Enacting Dismal Science. New Perspectives on the Performativity of Economics*. New York 2016.

Cornelius Castoriadis: *Gesellschaft als imaginäre Institution. Entwurf einer politischen Philosophie*. Frankfurt am Main 1990.

David Graeber: *Bullshit Jobs. Vom wahren Sinn der Arbeit*. Stuttgart 2019.

Lars Hochmann: *Vom Nutzen und Nachteil der Ökonomik für das Leben. Reflexionen aus einer schwierigen Wissenschaft*. Bielefeld 2018.

Lars Hochmann, Silja Graupe, Thomas Korbun, Stephan Panther, Uwe Schneidewind (Hg.): *Möglichkeitswissenschaften. Ökonomie mit Möglichkeitssinn*. Marburg 2019.

Lars Hochmann, Reinhard Pfriem: »Jenseits von Ressourcen. Natur als wesentlicher Terminus für Unternehmenstheorie«, in: FUGO (Hg.): *Unternehmen der Gesellschaft. Interdisziplinäre Beiträge zu einer kritischen Theorie des Unternehmens*. Marburg 2017, S. 161–186.

Serge Latouche: *Die Unvernunft der ökonomischen Vernunft. Vom Effizienzwahn zum Vorsichtsprinzip*. Zürich 2004.

Peter R. G. Layard: *Die glückliche Gesellschaft. Was wir aus der Glücksforschung lernen können*. Frankfurt am Main 2008.

Niko Paech: *Befreiung vom Überfluss. Auf dem Weg in die Postwachstumsökonomie*. München 2012.

Reinhard Pfriem: *Ökonomie als Gemengelage kultureller Praktiken*. Marburg 2016.

Reinhard Pfriem: »Ökonomik als Möglichkeitswissenschaft«, in: *Ökologisches Wirtschaften* 32 / 2 (2017), S. 16–18.

Reinhard Pfriem, Uwe Schneidewind, Jonathan Barth, Silja Graupe, Thomas Korbun (Hg.): *Transformative Wirtschaftswissenschaft im Kontext nachhaltiger Entwicklung.* Marburg 2017.

Thomas Piketty: *Kapital und Ideologie.* München 2020.

Fortschritt als Kreislauf

Marlen Gabriele Arnold: *Systemische Strukturaufstellungen in Beratung und Management.* Wiesbaden 2018.

Colin Bien, Remmer Sassen, Hermann Held: »Die transformative Universität in der Gesellschaft: Ein Überblick über verschiedene Konzepte«, in: *GAIA* 26 (2017), S. 259 – 268. URL https://doi.org/10.14512/gaia.26.3.10.

Sabine Frerichs: »Wonach greifen wir im Supermarkt«, in: *ZEIT ONLINE* 1.10.2019. URL https://www.zeit.de/kultur/2019-09/verhaltensoekonomie-wirtschaftsnobelpreis-konsum-evolution-besitz/komplettansicht

Justus Henke, Peer Pasternack, Sarah Schmid: »Viele Stimmen, kein Kanon. Konzept und Kommunikation der Third Mission von Hochschulen«, in: *HoF-Arbeitsbericht* 2'15, Institut für Hochschulforschung an der Martin-Luther-Universität, Halle-Wittenberg. URL https://www.hof.uni-halle.de/web/dateien/pdf/01_AB_Third-Mission-Berichterstattung.pdf

Konrad Lotter: »FAQ zum Thema Fortschritt«, in: *WIDERSPRUCH. Münchner Zeitschrift für Philosophie* 54 (2011), S. 13 – 21, hier S. 19. URL https://widerspruch.com/artikel/54-all/54-all.pdf

Reinhard Meiners: »Entwicklung der Technik und Fortschritt der Gesellschaft«, in: *WIDERSPRUCH. Münchner Zeitschrift für Philosophie* 54 (2011), S. 35 – 45. URL https://widerspruch.com/artikel/54-all/54-all.pdf.

Kate Raworth. *Die Donut-Ökonomie. Endlich ein Wirtschaftsmodell, das den Planeten nicht zerstört.* München 2018.

Jenni Roth: »Digital-Vorreiter Finnland: Künstliche Intelligenz fürs Volk«, in: *Deutschlandfunk* 31.10.2019. URL https://www.deutschlandfunk.de/digital-vorreiter-finnland-kuenstliche-intelligenz-fuers.795.de.html?dram:article_id=462289

Uwe Schneidewind, Reinhard Pfriem: »Für einen neuen Vertrag zwischen Wirtschaftswissenschaft und Gesellschaft. Transformative Wirtschaftswissenschaft im Kontext nachhaltiger Entwicklung«, in: *Ökologisches Wirtschaften* 2 (2016), S. 30 – 34. URL https://doi.org/10.14512/OEW310230.

Insa Sparrer: *Systemische Strukturaufstellungen. Theorie und Praxis.* Heidelberg 2009.

Wirtschaft neu denken

Maja Göpel: *Unsere Welt neu denken. Eine Einladung.* Berlin 2020.

Uwe Schneidewind: *Die große Transformation. Eine Einführung in die Kunst gesellschaftlichen Wandels.* Frankfurt / Main 2018.

Zum Ausgleich für die entstandene CO_2-Emission bei der Produktion dieses Buches unterstützen wir die Erhaltung und Wiederaufforstung des Kibale-Nationalparks in Uganda. Das Projekt trägt zum Klimaschutz bei, indem die Bäume bei der Fotosynthese Kohlenstoff aus der Luft binden, es schützt die Biodiversität des tropischen Waldes und sichert 260 Arbeitsplätze.

Bibliografische Information der Deutschen Nationalbibliothek
Die Deutsche Nationalbibliothek verzeichnet diese Publikation in der Deutschen Nationalbibliografie; detaillierte bibliografische Daten sind im Internet über http://dnb.d-nb.de abrufbar.

Mit Illustrationen von Levin Bumann (www.levinbumann.de).

Lektorat: Luise Ritter
Satz: Annalena Weber

Copyright © 2020 Murmann Publishers GmbH, Hamburg
Druck und Bindung: Steinmeier GmbH & Co. KG, Deiningen
Printed in Germany
ISBN 978-3-86774-653-3

Besuchen Sie unseren Webshop: shop.murmann-verlag.de
Ihre Meinung zu diesem Buch interessiert uns!
Zuschriften bitte an info@murmann-publishers.de

Den Newsletter des Murmann Verlages können Sie anfordern unter
newsletter@murmann-publishers.de